"十三五"国家重点图书出版规划项目
核能与核技术出版工程(第二期)
总主编 杨福家

核火箭发动机

Nuclear Rocket Engine

[俄]A.C.科罗捷耶夫 主编
郑官庆 王 江 黄丽华 冯浩邬 译
陈叔平 苏著亭 赵守智 霍红磊 审

上海交通大学出版社
SHANGHAI JIAO TONG UNIVERSITY PRESS

内容提要

本书是"核能与核技术出版工程"之一。本书第一次比较系统地介绍了俄罗斯(含苏联时期)研发核火箭发动机的基本情况。主要内容包括苏联和美国研制核火箭发动机的历史概况,核火箭发动机的组成与不同类型发动机的比性能,装备固相反应堆的核火箭发动机的实物试验、核发电装置的计算原理与设计依据,装备气相反应堆的核火箭发动机和核发电装置,核火箭发动机和核发电装置的其他方案,空间核发动机和核发电装置应用前景等。

本书对我国从事相关研究的科技人员具有重要的借鉴意义,既可供高校广大师生阅读,也可作为航天和核能工程技术领域专业技术人员的参考资料。

图书在版编目(CIP)数据

核火箭发动机/ (俄罗斯)A.C.科罗捷耶夫主编;
郑官庆等译. —上海:上海交通大学出版社,2020
核能与核技术出版工程
ISBN 978 - 7 - 313 - 24126 - 9

Ⅰ.①核… Ⅱ.①A… ②郑… Ⅲ.①核火箭发动机
Ⅳ.①V439

中国版本图书馆 CIP 数据核字(2020)第 230607 号

Ядерные ракетные двигатели
© Ю. Г. Демянко. Г. В. Конюхов, А. С. Коротеев, Е. П. Куэьмин, А. А. Павельев
ООО «Норма-Информ». 2001г. - 416 с.
Я 34
ISBN 5 - 901498 - 05 - 4
上海市版权局著作权合同登记号:图字:09 - 2020 - 886

核火箭发动机
HEHUOJIAN FADONGJI

主　　编　[俄]A.C.科罗捷耶夫　　　　　译　者　郑官庆　王　江　黄丽华　冯浩邬
出版发行　上海交通大学出版社　　　　　　地　址　上海市番禺路 951 号
邮政编码　200030　　　　　　　　　　　　电　话　021 - 64071208
印　　制　苏州市越洋印刷有限公司　　　　经　销　全国新华书店
开　　本　710mm×1000mm　1/16　　　　　印　张　17.5
字　　数　291 千字
版　　次　2020 年 12 月第 1 版　　　　　　印　次　2020 年 12 月第 1 次印刷
书　　号　ISBN 978 - 7 - 313 - 24126 - 9
定　　价　149.00 元

A. C. 科罗捷耶夫院士简介

　　A. C. 科罗捷耶夫(Анатолий Сазонович Коротеев,阿纳托利·萨扎诺维奇·科罗捷耶夫),俄罗斯科学院院士(1994年),俄罗斯科学院动力、机械制造、机械和过程控制部成员;俄罗斯卡尔迪什研究中心总经理;国际航天研究院、美国科学院现任成员;自2005年10月起,担任俄罗斯航天科学院院长;俄罗斯功勋科学活动家,苏联和俄罗斯国家奖获得者,俄罗斯政府奖获得者,祖国功绩勋章(三级)(2006年)等荣誉获得者。

　　A. C. 科罗捷耶夫1936年7月22日出生于莫斯科州巴拉诺沃村;1959年毕业于谢尔格·奥而若尼德泽莫斯科航空学院,被授予技术科学博士学位,教授;1959年至1988年担任热过程研究所(现名为卡尔迪什研究中心)工程师、高级工程师、组长、处长、第一副总经理等职务,1988年至今担任总经理(该单位为俄罗斯空间领域一流科研企业之一)。

　　A. C. 科罗捷耶夫在火箭发动机制造和机载空间动力装置开发领域撰写了250多篇科学著作和发明成果,尤其是在低温等离子体、高功率带电粒子束等优先科学技术领域取得重要研究成果,以及为各种用途的航天器研发发动机和机载动力装置;担任俄罗斯科学院能源、工程、机械和过程控制部非传统源和能源转换技术联合科学委员会主席;领导俄罗斯航天领域各企业开展新型高效液体燃料火箭发动机的科学研究。

核能与核技术出版工程

丛书编委会

总主编

杨福家（复旦大学，教授、中国科学院院士）

编　委（按姓氏笔画排序）

于俊崇（中国核动力研究设计院，研究员、中国工程院院士）

马余刚（复旦大学现代物理研究所，研究员、中国科学院院士）

马栩泉（清华大学核能技术设计研究院，教授）

王大中（清华大学，教授、中国科学院院士）

韦悦周（广西大学资源环境与材料学院，教授）

申　森（上海核工程研究设计院，研究员级高工）

朱国英（复旦大学放射医学研究所，研究员）

华跃进（浙江大学农业与生物技术学院，教授）

许道礼（中国科学院上海应用物理研究所，研究员）

孙　扬（上海交通大学物理与天文系，教授）

苏著亭（中国原子能科学研究院，研究员级高工）

肖国青（中国科学院近代物理研究所，研究员）

吴国忠（中国科学院上海应用物理研究所，研究员）

沈文庆（中国科学院上海分院，研究员、中国科学院院士）

陆书玉（上海市环境科学学会，教授）

周邦新（上海大学材料研究所，研究员、中国工程院院士）

郑明光（国家电力投资集团公司，研究员级高工）

赵振堂（中国科学院上海高等研究院，研究员、中国工程院院士）

胡思得（中国工程物理研究院，研究员、中国工程院院士）

徐　銤（中国原子能科学研究院，研究员、中国工程院院士）

徐步进（浙江大学农业与生物技术学院，教授）

徐洪杰（中国科学院上海应用物理研究所，研究员）

黄　钢（上海健康医学院，教授）

曹学武（上海交通大学机械与动力工程学院，教授）

程　旭（上海交通大学核科学与工程学院，教授）

潘健生（上海交通大学材料科学与工程学院，教授、中国工程院院士）

总　　序

　　1896 年法国物理学家贝可勒尔对天然放射性现象的发现,标志着原子核物理学的开始,直接导致了居里夫妇镭的发现,为后来核科学的发展开辟了道路。1942 年人类历史上第一个核反应堆在芝加哥的建成被认为是原子核科学技术应用的开端,至今已经历了 70 多年的发展历程。核技术应用包括军用与民用两个方面,其中民用核技术又分为民用动力核技术(核电)与民用非动力核技术(即核技术在理、工、农、医方面的应用)。在核技术应用发展史上发生的两次核爆炸与三次重大核电站事故,成为人们长期挥之不去的阴影。然而全球能源匮乏以及生态环境恶化问题日益严峻,迫切需要开发新能源,调整能源结构。核能作为清洁、高效、安全的绿色能源,还具有储量最丰富、高能量密集度、低碳无污染等优点,受到了各国政府的极大重视。发展安全核能已成为当前各国解决能源不足和应对气候变化的重要战略。我国《国家中长期科学和技术发展规划纲要(2006—2020 年)》明确指出"大力发展核能技术,形成核电系统技术自主开发能力",并设立国家科技重大专项"大型先进压水堆及高温气冷堆核电站专项",把"钍基熔盐堆"核能系统列为国家首项科技先导项目,投资 25 亿元,已在中国科学院上海应用物理研究所启动,以创建具有自主知识产权的中国核电技术品牌。

　　从世界范围来看,核能应用范围正不断扩大。据国际原子能机构最新数据显示:截至 2018 年 8 月,核能发电量美国排名第一,中国排名第四;不过在核能发电的占比方面,截至 2017 年 12 月,法国占比约为 71.6%,排名第一,中国仅约 3.9%,排名几乎最后。但是中国在建、拟建的反应堆数比任何国家都多,相比而言,未来中国核电有很大的发展空间。截至 2018 年 8 月,中国投入商业运行的核电机组共 42 台,总装机容量约为 3 833 万千瓦。值此核电发展的历史机遇期,中国应大力推广自主开发的第三代以及第四代的"快堆""高温气冷堆""钍基熔盐堆"核电技术,努力使中国核电走出去,带动中国由核电大国向核电强国跨越。

随着先进核技术的应用发展,核能将成为逐步代替化石能源的重要能源。受控核聚变技术有望从实验室走向实用,为人类提供取之不尽的干净能源;威力巨大的核爆炸将为工程建设、改造环境和开发资源服务;核动力将在交通运输及星际航行等方面发挥更大的作用。核技术几乎在国民经济的所有领域得到应用。原子核结构的揭示,核能、核技术的开发利用,是 20 世纪人类征服自然的重大突破,具有划时代的意义。然而,日本大海啸导致的福岛核电站危机,使得发展安全级别更高的核能系统更加急迫,核能技术与核安全成为先进核电技术产业化追求的核心目标,在国家核心利益中的地位愈加显著。

在 21 世纪的尖端科学中,核科学技术作为战略性高科技,已成为标志国家经济发展实力和国防力量的关键学科之一。通过学科间的交叉、融合,核科学技术已形成了多个分支学科并得到了广泛应用,诸如核物理与原子物理、核天体物理、核反应堆工程技术、加速器工程技术、辐射工艺与辐射加工、同步辐射技术、放射化学、放射性同位素及示踪技术、辐射生物等,以及核技术在农学、医学、环境、国防安全等领域的应用。随着核科学技术的稳步发展,我国已经形成了较为完整的核工业体系。核科学技术已走进各行各业,为人类造福。

无论是科学研究方面,还是产业化进程方面,我国的核能与核技术研究与应用都积累了丰富的成果和宝贵的经验,应该系统整理、总结一下。另外,在大力发展核电的新时期,也急需一套系统而实用的、汇集前沿成果的技术丛书作指导。在此鼓舞下,上海交通大学出版社联合上海市核学会,召集了国内核领域的权威专家组成高水平编委会,经过多次策划、研讨,召开编委会商讨大纲、遴选书目,最终编写了这套"核能与核技术出版工程"丛书。本丛书的出版旨在培养核科技人才;推动核科学研究和学科发展;为核技术应用提供决策参考和智力支持;为核科学研究与交流搭建一个学术平台,鼓励创新与科学精神的传承。

本丛书的编委及作者都是活跃在核科学前沿领域的优秀学者,如核反应堆工程及核安全专家王大中院士、核武器专家胡思得院士、实验核物理专家沈文庆院士、核动力专家于俊崇院士、核材料专家周邦新院士、核电设备专家潘健生院士,还有"国家杰出青年"科学家、"973"项目首席科学家、"国家千人计划"特聘教授等一批有影响力的科研工作者。他们都来自各大高校及研究单位,如清华大学、复旦大学、上海交通大学、浙江大学、上海大学、中国科学院上海应用物理研究所、中国科学院近代物理研究所、中国原子能科学研究院、中国核动力研究设计院、中国工程物理研究院、上海核工程研究设计院、上海市辐射环境监督站等。本丛书是他们最新研究成果的荟萃,其中多项研究成果获国家级或省部级大奖,代表了国内甚至国际先进水平。丛书涵盖军用核技术、民用动力核技术、民用非动力核技术及其在理、工、农、医方面的应用。内容系统而全面且极具实用性与指导性,例如,《应用核物理》就阐述了当今国内外核物理研究与应用的全貌,有助于读者对核物理的应用领域及实验技术有全面的了解;其他图书也都力求做到了这一点,极具可读性。

由于良好的立意和高品质的学术成果,本丛书第一期于 2013 年成功入选"十二五"国家重点图书出版规划项目,同时也得到上海市新闻出版局的高度肯定,入选了"上海高校服务国家重大战略出版工程"。第一期(12 本)已于 2016 年初全部出版,在业内引起了良好反响,国际著名出版集团 Elsevier 对本丛书很感兴趣,在 2016 年 5 月的美国书展上,就"核能与核技术出版工程(英文版)"与上海交通大学出版社签订了版权输出框架协议。丛书第二期于 2016 年初成功入选了"十三五"国家重点图书出版规划项目。

在丛书出版的过程中,我们本着追求卓越的精神,力争把丛书从内容到形式做到最好。希望这套丛书的出版能为我国大力发展核能技术提供上游的思想、理论、方法,能为核科技人才的培养与科创中心建设贡献一份力量,能成为不断汇集核能与核技术科研成果的平台,推动我国核科学事业不断向前发展。

2018 年 8 月

译 者 说 明

　　《核火箭发动机》一书译自 *ЯДЕРНЫЕ РАКЕТНЫЕ ДВИГАТЕЛИ*，原著作者为 Ю. Г. Демянко、Г. В. Конюхов、А. С. Коротеев、Е. П. Кузьмин、А. А. Павельев。该书在 2001 年由莫斯科标准信息出版社（Норма-Информ）出版。2003 年初中国原子能科学研究院苏著亭、郝建军和杨继材先生访问俄罗斯时，该书的主编、克尔德什研究院院长、科学院院士 А. С. Коротеев 赠送了此书。该书系统地介绍了俄罗斯（含苏联时期）研发核火箭发动机的基本情况、研发历史及所取得的成就，对我国从事相关研究的科技人员具有重要的借鉴意义。

　　上海智丹国际贸易有限公司受中国原子能科学研究院委托，协助取得了俄罗斯克尔德什研究院和 А. С. Коротеев 的授权许可，该书中文翻译版可以在中国境内出版发行，以利于重大科技成果的传播、推广和应用，为人类探索太空的伟大实践助力。

　　该书是我国目前翻译出版的第一本关于核火箭发动机的专著。由核工业北京化工冶金研究院郑官庆、科技日报社王江、国家档案局黄丽华、上海智丹国际贸易有限公司冯浩邬翻译，由中国原子能科学研究院陈叔平、苏著亭、赵守智、霍红磊审校。在定稿过程中，中国原子能科学研究院吕品、袁建东、解家春等人参加了查实、修改、补充参考文献等工作。在此，对他们深表谢意。

　　由于译者水平所限，译文中可能会出现错误或疏漏之处，敬请读者不吝指正。

前　言

在此提请读者注意,这本书研讨了创建核火箭发动机和基于这些发动机工艺的航天动力装置理论和实践问题。航天器的动力供应问题向来是火箭航天技术创造者们关注的核心问题。20世纪中期火箭制造业蓬勃发展,化学燃料在火箭动力中占据绝对统治地位,当时研究者们都将注意力坚定地集中在为火箭和航天器的运载功能及发电功能提供其他能源的问题上。除化学能以外,这种能源还有太阳能和核能。

从那时起,在过去的半个世纪,与化学燃料发动机制造业的发展一样,这两个方向的研究都取得了巨大的进步。太阳能动力是现在载人轨道站、地球低轨道卫星和对地静止卫星以及其他用于研究太阳附近空间的航天器所用能源的基础。核装置也不止一次地用于宇宙空间,如为军用和科研用航天器提供电源的放射性同位素能量发生器或者核反应堆装置。

但是,从研究核火箭发动机的各种问题开始,直到今天,其尚未进入太空。尽管美国和苏联在某个时期为核火箭发动机的研发投入了巨大的财力和物力,创建这些项目计划在某时期具有最优先的地位,而且在研制核火箭发动机的工作中,至少有一个方案(本书将对它做最详细的研讨)取得了令人难忘的成就,但这种发动机仍然未能进入太空。所有这一切都有一个充分的理由可以解释,本书也将对此进行研讨。

本书第7章介绍核火箭发动机和基于其工艺的核动力装置的应用前景。其中的知识可使读者设想今后研究宇宙的方法以及在21世纪议事日程中值得注意的航天运载-供电方案。在这里重要的是要记住一些根本性改变,即在最近几十年发生的关于核火箭发动机和核发电装置第一应用领域的观点在改变。如果60年前这些装置首先是两个核超级大国用来装备弹道导弹,从而将其作为互相攻击的手段,那么现在,以政治、技术、生态和其他的基础为保证,核火箭发动机和核发电装置只能应用在地球和地球大气层以外的空间，应用在为全人类利益而协同一致的行动过程中。这就是一种保证，未来有可能促使俄罗斯和美国研发核火箭发动机所取得的良好研究成果结合在一起。

本书的作者们在宇宙核动力领域工作多年，参加了书中所讨论的大部分研究工作。但是，如同论述其他复杂技术的著作一样，本书内容的真正创作者远比提到的作者多得多。不要说列出全体参加者的名单，就算列出那些代表他们的单位和企业的清单都是不可能的。书中列出的大量参考文献和正文中的某些说明或许可以对此做些弥补。我们感谢一起度过艰苦的火箭空间技术研发时期的所有同行，也感谢所有读者对本书提出的意见以及对书中错误和缺点的指正。

第 1、2、4 章和第 3、6 章的一部分由 Ю. Г. Демянко 撰写，第 3 章的主要部分和第 4 章的一部分由 Г. В. Конюхов 撰写，第 5 章由 А. А. Павельев 撰写，第 7 章由 Е. П. Кузьмин 撰写。А. С. Коротеев 参加了所有章节的编写，并与 Ю. Г. Демянко 一起完成了全书的统稿工作。作者对以下人员表示真诚的感谢：参与第 3 章工作的 А. В. Борисов 和 Н. И. Петров；参加第 5、6 章编写的 В. М. Мартишин；还有 Г. Д. Глухова、С. Н. Канаева、Е. С. Кузнецова、С. П. Линенко、В. М. Макеева、Т. В. Суворова、Е. С. Фе-дюнина，她们承担了本书的其他一些繁重工作。

目　　录

第 1 章
苏联和美国研制核火箭
发动机的历史概况

早在 20 世纪初,苏联和其他国家的研究人员就提出了在飞行器上使用核能的想法。但是,直到 20 世纪中叶,这些想法才开始具有具体的工程形式。当时美国(芝加哥,1942 年)和苏联(莫斯科,1946 年)将各自的第一座核反应堆投入运行,并且爆炸了各自的第一颗原子弹(美国,1945 年;苏联,1949 年),这一事件在科学和政治层面都具有重大意义。那些年,两个超级大国以及它们组建的军事-政治联盟之间产生了激烈的对抗,促使每一方都寻求一切能够增强自己实力的手段,以给潜在的对手增加军事压力。在这一过程中,占据首要地位的是改善和提高核武器的威力,并建立将它发射到远程洲际的手段。后一问题对苏联有着特别重要的现实意义,当时苏联正处于北大西洋公约组织国家战略空军基地的包围之中,自己又没有类似的距美国边境飞行时间较短的基地。

1.1 对核火箭发动机的初步探索①

然而,首先研究带有核动力装置飞机和火箭的却是美国。二战后,美国不断研讨在航空和火箭技术中应用核能的可能性,接连提出一个又一个关于飞机和火箭的核发动机方案报告[1-3]。除了军事用途之外,美国还预测具有核动力机的火箭可用于研究宇宙空间。1958 年,甚至有这样一种想法占据了主导地位,即认为"核能开辟了现今实现太阳系中行星间飞行的唯一可能途径"[4]。

经过大约 8 年的初步研究后,从 1955 年开始,美国便开展了扩大规模的

---

① 此节标题由译者补加。

研究工作——直接研制核火箭发动机("ROVER","Ровер 计划")和用于巡航导弹的核冲压式空气喷气发动机("Pluto","Плуто 计划")。洛斯阿拉莫斯(Los-Alamos)实验室、空军 Raitov 中心等一些大型研究机构参与实施这些计划,金额庞大的预算经费用来支撑这些研发工作。到 1960 年底,用于实施两个计划的拨款总额为 1.35 亿美元,1961—1962 年又有 0.95 亿美元的拨款。美国不仅十分重视建造核反应堆和发动机,还十分重视在内华达州的 Drekass-Flets 原子试验场和在 Los-Alamos 修建演练用的复杂综合试验设施。

美国开始时以"正面"构想为基础来创建核火箭发动机。按照这种构想,在计算出需要的下限后,再设计和建造试验规模的均匀核反应堆,通过对其进行试验来发现和解决所有出现的关键问题。这样的构想是有缺陷的,但人们后来才发现这一点。

美国第一座核火箭发动机的试验堆是"Kiwi - A",由 Los-Alamos 实验室研发,于 1958 年 6 月在阿尔伯克基(Albuquerque)核武器工厂装配而成。该反应堆堆芯装有大量弥散了富集铀(^{235}U 含量为 90%)的石墨平板状燃料元件,氢气在它们之间的通道内通过并被加热到大约 1 900 K。堆芯中央装有由 13 根吸收中子的控制棒组成的组件。用重水作为中子的慢化剂。

反应堆"Kiwi - A"的第一次试验于 1959 年 6 月 20 日在 Drekass-Flets 试验场进行(见图 1 - 1)。反应堆物理启动后在低功率下运行了约 5 min。同年 7 月 1 日进行最终试验,试验中达到了计算所得的氢加热温度。然后,对反应堆进行了拆卸、缺陷检查、辐射化学研究和冶金研究。

"Kiwi - A"试验如同之后该系列反应堆的所有试验一样,都是将加热的氢直接排入大气的,反应堆在台架上垂直

图 1 - 1 在实验台架上的美国第一座实验反应堆"Kiwi - A"

放置,喷管排出的气流方向向上。排气产物的活度不高(燃料元件温度约 1 900 K 时不可能出现其他情况),放射性沉降物最多的地方离台架的距离为 1.6 km,降落量也不大。因此对在此区域进行工作实际上不需要采取限制措施。

在反应堆"Kiwi - A"之后,美国建造了装置"Kiwi - AI"(于 1960 年 7 月 8

日在计算功率下试验了 15 min)和"Kiwi - AⅢ"(于 1960 年 10 月 19 日试验了约 15 min),完成了"Rover 计划"的第一阶段任务。此后,美国开始了下一个系列反应堆——"Kiwi - B"的试验。该系列反应堆做了很大改进,其结构接近适于飞行的设计方案(燃料元件由平板形改为六边形空心棒,中子慢化剂采用氧化铍代替重水,改变了功率控制机构的结构等)。新系列反应堆中第一座进行试验的是"Kiwi - B - 1A"(该系列中唯一用气态氢进行试验的反应堆),试验于 1961 年 7 月 28 日顺利开始,同年 11 月 7 日在准备启动下一轮试验时,由于一个阀门损坏导致氢气爆炸使反应堆损坏(9 人受伤)。尽管如此,反应堆试验仍继续进行,至 1961 年 12 月 7 日结束(在最后一次启动过程中,堆芯损坏,排气中有燃料元件成分,由于出现氢气泄漏将反应堆关闭)。

新系列的第二座反应堆"Kiwi - B - 1B"(首次使用液态氢)于 1962 年 9 月 1 日进行试验(见图 1 - 2)。虽然该反应堆启动成功,而且最初在稳定工况(设计功率的 60%)下运行比较稳定。但是,试验非常不顺利:堆芯损坏,燃料元件的碎屑通过喷管飞出;由于测量系统的阀门破坏导致大量氢气泄漏。

三个月后,1962 年 11 月 30 日,下一座反应堆"Kiwi - B - 4A"(改进了燃料元件的固定结构)试验启动,试验持续了 260 s。由于反应堆内出现了强烈振动(据推测,这与氢气由液态变为气态的相

图 1 - 2　美国第一座使用液态氢工作的反应堆"Kiwi - B - 1B"

变特点有关),而且排气中有火焰闪烁(可能与堆芯隔热层的破损碎片排出有关),试验提前停止。

至此,反应堆"Kiwi - B"系列的试验并未完成,但我们暂时先讨论这些,下面回到几年前,看看苏联的情况。

二战后最初几年,当时专家和核物理学家们的全部精力都集中在制造和试验第一颗原子弹上,对于将核能应用到航空和火箭技术上还没有进行任何研究。但 20 世纪 50 年代初,在西方出版物上的文章以及本国最初计算结果的影响下,苏联火箭技术专家和核物理学家对于飞机和火箭应用核发动机的问题越来越关注。1953 年 11 月 18 日由部长 B. A. Малышев、Б. Л.

Ванников、М. В. Хруничев、П. В. Дементьев 和 Д. Ф. Устинов 向苏共中央主席团呈送的关于战略防御问题的报告是首次提到这一问题的高层文件。文中陈述了由一次专门会议拟定的建议，"参加这次会议的有航空技术的总设计师 Туполев、Мясищев、Лавочкин、Микоян 等同志；航空工业科学研究院的领导人 Макаревский、Келдыш、Дородницын 等同志；火箭技术的总设计师 Королев、Глушко、Пилюгин、Кузнецов、Коноплев、Борисенко 等同志；国防工业科学研究院的领导人 Спиридонов 和 Янгель 等同志；中型机器制造工业部的科学家——物理学家、院士 Курчатов、Щелкин、Александров 等同志"。其中，他们还建议，"为了进一步改善巡航导弹的飞行参数，着手研发利用原子能的冲压式空气喷气发动机[①]，这样可以使导弹达到的距离实际上不受限制，并大大降低飞行重量"。苏联部长会议主席 Г. М. Маленков 于 1953 年 11 月 20 日签署了政府的决定，命令："任命 М. В. Келдыш 院士为研制巡航导弹，包括冲压式空气喷气发动机的巡航导弹和利用原子能的冲压式发动机的巡航导弹的科学领导。"

稍晚些时候，苏联政府中出现了关于制造带原子动力装置军用飞机的建议。例如，在 1954 年 10 月 13 日呈送苏共中央主席团的报告中，苏联国防部第一副部长 А. М. Василевский 和空军总司令 П. Ф. Жигарев 指出，"美国对带原子装置的飞机进行了 8 年的研究后，已开始实际制造这种飞机。美国空军与联合乌尔梯飞机公司（Консолидейтед Валти）签订了制造试验飞机的合同，与通用电气公司（Дженерал Электрик）签订了制造用于该飞机的原子动力装置的合同，与此同时，与波音公司（Боинг）和洛克希德公司（Локхид）签订了飞机草图设计合同，与普拉特-怀特奈公司（Пратт Уитни）签订了该飞机原子装置的草图设计合同。国外某些研究者指出，制造带原子动力装置的飞机已是能接近实现的任务，可能在最近 5 年内解决"，建议责成航空工业部和中型机器制造工业部"仔细研究关于制造原子航空动力装置和采用该装置的飞机问题，并将对该问题的意见呈报苏共中央"。

关于制造带原子发动机的巡航导弹和带原子动力装置的轰炸机的工作迅速在苏联展开，这段历史非常有趣和激动人心，但叙述这一历史已经超出了本书范围。

---

① 译者注：带化学燃料发动机的巡航导弹研究工作当时已在"темы т-2"规划内，在航空工业和国防工业的许多研究所和试验设计局内进行。

至于苏联在核火箭发动机方面的第一部分工作(理论计算工作),也已于 1954 年由 И. И. Бондаренко、В. Я. Пупко 等在卡卢加州(Калужская обл.)奥布宁斯克市(г. Обнинск)的实验室即现今的国家科学中心物理动力研究院(Физикоэнергетический институт,ГНЦ)完成。第二年,即 1955 年,在 В. М. Иевлев 领导的航空工业部第一科学研究院(НИИ-1 Минавиапрома)(现今的 М. В. Келдыш 研究中心)工作的工程师小组参加了由 М. В. Келдыш 开创的研究工作。第一科学研究院的工作从核火箭发动机原理方案的理论分析和选择论证开始,于 1956 年制订了第一个实验工作计划。正如致力于核火箭发动机研究的苏联科学院通讯院士 В. М. Иевлев 1973 年所指出的[5],"参加这些研究工作的有 Л. Ф. Фролов、А. М. Костылев、В. С. Кузнецов、М. М. Гурфинк、В. П. Горда、В. Н. Богин 以及本书作者等,稍晚些时候加入的(但对此项工作做出了重大创造性贡献)有 А. Б. Пришлецов、Ю. А. Трескин、А. А. Поротников、К. И. Артамонов、В. А. Зайцев、Ю. Г. Демянко、А. С. Коротеев 等"。相关研究工作在第八实验室开始,该实验室的领导人是苏联科学院通讯院士 А. П. Ваничев,他与研究院的领导人 В. Я. Лихушин 一样,积极支持这个新的研究方向。

就在那时,科学家们对核发动机产生了浓厚的兴趣,并组建了一个规模不大、由热心年轻人组成的小组从事最初的研究工作。他们当中有一些是火箭技术的总设计师:发动机专家 М. М. Бондарюк、В. П. Глушко 和火箭技术专家 С. П. Королев。那些年,不同专业、不同部门的科学家、专家,包括火箭技术专家、发动机专家、物理学家、材料学家、军人等工作在一起,形成了长期的合作伙伴关系,并在此后取得了很多科技成就。

政府就所研讨问题做出的第一个决定是在 1956 年 11 月 22 日签署的[6]。决定中下令开始"带原子发动机的远程弹道导弹的创建工作",批准 С. П. Королев 任导弹总设计师,В. П. Глушко 任发动机总设计师,А. И. Лейпунский 任发动机反应堆创建工作的科学领导。

尽管决议文本只有很少人知道,但它大大促进了研究工作,给研究注入了新的动力。这一点特别体现在干部培养上。1956 年 9 月,也就是发文前三个月,莫斯科航空学院(Московский авиационный институт)的飞机发动机系挑选了一批最好的学生成立了一些教学班,按照新的研究方向培养专家(本书的两位作者当时进入四年级学习,出乎意料地成了新专业班级集体的成员)。一些数学章节、中子物理学、反应堆热工学等课程(该专修班的课程由年轻的工程师、现今的俄罗斯科学院院士 Н. Н. Пономарев-Степной 讲授），以及在原子能研究院（Институт атомной энергии，现今的俄罗斯科学中心）和 Курчатов 研究院的反应堆上实习获得的丰富知识，这些新手们都必须掌握，但他们需掌握的知识还远不止这些。很快莫斯科物理工程学院（МФТИ）和莫斯科高等技术学校（МВТУ）也设立了类似的专业。这三所学校在 20 世纪 50—70 年代培养了超过千名的专家，以这些专家为骨干组成了研制核火箭发动机的集体。

С. П. Королев 完成了政府决定中责成他的任务，准时于 1957 年第二季度提交了他在试验设计局工作 8 个月得出的关于新研究方向的总结——远程导弹前景的预研结果。他在总结中对带核发动机火箭创建和应用的可能性做了相当乐观的估计。

1956—1957 年，苏联研究者们对核发动机方案进行了详细研究，从核火箭发动机的众多方案中选择了三个有发展前途的列为首批计划：带固相反应堆的（带固体热交换表面）的方案、带气相反应堆的方案、燃料和氧化剂先在核反应堆内加热然后在燃烧室内燃烧的方案（后来否定了最后一个方案，因为不能保证明显增加比冲）。第一方案（方案 A）可使比冲（以氢为工质）达到 850～900 s；第二方案（方案 B）可达 2 000 s，但与第一方案不同，第二个方案中还有很多未研究明白的问题。虽然初步计划对带气相反应堆的发动机进行长时间的系统研究，但带固相反应堆的核火箭发动机离实际应用要近得多（尽管也包含不少未解决的问题）。

那些年，苏联在以下方面开展了广泛的理论和实验研究：热交换，流体力学，难熔材料工艺（第一科学研究院），中子物理和控制（物理动力研究院"ФЭИ"和原子能研究院"ИАЭ"），燃料元件的最佳组成和结构［第九科学研究院"НИИ-9"，即现今非金属材料研究院（НИИНМ им. А. А. Бочвара）］。同时，苏联还对用于试验和演练核火箭发动机台架试验基地的组成和概貌开展了设计工程研究。

В. М. Иевлев 于 1957 年提出了在电热台架和等离子体台架上对核火箭发动机反应堆的部件尽最大可能进行逐个演练的原则，这样可以减少必要的反应堆试验内容。而这一点又成为选择非均匀反应堆方案的重要理由。在非均匀反应堆方案中，中子慢化剂材料与含铀的燃料元件分离布置。这里燃料元件被隔热层包裹，置于金属壳体中，形成反应堆的完整独立部件——燃料组件。苏联在研制核火箭发动机的计划中采取非均匀反应堆并对其部件逐个演练的方针是与美国计划的主要区别所在。这一区别使苏联的计划占了优势，晚些时候连美国专家们也承认了这一点。

1958 年 6 月 30 日,苏联就研发核火箭发动机问题签发了第二个政府决定。该文件(及其附件)中详细编制了各个工作阶段及其完成期限,叙述了数十个研究、设计、建造、安装等单位的任务。其中第一次以文件形式把三位本国科学家组织到一起,这三位科学家就是现在最著名的"三 K"——"M. B. Келдыш 院士、И. B. Курчатов 院士和 C. П. Королев 院士,委任他们为整个工作的科学领导"。

根据 1958 年 6 月 30 日的决定,科学家们在 C. П. Королев 的第一试验设计局、B. П. Глушко 的第 456 试验设计局和 M. M. Бондарюк 的第 670 试验设计局开展了带核发动机火箭概貌的结构设计工作。第一试验设计局负责一级弹道火箭 ЯР - Ⅰ 和二级(核-化学)联合火箭 ЯХР - Ⅱ 的草图设计[7]。这两种火箭中都考虑采用推力为 1 400 kN 的核火箭发动机。它在 ЯР - Ⅰ 方案中是唯一的发动机,而在 ЯХР - Ⅱ 方案中则用于第二级。

ЯХР - Ⅱ 火箭的第一级采用液体火箭发动机,实现了类似于 P - 7 火箭的分段式发射方案。火箭的发射质量为 850~880 t,可以将质量为 35~40 t 的有效货载送入人造地球卫星轨道。两级的发动机均在地面启动(ЯХР - Ⅱ 火箭的核发动机放置于中央段——"捆绑"的第二级)。在核火箭发动机启动时,规定物理启动作为过渡阶段(工质流量和推力均为 0 时反应堆功率由 0 增至 0.1% 额定功率)。飞行中,在副段(第一级)火箭分离前几秒钟(分离方法与 P - 7 火箭相同),ЯХР - Ⅱ 火箭的核发动机转成主级。

在第一试验设计局进行核火箭和核-化学火箭的草图设计过程中,几个装备固相反应堆的核火箭发动机设计方案在试验设计局完成了。例如,从 1956 年开始工作的第 456 试验设计局[现在的 B. П. Глушко 动力机器制造科学生产联合体(НПО Энергомаш имени В. П. Глушко)]先后完成了以下发动机的草图设计:1959 年的 РД - 401(水慢化剂)和 РД - 402(铍慢化剂),当比冲为 428 s 时它们在太空中的推力为 1 680 kN(工质为液氨),1962 年的 РД - 404,当比冲为 950 s 时推力为 2 000 kN(工质为液氢),以及 1963 年的 РД - 405,其反应堆具有氢化锆慢化剂和铍反射层,推力为 400~500 kN。这些设计方案中提出了下列问题:使用具有固体慢化剂和反射层的非均匀反应堆,驱动涡轮泵组的闭式气体流道方案,借助万向支架上发动机摆动的操舵控制原理可使发动机纵向尺寸大大缩短的多喷管结构等。但在 1963 年,为了利用第 456 试验设计局的力量(Р. А. Глиник、Г. Л. Лиознов、Е. М. Матвеев、К. К.

Некрасов、В. Я. Сироткин、В. Н. Петров 等)开展气相核火箭发动机的工作,装备固相反应堆发动机的研发工作便停止了。

在第 456 试验设计局展开工作的同时,第 670 试验设计局(主任设计师是 В. А. Штоколов)也提出了几个核火箭发动机方案。在他的方案中使用含醇混合物的氨作为工质,通过气体操纵舵来实现火箭级的控制。最引人注目的是发动机 АРД - 3В 的设计,其反应堆采用水做慢化剂。

С. П. Королев 的试验设计局于 1959 年 12 月 30 日完成了 ЯР - Ⅰ 和 ЯХР - Ⅱ 火箭的设计草图(考虑由 В. П. Глушко 和 М. М. Бондарюк 的试验设计局所研发的核火箭发动机资料)。在设计资料总结中包含下列极其重要的结论:必须继续研发核火箭发动机,将其作为航天用运载火箭的组成部分,进一步研发军用弹道导弹 ЯР - Ⅰ 或其改型是不合适的。

1959 年,还没有等到 ЯР - Ⅰ、ЯХР - Ⅱ 火箭的草图设计完成,苏联政府就根据从第一试验设计局得到的资料,给苏联国家航空技术委员会(ГКАТ)第 670 试验设计局和苏联国家国防技术委员会(ГКОТ)第 456 试验设计局下达了研发方案 А 核火箭发动机(推力分别为 2 000 kN 和 400 kN)草图设计的技术任务书。1960 年 6 月 23 日,根据 С. П. Королев 的倡议,苏联颁发了《关于在 1960—1967 年研制大功率运载火箭、卫星、宇宙飞船和开发宇宙空间的决定》,这一决定促使苏联开始研发本国最大的运载火箭 Н - 1。此后考虑到当时已确定以液态氢替换氨作为核火箭发动机的工质是合适的,这样可使发动机的比冲提高到 900~950 s。因此将早先制订的研发核火箭发动机的技术任务书更加细化了。

那个时期,第一试验设计局、第一科学研究院和发动机试验设计局一起进行的研究表明,提高运载火箭 Н - 1 效率的研发工作是在其基础上建造第二级采用核火箭发动机的两级运载器,这样能使发送至人造地球卫星轨道的质量比使用方案 А 的发动机时增至原来的 2~2.5 倍,当使用方案 В 的发动机时增至 6~10 倍。与使用氧-氢的液体火箭发动机相比,应用核火箭发动机可使运送至月球的载荷最终质量增加 75%~90%(方案 А)和 135%~175%(方案 В)。

正如研究表明,与采用氧-氢液体火箭发动机相比,在实施对火星的载人考察时,在宇宙火箭系统中采用方案 А 的核火箭发动机可以使发送至人造地球卫星轨道的初始载荷总质量减少 40%~45%。采用方案 В 的核火箭发动机时,相应获益增加 50%~60%。此外,方案 В 的核火箭发动机的高比冲可以使去火星的发射日期有较宽的机动范围,或者大大缩短考察日程。

1960 年 9 月 27 日，M. B. Келдыш、С. П. Королев、А. П. Александров、B. П. Глушко、М. М. Бондарюк、С. П. Кувшинников 和 В. П. Мишин 给 Д. Ф. Устинов、К. Н. Руднев 和 М. И. Неделин 写了一封信，信中指出，"1956—1958 年，在火箭发动机装置中应用原子能和建造不同工质核发动机火箭的可能性方面，很多单位（苏联国家航空技术委员会第一科学研究院、苏联国家国防技术委员会第一和第 456 试验设计局、苏联科学院 Курчатов 原子能研究院、试验室 B、苏联国家航空技术委员会第 670 试验设计局等）进行了一系列研究，结果表明，建造以液态氢为工质的核推进火箭在技术上可实现"，必须"在最短期间内建立制备液态氢的工业基地"。由国防科学研究院和试验设计局领导签署的这封信同时还建议"竭尽一切可能加速演练核发动机实验基地的建设工作"。

苏联在 1958 年就开始建设这样的基地了，当时在确定基地的技术概貌和结构方面起主导作用的是航空部门的企业（后来这些职责转移到中型机器制造工业部），这一点可从上面提到的 1958 年 6 月 30 日的政府决定中看出，也可从下面引述的苏联国家航空技术委员会关于选择基地第一个项目建设场址的命令中看出，该项目是装备反应堆 РВД（爆炸作用反应堆，现在称为 ИГР 脉冲石墨反应堆）进行核火箭发动机燃料组件试验的实验台架。

苏联国家航空技术委员会命令

No314　　　　　　　　　　　　　　　　　1958 年 8 月 8 日

苏联部长会议在 1958 年 6 月 30 日 711—339 号决定中责成苏联国家航空技术委员会协同苏联中型机器制造工业部、苏联国防部和苏联国家国防技术委员会，在 1958 年 9 月 1 日前将关于选择用于建造装备反应堆和热室试验台架的苏联国防部 2 号试验场场址的建议提交苏联部长会议审批，并提交建造上述构筑物的主要工作计划。

为履行苏联部长会议的决定，经中型机器制造工业部、苏联国防部和苏联国家国防技术委员会同意，我命令：

1）成立委员会，组成如下。

（1）Ваничев А. П.（苏联国家航空技术委员会第一科学研究院）

（2）Иевлев В. М.（苏联国家航空技术委员会第一科学研究院）

（3）Берглезов В. Ф.（苏联国家航空技术委员会第一科学研究院）

（4）Каверзнев И. М.（苏联国家航空技术委员会第一科学研究院）

（5）Соколовский Н. Н.（苏联国家航空技术委员会国家航空工业设计院，Гипроавиапром ГКАТ）

（6）Курбатов В. И.（苏联国家国防技术委员会第 456 试验设计局）

（7）Глиник Р. А.（苏联国家国防技术委员会第 456 试验设计局）

（8）Долгопятов А. М.（苏联国家国防技术委员会第一试验设计局）

（9）Козлов В. Ф.（苏联国家国防技术委员会第 58 中心科学研究院，ЦНИИ‑58 ГКОТ）

（10）Кучеров В. И.（苏联国防部）

（11）Ерин В. П.（苏联国防部）

（12）Рыжков И. А.（苏联国防部）

（13）Долганов В. А.（中型机器制造工业部）

（14）Петунин Б. В.（苏联科学院原子能研究所）

2）任命技术科学博士 А. П. Ваничев 为委员会主席。

3）责成委员会在 1958 年 8 月 25 日前将关于选择用于建造装备反应堆和热室试验台架的苏联国防部 2 号试验场场址的建议提交给我审查，并提交关于建造上述构筑物的日程计划。

责成委员会确定有关单位在建造试验台架、试验台架运行和进行试验等工作中分担的任务和责任。

苏联国家航空技术委员会副主席

А. 科布扎列夫（Кобзарев）

上述任务如期完成，并根据政府的其他决定，当年在 Семипалатинск 核试验场开始建造反应堆和试验台架，用以保证进行核火箭发动机燃料组件的回路试验。第一批燃料组件的结构（这种结构成为随后研发所有型号的基础）是由第一科学研究院研发和制造的（И. И. Иванов、В. Н. Богин 等），为此还组建了专门的生产车间（燃料组件的燃料元件由第九科学研究院提供给第一科学研究院）。在反应堆 ИГР 中最初三组燃料组件回路试验证实，用作它们研制基础的构造原理是正确的。这些试验于 1962—1964 年由 Курчатов 原子能研究院（负责反应堆 ИГР 工作的是该项工作的领导人 С. М. Фейнберг、Б. В. Петунин、М. А. Козаченко、Я. В. Шевелев、В. М. Талызин、О. П. Руссков）和第一科学研究院（负责试验台架和受试燃料组件工作的是该项工作的领导人 В. М. Иевлев、В. А. Зайцев、Е. П. Терехов）完成。

因此,20 世纪 60 年代初,不论是美国还是苏联,都已经为实际实施创建核火箭发动机以及将它们进行台架试验和飞行试验创造了先决条件。那时,每个国家都在走自己的路——美国建造的核火箭发动机用了一个又一个固相反应堆,并且在模拟台架上进行了公开试验;而苏联则在保密的情况下,对燃料组件和发动机其他部件进行了逐项实物演练,在生产、试验和人力方面为更加广泛地开展工作打下基础。

1.2　核火箭发动机的大规模研发[①]

但是,正是在那一时期,这两个国家在实施这一宏大又有潜力的规划时却遇到了严重的困难,既有技术上的困难,也有财政和政治上的困难。

第一,在解决材料、冶金、热工、材料强度、辐照稳定性和振动稳定性,以及试验技术和测量技术等诸多问题时,人们认识到,要达到使核火箭发动机能应用的高标准,必须付出高代价,这需要相应的财力、人力和时间。这一点已经取代了最初的兴奋心情。第二,详细的设计研究和得到的实际结果证明,在化学燃料发动机(液体火箭发动机和固体火箭发动机)不断取得进步的条件下,核发动机不适宜用于军用火箭上,在没有核发动机的条件下,所有近地空间范围内必要的防御问题都已解决。这一情况在很大程度上使军方不再关注核火箭发动机(他们的注意力很快转向了其他地方),只将核发动机用于太空研究,当然这一领域也有许多工作,但大大削弱了火箭发动机制造业作为新发展方向的地位。第三,1961 年 1 月美国以肯尼迪总统为首的新政府入主白宫,不但停止了带原子动力装置飞机的研制工作,而且对核火箭发动机的应用前景进行了广泛讨论(具有对立的观点)。当时参加讨论的有美国航空航天管理局(HACA)、原子能委员会(KAƏ)、国会的代表和很多专家。1961 年 6 月肯尼迪亲自对讨论做了总结,将国家计划"ROVER"(建造装备核发动机的火箭)作为征服太空的四个优先发展方向之一。他宣布,"经过一段时间后,装备核发动机的火箭将为宇宙空间的研究提供比装备液体和固体燃料的化学火箭更有希望的手段,同时它不仅可用于研究月球背面区域,还可用于研究太阳系的遥远空间"。不久"ROVER"方案又得到了新的加速推动力。

这些推动力之一是开始创建飞行用核火箭发动机——发动机"NERVA"

---

① 此节标题由译者补加。

("Нерва")(见图1-3)和制订其飞行试验计划 RIFT(reactor in flight test,飞行试验中的反应堆)的工作。该试验计划在火箭"Saturn-B"(Сатурн-В)沿近1 000 km 高的弹道飞行过程中进行,试验计划完成后的发动机落入大西洋南部海域(核火箭发动机的反应堆在入水以前应当炸毁)。当然,从保护地球环境的观点出发,这一计划是野蛮的、不能进行的。但是不要忘了,那些年美国和苏联正在"三界"(大气层、宇宙空间、水下)进行大威力的核武器试验,很少有人关心生物圈的辐射防护。

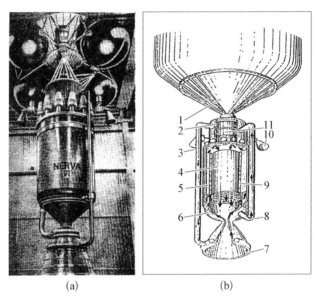

(a)　　　　　　　　　　(b)

1—液氢贮箱;2—氢气供应泵;3—隔热屏;4—反应堆堆芯;5—中子反射层;6—反应堆壳体;7—喷管;8—驱动涡轮的热氢管道;9—将堆芯和反射层隔开的筒体;10—控制飞行轨迹的喷管;11—涡轮。

图1-3　核火箭发动机"NERVA"

(a) 全视图;(b) 发动机结构图

1962年"Kiwi-B"系列反应堆试验的失败阻碍了这些计划的完成。已经很清楚,建立核火箭发动机的"正面"构想多半是错误的,必须长期循序渐进地解决在研发过程中出现的材料、结构设计、热工等问题。预定在1963年进行的6座反应堆试验(其中两座反应堆"Kiwi-B-4D"和"Kiwi-B-4E"已经造好)顺延到下一年,而1963年3月建成的用于试验发动机"NERVA"的实验台架 ETS-1 看来是不能用的。

1962年12月,肯尼迪总统专门视察了 Los-Alamos 中心,了解了

"ROVER 计划"的完成情况之后宣布,"应当明白,在最有利的情况下,核火箭都不能在 1970—1971 年前用于去月球的第一次飞行。以后,它将适合用在去月球或火星的飞行中。我们已有很多、很好且有竞争力的应用空间技术的领域,我们应当力求将它们纳入那些使我们取得成就的计划中,首当其冲的就是飞向月球的计划,然后再详细研究飞向火星的计划"。

1963 年 11 月,约翰逊总统担任美国领导人以后,又重新增加了"ROVER 计划"的拨款,但时间不长。装备核发动机的火箭缺乏具体任务,反应堆研发中还有未能克服的困难,这使得行政管理人员和技术专家都感到疑虑。经过一段时间后,美国航空航天管理局和原子能委员会宣布修订"ROVER 计划",集中力量研发试验台架的实验反应堆,同时停止飞行项目的工作(即"NERVA"和"RIFT"的工作)。很快他们又修订了"Kiwi"堆的试验计划:原来计划进行台架试验并过渡到飞行试验需要 35~50 座(台)反应堆和发动机,现在计划中只剩下 10 座反应堆和 5~7 台发动机(NRX 和 XE),随后过渡到创建更大功率的反应堆"Fobos"("Фобос"),用于继核发动机"NERVA"之后研发的核火箭发动机中。

表 1-1 根据美国航空航天管理局和原子能委员会的文件,列出了在核火箭发动机研发计划("ROVER"和"NERVA")框架内美国建造和试验的反应堆与发动机清单。

表 1-1　核火箭研发计划中美国建造和试验的反应堆与发动机

研发项目名称	设计热功率/MW	工　质	主导公司(研发单位)	试验年份
Kiwi-A	70	气态氢	Los-Alamos 试验室	1959
Kiwi-A1	85	气态氢	Los-Alamos 试验室	1960
Kiwi-B-1A	300	气态氢	Los-Alamos 试验室	1961
Kiwi-B-1B	900	气态氢	Los-Alamos 试验室	1962
Kiwi-B-4A	500	气态氢	Los-Alamos 试验室	1962
Kiwi-B-4D	1 000	气态氢	Los-Alamos 试验室	1964
Kiwi-B-4E	950	气态氢	Los-Alamos 试验室	1964
Fobos-1A	1 070	气态氢	Los-Alamos 试验室	1965
Fobos-1B	1 400	气态氢	Los-Alamos 试验室	1967
Fobos-2A	4 200	气态氢	Los-Alamos 试验室	1968
NRX-A2	1 000	气态氢	Aerojet General - Westinghouse Electric[a]	1964

研发项目 名称	设计热功 率/MW	工 质	主导公司（研发单位）	试验年份
NRX - A	1 100	气态氢	Aerojet General - Westinghouse Electric[1]	1965
NRX - A4	1 155	气态氢	Aerojet General - Westinghouse Electric[1]	1966
NRX - A6	1 200	气态氢	Aerojet General - Westinghouse Electric[1]	1967
XE - 1	1 100	气态氢	Aerojet General - Westinghouse Electric[1]	1969

　　① Aerojet General 为研制核火箭发动机的主导公司；Westinghouse Electric 为研制反应堆的主导公司。

　　20 世纪 60 年代末至 70 年代初美国还创建和试验了两座反应堆（1968 年"PEWEE"，1972 年"NF - 1"）用作试验核火箭发动机反应堆的燃料元件（在某些特点上重复了苏联对核发动机部件和系统进行独立演练的构想）。但是，由于当时财政支出集中用于登月计划，而核火箭发动机又没有表现出在航天领域应用的前景，因此，这一时期美国关于创建核发动机的计划不断收缩，并于 1973 年停止，试验台架和生产设施封存，工作人员被解雇。

　　当然，美国计划中试验过的各种堆型在苏联并不是无人关注。苏联科学界和行政管理界对它们进行了详细的分析。美国反应堆"Kiwi"系列试验失败，核火箭发动机研发拨款缩减也阻碍了苏联的研究工作，但不可能使工作完全停止。20 世纪 60 年代初期，一些新的单位加入了核火箭发动机的研究工作，其中，一个专门研发燃料元件的研究所（现在的科研生产联合体 Луч）成立了，开始了核火箭发动机燃料元件和燃料组件的半工业性生产，具备了加工铍、氢化锆等材料的能力。

　　20 世纪 50 年代末，苏联国内开始了创建演练核火箭发动机中心试验基地的研究和设计工作。关于该基地的第一份技术任务书的主要论点是在 В. М. Иевлев、Л. Ф. Фролов 和 Ю. А. Трескин 的领导下确定的，经 М. В. Келдыш 审定，于 1959 年 8 月 12 日呈报给 И. В. Курчатов、А. П. Александров 和 А. И. Лейпунский。这份任务书对进一步设计工作可能的技术方案做了详细讨论，提出了装备"闭式"排气试验台架的方案（也就是说，先将排气产物储存在贮气罐中，气体经过滤后再排放到大气中）。不久苏联确定了基地设计的主导单位是列宁格勒设计院［Ленинградский проектный институт，后来称全苏动力工程科学研究设计院（ВНИПИ Энерготехники）］。那几年部署在Семипалатинск核试验场的军队积极参加了核火箭发动机的工作，开始时军队作为协作单位，后来成了主导单位之一（负责试验台架的保障、试验人员和居民的辐射安全、全套试验台架的基础服务等问题）。积极参加这一工作的还有航空工业部仪器制造科学研究所（НИИ приборостроения Минавиапрома）、苏联卫生部生物物理研究所（Иститут биофизики Министерства здравоохранения СССР）、水文气象服务管理总局应用地球物理研究所（Институт прикладной геофизики Главного управления гидрометеослужбы）和许多其他单位。

1964年苏共中央和苏联部长会议通过了关于建设核火箭发动机试验基地的第一批工程——在Семипалагинск试验场建设全套试验台架"贝加尔"（"Байкал"），此后，苏联展开了规模宏大的建设工作，这一工作（包括与其平行进行的试验）一直延续了十五年以上。

第一批工程的主体是建设推力为 400 kN 的核火箭发动机地面原型试验台架（试验用的发动机和台架是在 Курчатов 原子能研究院的科学领导下研发的）。但是，随着时间的推移，苏联研制核火箭发动机的计划发生了变化，使得这一台架（全套试验台架"Байкал"的第一个工作地点，排气是"开式"的，而不是最初预定的"闭式"的）转用于反应堆 ИВГ（高温气冷研究堆）中核火箭发动机燃料组件的组合试验。

如同美国一样，在苏联由于装备核发动机的火箭缺乏具体的航天飞行任务而引起的变化如下：苏联计划中优先研究的项目转变为研发 Келдыш 研究中心建议的小功率试验堆 ИР‐20‐100，以及在此基础上研发推力约为 36 kN 的飞行核火箭发动机，后者是为了作为火箭"Протон"（"质子"）的组成部分进行试验并探索可能的应用。具有这种小尺寸核发动机的火箭模块拟作为助推单元应用在向太阳系发射行星的自动空间站中。

作为首席总设计师的 А. М. Исаев 于 1965 年在 Келдыш 研究中心研究了小尺寸核火箭发动机的资料，并将其用于试验设计研发中。但是，1966 年，按照上级指示，А. М. Исаев 所在的试验设计局停止了相关工作，研制核火箭发动机的任务转给了总设计师 А. Д. Конопатов 所在的化工自动控制设计局（КБ Химавтоматики，Воронеж 市）。从那时起，苏联创建装备固相反应堆的核火箭发动机工作都要服从创建推力为 36 kN 的发动机（命名为"11Б91"）任务。在协同工作的第一阶段，Келдыш 研究中心将核火箭发动机的计算数据、方法说明、反应堆材料的试验结果、结构和工艺研发资料以及设计发动机所需的其他资料都转给化工自动控制设计局。物理动力研究院也进行了类似的工作。这样,苏联在短期间内就做出了核火箭发动机"11Б91"的预先设计,主要设计单位是化工自动控制设计局,研发工作的科学领导单位是 Келдыш 研究中心,中子物理部分的科学领导单位是物理动力研究院。

根据最初的工作分工,核火箭发动机的反应堆台架原型"ИР‑100"的装置责成 Келдыш 研究中心创建(设计搞了三年,与协作单位一起制造,然后对反应堆的主要部件反射层、慢化剂、带中子吸收体的控制鼓、燃料组件等进行了监督安装),而飞行器交由化工自动控制设计局负责。1970 年,两个计划合并为一个创建核火箭发动机台架反应堆的统一计划,起名为"11Б91‑ИР‑100"。从那时起,所有核火箭发动机"11Б91"的台架反应堆和飞行器原型的设计工作都集中在化工自动控制设计局。进行研发工作的是包括下列设计师、计算师、工艺师的一个庞大队伍:А. Д. Конопатов、Г. И. Чурсин、В. Р. Рубинский、А. И. Белогуров、Ю. И. Мамонтов、Л. Н. Никитин、В. С. Рачук、В. Н. Мелькумов、Н. Д. Панковец、А. И. Кузин、Л. Н. Григоренко、Ю. В. Мамаев 等。Келдыш 研究中心核发动机研究室的领导和科学工作者(В. М. Иевлев、Ю. А. Трескин、В. Ф. Семенов、Г. В. Конюхов、В. П. Горда、А. И. Горин、В. Н. Рыбин、А. И. Петров、А. В. Борисов 等)积极参与了这些工作。

同时,物理动力研究院也展开了理论和试验工作,论证反应堆中子物理参数及其控制原理,选择和研究辐射防护单元的特性,主要研究者有 В. А. Кузнецов、В. Я. Пупко、В. А. Коновалов、Ю. А. Прохоров、И. И. Захаркин、А. А. Веденеев、А. Г. Портяной、А. Г. Матков、А. Д. Овечкин、С. Ф. Дегтярев 等。试验研究首先在反应堆的临界装置和物理模型上进行(其中第一个是反应堆ИР‑20,于 1963 年 4 月 13 日达到临界状态)。从 1968 年开始,试验研究在一台专门的物理台架"Стрела"("箭")上进行,台架上曾安装了一座物理特性与核火箭发动机"11Б91"反应堆非常接近的反应堆(包括使用实物尺寸和成分的燃料元件)。通过这些研究,科学家们确定了反应堆的几何参数与燃料元件中铀浓度的最佳关系、堆芯体积内释热分布特性、反应性裕度、温度效应的大小等。核火箭发动机第一座台架反应堆"11Б91‑ИР‑100"的物理启动也在该台架上进行。反应堆进入临界状态后,相关专家按计划进行了内容广泛的研究,这些内容将在本书第 3、4 章叙述。

在创建核火箭发动机时,科研生产联合体 Луч(过去称燃料元件科学研究

所 НИИтвэл，Подольский 工艺科学研究所）做了大量工作，该联合体是研发制造和试验核火箭发动机燃料组件的主导企业。研究所的领导人是 М. В. Якутович、И. Г. Гвердцители、И. И. Федик。Луч 在非金属材料研究院（НИИ неметаллических материалов）和 Келдыш 研究中心早先研发工作的基础上，制订了设计文件，组建了燃料组件的半工业化生产。科研生产联合体 Луч 的燃料组件装备了全国所有进行工艺和实物试验的核火箭发动机反应堆。科研生产联合体 Луч 的分部——联合勘察室保证了在全套试验台架 Байкал 上进行核火箭发动机燃料组件和反应堆的准备和试验。

在对核火箭发动机反应堆进行台架实物试验的各个阶段，核火箭发动机控制原理的研究和控制装置的研制都是由仪器制造科学研究所承担的，总设计师是 А. С. Абрамов。该单位还研发了发动机飞行试验的控制装置单元。

1972 年在全套试验台架"Байкал"的第一工作地点，科研生产联合体 Луч 的联合勘察室（领导人为 И. А. Могильный、А. П. Ивлев、В. П. Денискин）在 Курчатов 原子能研究院（Н. Н. Пономарев-Степной、В. М. Талызин、В. А. Павшук 等）的科学领导下，实现了反应堆 ИВГ 的物理启动。反应堆 ИВГ 的设计单位是 Н. А. Доллежаль 领导的动力工程科学研究设计院（НИКИ энерготехники）。1975 年 ИВГ 堆实现了功率启动，紧接着（1976 年）在一座新反应堆的台架上，结合附加任务的研究课题，科学家们开展了核火箭发动机燃料组件的组合试验。这些工作由 Курчатов 原子能研究院、科研生产联合体 Луч 和它的联合勘察室以及许多其他研究单位共同完成。

1977 年全套试验台架"Байкал"第二个工作地点"第二－ А"投入使用。1977 年 9 月 17 日在试验台架上第一座核火箭发动机反应堆 11Б91 达到临界状态并开始物理启动。半年后，1978 年 3 月 27 日，该反应堆进行功率启动，1978 年 7 月 3 日和 1978 年 8 月 7 日进行相应的点火试验 ОИ－1 和 ОИ－2。准备和进行这些工作是在化工自动控制设计局、物理动力研究院以及其他研究单位和军队的协同下，由科研生产联合体 Луч 的联合考察组和 Келдыш 中心的综合考察组完成的。领导人为 В. А. Зайцев、А. М. Костылев、А. М. Лазарев、Ю. Г. Демянко、Р. А. Федотов。

20 世纪 70 年代末至 80 年代初，苏联在全套试验台架上还进行了两个系列的试验——第二套和第三套装置"11Б91－ИР－100"的试验。在反应堆 ИГР 和 ИВГ 内继续进行燃料组件的试验，为使试验液氢发动机的"第二－ Б"工作地点投入使用，相应设施投入建设。同时位于莫斯科郊区的化工机械制造研究所

图 1-4 苏联研制的核火箭
发动机样机"11Б91"

（НИИ химического машиностроения）在一专门的台架上实施了所谓"冷"发动机"11Б91Х"的试验计划，该发动机与实物发动机的结构相同，但没有核反应堆（这方面将在第 4 章更详细地叙述）。大量工作正在进行，科学家们在技术上为第一台核火箭发动机（见图1-4）的飞行试验准备了几年。但是正是到了 20 世纪 80 年代初他们才明白，在未来几十年将核火箭发动机作为空间飞行器的主喷气发动机是不可能的。

导致这一结果还有不少原因：首先，苏联和美国在 20 世纪 60—70 年代提出的去太阳系行星的载人飞行任务改期到了遥远的未来；其次，当时高效液体火箭研发工作取得了重大进展；最后，空间核装置在演练和运行时的辐射安全问题得不到保障。最后这一点，特别是 1986 年切尔诺贝利核电厂核事故带来的震撼世界的打击是导致苏联（后来是俄罗斯的）核火箭发动机研究工作无限期停滞的主要原因。同时，这一事故对世界上大多数国家的工业核动力发展计划产生了不良影响。

1.3 核发电装置和气相反应堆研究[①]

但是必须指出，在 20 世纪 80 年代中期，苏联的专家们已经不把核发动机仅仅看作产生推力的装置。固相火箭反应堆的根本优点是可将气体工质加热到 2 500～3 000 K，拥有较小的质量和较高的能量密度。这些优点扩大了它在火箭技术中的可能应用范围。在 20 世纪 70 年代就已经证明，作为热气体源的高温固相反应堆不仅可以用于创建发动机，也可以用于创建开式或闭式循环工作的气体涡轮发电装置，还可以用于创建既有发动机功能又有产生电能功能的联合系统。这样的系统与高效用能设备相结合（无论是远程太空飞行

---

① 此节标题由译者补加。

的机上供电装置,还是基于气动激光器或超高频辐射器的装置,抑或是从太空向地球供电或向太空对象远距离供电的装置),在已经到来的 21 世纪将有广阔的应用前景。在 20 世纪 70—80 年代,科学家们对于这一系统(长时间工作的气轮机回路、热交换器、气体轴承、低温发电机等)不仅进行了理论研究,也进行了实验研究,还进行了整个系统的设计研究,并在综合试验台架"Байкал"上进行实物反应堆试验(在工作地点为"第二- А"的核反应堆Ⅱ-3 系列试验)。这些工作的结果表明,开发有希望的核空间技术的基础已经建立,在此基础上相应装置的面世时间只取决于提出具体目标任务的时间和必要的财政拨款。

基于固相反应堆的发动机和发电装置构成了多年空间核动力工作的主要内容。这虽是主要的,但不是唯一的内容。从 20 世纪 50 年代中期开始,苏联就开展了其他方案的研究,特别是装备气相核反应堆的核火箭发动机和核发电装置的研发占有重要地位。这些研究在 В. М. Иевлев 的领导下在 Келдыш 中心(К. И. Артамонов、А. Б. Пришлецов、Н. Н. Борисов、А. Я. Гольдин、А. А. Павельев、В. М. Мартишин 等)开始,这一研究最初大有希望,因为据推测在处于气相(准确地说是等离子体状态)的易裂变物质的反应堆有可能将工质加热到约 6 000 K,它保证用氢获得的比冲可达 2 000 s。在 20 世纪 50 年代的后 5 年,相关专家在以下方面进行了理论计算研究和部分实验研究:气体燃料元件的气体动力学(由 Келдыш 中心完成),气相反应堆物理学(由物理动力研究院完成),非理想等离子体的性质(由 Келдыш 中心和莫斯科物理工程学院完成)。这些工作证明了装备气相反应堆的核火箭发动机原则上可获得高的比性能,从而允许提出关于开始设计具体工程装置的问题。这些工作于 1963 年由总设计师 В. П. Глушко 领导的动力机器制造科研生产联合体着手进行。他们做了下列几个方面的工作:设计推力为 6 MN 的气相反应堆核火箭发动机;研发单个燃料元件的实验台架发动机,用于演练主要工作过程;研发用于实物试验的台架试验基地设计的技术先决条件。

1968 年动力机器制造科研生产联合体完成了比冲为 2 000 s、比质量为 100 kg/t 的发动机"РД-600"方案的研发工作。发动机包括带固体慢化剂和反射层(铍、氧化铍、石墨)的多燃料元件气相反应堆、核燃料作为中心运动射流的气体燃料元件、气相铀和液相铀的闭式循环回路、使气体燃料元件内射流保持稳定的磁系统,用加锂的氢作为工质。1968 年 5 月 24 日颁发的政府决议决定根据提出的方案建造气相核火箭发动机,并建设对其进行试验的台架实验基地("贝加尔-2","Байкал-2")。

1970年,根据以上政府决议,动力机器制造科研生产联合体(主要设计单位)、Келдыш 中心(科学领导单位)、物理动力研究院(物理方面的科学领导单位)和其他许多单位完成了带气相反应堆的空间动力装置"ЭУ-610"的草图设计,其电功率为 3.3 GW,比电功率为 0.7×10^5 kW/kg。装置结构拟采用单个燃料元件气相反应堆,具有易裂变物质的非流动堆芯,没有核燃料的循环回路。20 世纪 70—80 年代,科学家们在装备气相反应堆的核火箭发动机和核发电装置方面进行了内容丰富的综合研究,得到了不少非同寻常的科学结果(这些工作的内容将在本书第 5 章探讨)。但是,在设计气相核火箭装置的过程中,在物理和工艺方面所产生的原则性问题的数量比最初预计的要多得多。利用气相燃料元件的发动机和发电装置未能建造,做这些试验的台架实验基地也未能建设,仅在选定的场址上,进行了设计和勘测工作。

20 世纪 50 年代,科学家们在核空间技术一个重要的研究方向开始了工作,即研发将核能静态(不用机械的)转换成电能的发动机和发电装置(在电推进发动机中,借助电等离子体推进器将获得的电能再转换成喷射流的动能)。按照这一方向,1957 年 С. П. Королев 所在的试验设计局(М. В. Мельников 分部)和物理动力研究院(由 А. И. Лейпунский 和 И. И. Бондаренко 领导)开始了研究工作,而电推进发动机则由原子能研究所(由 Л. А. Арцимович 领导)、第一科学研究院(由 В. М. Иевлев 和 А. А. Поротников 领导)和其他许多单位于 20 世纪 50 年代末开始研究。第一阶段的工作于 1962 年结束,研究者提交了《核电推进发动机用于重型行星际飞船的有关资料》,这些资料作为当时研究的运载火箭 Н-1 草图设计的一部分。后来,这些单位逐渐吸纳研究团体参加工作,完成了电功率为 300 kW 的带热中子反应堆-发电机的核发电装置的设计草图(1963 年)和用于载人行星际飞船的核电推进发动机 ЯЭРД-2200 的设计草图(1965 年)。当时实验工作计划扩展得很宽,可以对反应堆、把反应堆热能转换为电能的热离子转换器、电等离子体推进器等的最佳特性进行论证。根据这些资料,以 С. П. Королев 命名的试验设计局(1966—1974 年期间由 В. П. Мишин 领导)在 1969 年为火箭空间综合飞行器 Н-1М 研发了带核电推进发动机"11Б97"的电源和航天火箭机组的设计草图。发动机"11Б97"的设计是随后多年与研发用热离子能量转换器的大功率核电推进发动机和核发电装置有关工作的技术基础和组织基础。在进行这些工作的同时,研究者还执行了创建较低功率的带热中子反应堆和热离子能量转换器的核发电装置

"Тополь"("白杨")计划(研发的科学领导是 Курчатов 原子能研究院),该装置的两个样机在 20 世纪 80 年代末成功通过了在太空的飞行结构设计试验。研讨这些工作的进程和实质已经超出了作者撰写本书时所定的任务范围。这里我们只是指出,按照这些方向创建的设计结构和工艺的半成品,以及至今已经获得的、用实验或其他方法已经论证的反应堆-转换器、发电管、等离子体推进器和其他重要部件的技术特性,使我们可以将装备热离子能量转换器的核电推进发动机和核发电装置视作解决未来开发近太空和远太空空间任务的重要手段。

在创建核火箭发动机和核发电装置的半个世纪中,科学家们还研究了发动机和发电装置的其他方案。在这方面我们要提到用快中子反应堆(冷却剂为钠-钾低共熔体)和将热能转换为电能的热电转换器核发电装置。苏联和美国不仅对这一类型的核发电装置(功率约 3 kW,如美国的"SNAP - 10A"型核发电装置)进行了研发,还将其用在太空装置上并进行了大约 15 年的试验和运行。为了一系列所需功率约 1 kW 以内的任务,苏联和美国研制并成功运行了用放射性同位素发电机的核发电装置(如苏联在用自动"月球车"考察月球的计划中就使用了这类装置)。在详细研究过的方案中(其中包括在大规模实验计划内的),我们还要提到用粉尘状核燃料准流化转动层反应堆的核火箭发动机,还有脉冲式核火箭发动机,该装置借助在核炸药的小室或专门平台中发生一连串的爆炸来给航天器提供运动能量。虽然这些发动机的计算特性十分诱人,但是由于技术上有很多困难,这些方案都未能实现。

半个世纪以来研发的核火箭发动机和核发电装置的方案中,目前在工艺上进展最大、有进行地面试验成熟台架基地的是将基于固相反应堆的核动力推进装置与利用热离子能量转换器和电等离子体推进器的核动力推进装置组合起来使用。正如第 7 章将要证明的,它们在解决未来航天任务中是最有发展前景的。

现在俄罗斯仍在按照科学研究计划进行核火箭发动机和核发电装置的研究工作。这样,在保留了过去几十年所创建的结构设计工艺、实验、人力等基础的情况下,科学家们沿着许多解决问题的方向将研究工作向前推进(其中一些研究方向将在第 3、7 章叙述)。这样就保留了基本的前提条件,当有一天需要时,就可以在重新开始具体项目时将其应用到试验-设计研发工作中。

参考文献

[1]　Server R. The Use of Atomic Power for Rockets: Project RAND RAD - 2, 1946.

［2］ Serfiert H. S. , Mills M. M. Problems of Application of Nuclear Energy to Rocket Propulsion: Jet Propulsion Laboratory, 1947.

［3］ Shepherd L. R. , Cleaver A. V. The Atomic Rocket. -J. Brit. Interplanetary Soc. , 1948.

［4］ Bussard R. W. Delayer R. D. Nuclear Rocket Propulsion, 1958.

［5］ В. М. Иевлев. Ядерные ракетные двигатели и ядерные энергетические установки. — Статья в сб. 《Ракетные двигатели и энергетические установки》. Серия IV / НИИТП, 1973, вып. 18, ч. IV.

［6］ Архив Президента РФ, ф. 3, оп, 47. Д. 212.

［7］ С. П. Королев и его дело. Избранные труды и документы. — М. : Наука, 1998.

第 2 章

核火箭发动机的组成和
不同类型发动机的比性能

核火箭发动机的原理图(见图 1 - 3)给出了整个发动机的一般概念,在很大程度决定了发动机装置的组成和各设备相互作用的特点以及发动机的下列基本特性:质量、外形尺寸、产生单位推力的工质耗量、某些结构特点。在选择发动机方案时,要考虑到必须最大限度地简化其运行,包括启动、稳态工况和过渡工况、停机,以及核火箭发动机所特有的核反应堆降温过程。最后,发动机方案还要考虑在工作过程中发生意外情况(事故前情景或事故情景)的可能性,并规定防止它们发生的必要措施。

发动机工作过程中主要工质和其他材料的选择以及它们的物理性质和化学性质将对发动机方案产生重要影响。研发方案通常就是在满足不同(往往是相互矛盾的)要求的一系列方案中折中选择。

核火箭发动机的主要特点之一是它们达到的最大比冲值不取决于反应的动力潜能(像液体火箭发动机或固体燃料发动机那样),而几乎只取决于发动机方案和所选结构材料的物理化学性质。

大推力核火箭发动机①的可能方案似乎多种多样,但是经过仔细分析将那些(动力上、经济上、结构设计上)明显不能成立的方案去除后,只剩少数几种方案,它们之间的区别主要在于所使用的核反应堆类型。

在一般情况下,核火箭发动机方案中包含下列主要的系统和设备:① 核反应堆;② 燃烧室(对于双组分工质的方案);③ 超声速喷管;④ 工质供应系统;⑤ 反应堆和发动机的整体控制系统。下面我们研讨在分析和选择核火箭

---

① 这里及以下所称的大推力发动机是指可用来快速推动近地和太阳系其他行星附近的火箭空间飞行器的发动机。与此相区别,小推力发动机则主要是用来推动行星间轨道上的空间飞行器,或者是用来改变近行星轨道上飞行器的空间取向。

发动机方案时应该注意的一些问题。

2.1 核反应堆

如上所述,反应堆是核发动机的决定性部件。反应堆可以是热中子型、中能中子型或快中子型,根据反应堆内易裂变物质的布置方法,它可以是均匀堆(热中子型和中能中子型)或者是非均匀堆。在均匀堆中,易裂变物质(通常用富集铀)均匀分布或按一定规则分布在堆芯内。在非均匀堆内,易裂变物质则集中在一些燃料元件内,装配成燃料组件,后者再置于固体或者液体中子慢化剂中。

核火箭发动机的反应堆同时又是一个物理装置,在该装置中应该严格实现堆芯的形状、大小、材料组成、易裂变物质浓度、调节核反应速率的中子吸收剂的类型和布置等之间必要的相互关系;反应堆是一个热交换设备,其中应当建立工质的流动通道,同时要有必要的传热面积以保证将工质加热到计算温度;在耐热和受力方面反应堆是发动机结构的高强度部件,它工作的可靠性对于核火箭发动机的运行安全起决定性作用;反应堆是一个电离辐射源,因而要求采取专门措施来保护发动机其他结构部件和设备以及工作人员免受辐射危害。

在均匀反应堆中,工质的流动通道分散布置于慢化剂所占的空间中。因而在这种情况下,首先,慢化剂应当是固体,其次,慢化剂应当由耐热材料(石墨、难熔金属碳化物等)制成。在非均匀反应堆中,慢化剂可以是固体,也可以是液体或是混合体。

应在发动机方案多因素优化框架内来选择慢化剂的类型和材料。例如,用石墨做慢化剂的反应堆比用普通水做慢化剂的反应堆要重,但考虑到冷却系统各组件的质量,石墨慢化剂的核火箭发动机可能还轻些。

反应堆作为一种物理装置,其有效性在很大程度上取决于堆内易裂变物质的量(装料量)。选择合理的反应堆形状和尺寸、堆芯和反射层的材料,选择保证功率调节和应急保护的移动式中子吸收体的类型和布置将最大限度地降低装料量。

反应堆结构材料的选择有重要意义,所有使用的材料(控制元件内用的材料除外)应具有小的中子吸收截面。慢化剂材料内应当含有尽可能多的轻原子(氢、氘、铍、碳),以保证在中子-原子相互作用过程中更有效地降低中子能量。同时,为了使工质加热到尽可能高的温度,反应堆内应使用耐热材料,而且应是对工质具有化学惰性(或者几乎是惰性)的材料。但是,这样的材料通常有较高的中子吸收截面,大量使用这些材料会使反应堆的中子物理特性变差。

当裂变主要由中能以上的中子引起时(即采用快堆),结构材料吸收中子的不利影响将明显降低。这会使反应堆内易裂变材料装量增加,但使反应堆尺寸减小,这时反应堆内就有可能安排不下所需的传热面积,在这种情况下,核火箭发动机就难以采用快中子反应堆。

为了最大限度地利用反应堆的全部空间,就必须在堆芯内不均匀地分布易裂变物质浓度,不均匀地布置冷却通道等。确定这种分布规律并付诸实施,这是核火箭发动机反应堆的一个特殊仿模化问题。

火箭发动机效率的主要指标是比冲 I,它直接取决于工质进入火箭喷管前加热达到的温度。在目前研讨阶段下式有足够的准确度:

$$I \sim \sqrt{\overline{C}_P(T_进 - T_出)}$$

式中,$T_进$ 和 $T_出$ 为工质在火箭喷管进口和出口处的温度;$\overline{C}_P$ 为在 $T_进 \sim T_出$ 温度范围内工质的平均比定压热容。由这一简单的关系式可得出两个非常重要的结论。

首先,为了获得尽可能大的比冲,加热温度 $T_进$ 应当尽可能高(同时 $T_出$ 应尽可能低,但是,喷管出口温度我们能"作主"的范围非常窄)。因为 $T_进$ 与反应堆传热表面温度直接相关(这两个温度差 ΔT_i 决定了由加热表面到工质的热流密度:$q \sim \Delta T_i$,因此,反应堆应当这样设计,即使工质在从反应堆中流出以前的一段通道内 ΔT_i 和 q 的值尽可能小),因此,从 $T_进$ 这一方面看,比冲的限制取决于反应堆结构所用材料的最高工作温度 $T_工 = T_进 + \Delta T_i$。这一结论具有重要意义,值得单独对其进行说明:限制核火箭发动机比冲的不是(如同化学能火箭发动机中那样的)反应能,而是反应堆内所用结构材料的耐热性能。这些限制是根本性的,我们很自然地希望避开它、克服它,以使核裂变的潜能得到更加充分的利用。这种可能性是存在的,我们将在下面研讨。

其次,要提高比冲还有一个"杠杆",那就是可能影响 $\overline{C}_P$ 的因素。与第一个因素不同,$\overline{C}_P$ 与反应堆的结构和参数无关,只与所选工质的物理化学性质有关,反比于反应堆内被加热气体的相对分子质量 μ,即 $\overline{C}_P \sim 1/\mu$。由此可见,当 $T_进$ 和 $T_出$ 值不变时,采用"轻"工质可以获得最大比冲,考虑到一系列其他要求,其中最合适的工质是氢。

现在再回到上面讨论的限制因素。因为所有已知耐热材料(主要是金属碳化物)的最高工作温度范围不超过 3 300 K,解除对比冲限制的唯一办法是建立这样一种反应堆,将核裂变释放的能量直接传给工质,而不通过固体传热表面。用气相反应堆的核火箭发动机有望实现这一点,其中堆内易裂变物质和工质都处于气体状态。同时热量不通过固体材料从易裂变物质区传输到工质,而主要借助辐射传热。

运用气相反应堆(如果能成功解决有关创建这种反应堆的一系列复杂科学技术问题)将有可能大大提高核火箭发动机的比冲,比采用固体传热表面的反应堆高出一倍以上。不过,气相核火箭发动机的最大比冲也会受到限制,而且也受所用材料最高使用温度的限制。但是,与前述情况相比,这些限制是另一个限制范围,它将在本书第 5 章中研讨。

对于比冲来说,除了上面两种"极端"的核火箭发动机方案以外,还可以提出一些"中间"的核火箭发动机方案,其比冲比第一类发动机有所提高,而需要解决的问题又比气相核火箭发动机的要少,因此,这些方案看来更加切合实际。属于这种类型的主要有两种方案:① 采用双组分的工质,即燃料和氧化剂在反应堆内分开加热,然后进入燃烧室燃烧,在那里它们的温度由于相互作用的化学能而进一步升高;② 采用易裂变物质准流化床(另一种叫法为燃料离心悬浮),在这里虽然热量也是从固体传向工质,但那是无动力载荷的细粒核燃料固体表面的传热,因而能够提高温度。

这些方案的特点以及应用可能性将在后面研讨。

2.2 燃烧室

采用双组分工质的核火箭发动机方案需要燃烧室。燃烧室内气态燃料在气态或液态氧化剂中燃烧(与预先加热燃料相比,在反应堆内预先加热氧化剂可使推力稍有增加)。要确保两个气态组分完全相互作用,需要它们在长度不大的范围内很好地混合。此外,燃烧室的结构还应满足与化学燃料火箭发动机一样的"传统"要求:在高的热流条件下可靠地冷却室壁,对低频和高频振动均具有稳定性等。

双组分工质核火箭发动机有一个使人感兴趣的特点,就是原则上可以实现双工况工作:在飞行开始的一段时间(这时为了保证辐射安全和核安全,可能要求不启动反应堆),只依靠不预热的燃料和氧化剂相互作用的化学能来产生推力,而反应堆在晚些时候再启动。这一特点可能是这种核火箭发动机在运行方面的重要优点。

2.3　超声速喷管

超声速喷管虽然不是唯一的,但却是将高温气体的热能转变为排气射流动能从而产生发动机推力最可取的装置。最重要的问题(影响发动机热平衡和流程的很多问题之一)是在非常高的对流热流密度以及反应堆的中子和 γ 辐射释热的条件下,喷管在临界截面处必须要被可靠地冷却。喷管设计的其他问题(扩张比的选择、沿长度的构型调节)用设计液体火箭发动机时同样的方法来解决。

2.4　工质供应系统

工质供应系统与液体火箭发动机的相应系统在原则上区别不大。虽然在核火箭发动机中供应系统设备质量所占的份额远小于在液体火箭发动机中所占的份额(因为核火箭发动机质量的主要部分在反应堆)。然而,降低核火箭发动机单组分或双组分工质供应设备的质量仍有重要意义。当然,这一参数直接取决于在方案分析时选定的工质供应压力,并在较小程度上取决于采用的涡轮泵机组气轮机工质的供气方案和排气方案。将泵的数量降到最少,对于减少供应设备的质量有重要意义。带固体热交换表面的核火箭发动机原则上可以只有一台泵,不过为了优化发动机方案可能需要增加泵的数量。对于缩短发动机的启动时间,涡轮泵机组转子的转动惯量起着重要作用,后者又与选定的工质供应压力和流量的水平有关。

2.5　反应堆和发动机的控制系统

作为控制对象的核火箭发动机反应堆有自己的特点,它们取决于下列因素:

(1) 在发动机总的控制系统中,必须单独监测和调节决定释热水平的核反应速率(中子功率);

(2) 必须有可靠的应急保护,在工作过程中发生意外时能迅速停堆,并保证所有其他运行阶段堆是安全的;

(3) 要求在启动时反应堆由次临界状态经过(或者不经过)中间功率水平而快速达到额定工况;

(4) 必须保证在停堆后很长一段时间内将剩余释热排出(也就是要实现

反应堆所谓的降温),这就要更多地消耗飞行中急需的工质或其他组分;

(5) 如果在技术任务上要求保证在前一个工作循环以后的任一时间再次启动发动机,那么为了克服所谓的"碘坑",必须要有较高的反应性裕度,这样就要增加反应堆易裂变物质的装料量,相应地要提高控制驱动机构的裕量。

发动机的启动(按照现在确保安全的概念,它只能在地球大气层以外启动)是一项复杂的任务,并应在尽可能短的时间内完成。因为反应堆经历较长时间达到额定工况会使工质的低效消耗大大增加。然而,在核火箭发动机反应堆过渡过程的所有阶段,都必须对其物理过程和热工过程进行可靠控制,这就决定了缩短启动时间存在一定的下限。因此,反应堆从可监测最低功率水平(反应堆从次临界状态转入启动之前)达到额定工况的时间,即反应堆功率增加 7~8 个数量级所需的时间,按照现在的认知这段时间不会短于 10~20 s。这种启动速度对核火箭发动机反应堆(按中子物理和材料耐热强度两方面)来说已是极快的了,但对于作为整个运载火箭组成部分的发动机来说,这一时间还是太"浪费"了。由于为了增加比冲采用发动机闭式流程更为有利(这里采用在反应堆内预先加热的工质作为驱动涡轮泵机组的能源),所以在核火箭发动机启动过程中必须要给涡轮泵提供外加的能源或(和)利用发动机各设备的热容量。寻求一种折中方案,使其能兼顾核火箭发动机启动过程相互矛盾的要求是一项复杂的技术任务。

为了使发动机有尽可能高的比冲并使其比质量最低,要求在核火箭发动机反应堆中最大限度地采用热强度高和热稳定性好的材料,这样可使调节额定工况的可能性减至最小。反应堆最热单元——燃料元件的温度取决于中子注量率 Φ 和工质流量 G。以发动机的推力作为输出参数,控制系统应当使反应堆中子功率和工质流量保持在某个水平,使燃料元件最热点温度不超过最高容许值,同时与最高容许值之差也不大于设计规定的容许值之差。

在核火箭发动机中采用带液体慢化剂的反应堆提供了另一些控制可能性。控制慢化剂的温度可以用更简便的方法使反应堆功率保持在设定范围,使得移动吸收中子的控制驱动机构时反应堆内释能空间分布不会发生畸变。在成功利用慢化剂沸腾的情况下,这种控制方法将特别有效。但是,选择慢化剂类型(固体的或液体的)的决定性因素不仅与功率控制有关,还与作为火箭发动机设备的反应堆等其他特性有关。

核火箭发动机的停机也是一个复杂问题,主要不是物理问题,而是热工问题。由于在链式裂变反应中存在所谓的缓发中子和裂变产物衰变,在裂变反应终止后反应堆内仍继续释热。在停堆后最初几秒钟内，释热水平与工作状态时的水平为同一量级，然后迅速降低，但仍然保持着相当高的水平，需要对反应堆进行长达若干小时的冷却。反应堆停堆后的降温过程需要消耗大量工质（取决于要完成的任务，有时甚至可与额定工况下的消耗相比拟）。虽然降温时工质的消耗被迫在较低的平均比冲下进行，但是在航天器的发射特性中应当将该过程作为可利用的因素考虑在内。

需要指出核火箭发动机的另外一些特点。其中之一是中子和 γ 辐射使结构材料中有高的释热水平，这个释热水平正比于发动机反应堆在稳定工况下工作的功率，从而，也正比于发动机的推力。从推力的某一水平开始（大约数万牛顿或更高），分布于反应堆表面附近的所有大零件（如固定发动机的部件）都应当强迫进行冷却。

必须指出核火箭发动机运行的另一个重要特点，它与发动机工作时其材料中产生感生放射性有关，这种放射性在停堆后几天和几个月仍保持在对生物体有害的水平。这种情况对发动机设计方案提出了要求，即不得不预先考虑在两次开动中间对发动机进行遥控维护（或自动维护）的可能性。

最后，核火箭发动机方案应当使得反应堆和发动机结构中其他对生物体有害的部分在运行完后能可靠销毁。

除销毁（后面将要研讨实施这一操作的几种方案）外，还可预先考虑核火箭发动机终止发挥功能后的安全处理方法，例如将它移至长期停留（不小于 300 年）的轨道上。选择哪种方案取决于航天器借助核火箭发动机所完成任务的具体情况。

研讨基于核火箭发动机方案和工艺来建造核发电装置的问题无疑是人们感兴趣的。核反应具有高的动力潜能，从而给这种研发提供了可能性（由于结构材料抗热强度的限制，在核火箭发动机中还应用得不够），而研发的必要性则取决于空间运载-发电的远景计划（如载人火星考察之类），其中航天器需要数百万千瓦水平的电能，并要维持很长时间（达 1.5～2 年）。在这种方案中，核火箭发动机的超声速喷管将被能量转换回路替代或补充（即在推进-发电装置中），工质的热能先转换成机械（涡轮）能，然后转换成电能（发电机）。

具有闭式回路核发电装置（或核发电推进装置）方案的重要组成部分是保证沿回路管路唧送工质的压气机和将低潜能热能从回路中向宇宙空间排放的辐射散热器。在很多情况下（在散热器的质量和尺寸方面），辐射散热器成为核发电装置增加绝对功率及其比性能的限制因素。

　　最后,三工况核发电推进装置是最复杂的核动力装置,该装置在上述两种工况(闭式回路的推进工况和发电工况)的基础上又增加了一种工况——短时间大功率(若干兆瓦)工况。根据热力学观点,这种工况只有在开放式向宇宙空间排放工质(在能量转换器内工质的温度潜能用尽后)的条件下才能达到。也正是这种情况(即实际上星载的工质储备)限制了实施该工况的最长时间。至于将工质在反应堆内获得的热能转变为电能的转换器,则可以采用涡轮发电机(在其涡轮上用尽反应堆内获得的大部分热能),也可以采用磁流体动力发电机。要采用后者,必须在工质中加入增加电导率的特殊离子化添加剂,计算表明,只有在需要获得很大功率(100 MW 及以上)的情况下采用磁流体动力发电机才是合算的。三工况核发电推进装置的涡轮转换器是一种结构复杂的设备,具有 5~8 级涡轮和冷却到低温水平的发电机,它的研发是一项重大的科学技术课题。

　　稳定工作的核火箭发动机和核发电装置方案的某些特点大体上就是这些,在设计核推进发电装置时必须考虑这些特点。所研讨方案的分类如图 2-1 所示。

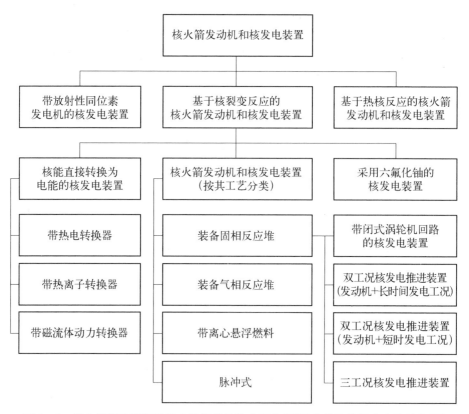

图 2-1　核火箭发动机和核发电装置的结构方案分类(已在具体结构中实施的方案)

　　为使研讨完整,还应提到脉冲式核火箭发动机,它是利用微型核爆炸工作的。计算表明,要达到(根据发动机燃烧室结构的强度条件)可接受的压力水平,在核装料质量不超过几十克的情况下,需要对组成核装料的物质施加巨大压力(使其密度达到固体密度的 15～20 倍),约五十年前就有人提出了实施这类方案的可能性,它将在本书第 6 章讨论。

第 3 章

装备固相反应堆的核火箭发动机以及
基于该反应堆的核发电装置的
计算原理和设计依据

在第 2 章图 2-1 中提到的核火箭发动机和核发电装置中,装备固相反应堆的核火箭发动机以及基于该反应堆的核发电装置是研究的重点,它们是本章和下一章的主要内容。固相反应堆计算设计工作包括反应堆结构方案论证、反应堆热工水力设计及实验、反应堆中子物理设计及临界实验、反应堆辐射防护和热屏蔽设计等。在核发电装置中,研究者还考虑了热电能量转换系统和热排放系统等的设计。此外,本章最后还简要介绍了核火箭发动机反应堆实物试验的准备工作。①

3.1 核火箭发动机和核发电装置的热物理特性

核火箭发动机只有在其外形尺寸和质量尽可能小而比冲(主要取决于喷管前的工质温度)足够大(约 1 000 s)时才能比其他类型航天发动机的性能更为优越。为了达到这么大的比冲以及达到所要求的质量和外形尺寸特性,则发动机反应堆内氢的整体平均温度应该加热到约 3 000 K,反应堆堆芯的体积比功率应达到约 30 kW/cm³。苏联创建的核火箭发动机反应堆原型——反应堆 11Б91 - ИР - 100 或 ИРГИТ 达到了这样的性能[1],并且在反应堆 ИГР 内进行模拟燃料组件试验时其首次通过了实验验证[2]。核火箭发动机的结构如图 3-1 所示,该图的核心部分就是放置于承受压力且有冷却作用壳体中的反

---

① 该导入语为译者补加。

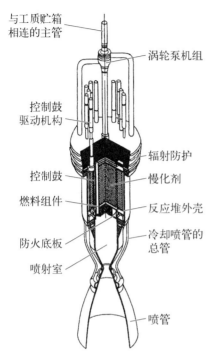

与工质贮箱相连的主管

涡轮泵机组

控制鼓驱动机构

辐射防护

控制鼓

慢化剂

燃料组件

反应堆外壳

防火底板

冷却喷管的总管

喷射室

喷管

图 3-1　核火箭发动机结构示意图

应堆,外壳尾部为喷管。反应堆包括燃料组件、慢化剂、侧反射层和端部反射层,还可能有辐射防护组件(后者取决于核火箭发动机配置于载人还是无人的宇宙飞船中)。

由于是第一次创建该类型发动机,缺乏对核火箭发动机和强释热气冷反应堆进行冷却的可用数据,因此科学家们在优化冷却系统和选择合理的调整方法方面进行了一系列新的研究,并将它们应用于创建核火箭发动机的反应堆 ИРГИТ 上。对于强释热核火箭发动机结构中各种有代表性的复杂形状通道(带有使气流扭转的有肋片和无肋片窄缝环形通道,特殊断面的螺旋棒体系等)内的流体力学和传热问题,科学家们进行了理论研究和实验研究。研究建立工质加热过程的特点,研究该类型核火箭发动机结构单元冷却通道内的流体力学和热交换问题,这是科学和技术中一个待解决的新领域。反应堆的高参数要求提出并解决优化冷却系统、强化由结构单元固体表面向冷却剂的传热以及强化工质内的传热等课题。错综复杂的热交换问题使我们必须研发新的计算方法和模拟方法。

建立这类反应堆结构单元的冷却系统存在困难,这主要是受到材料中高的体积释热率以及所用材料的成分、结构的孔隙率和工质流量的限制。在冷却通道内,在结构孔隙率受限制的情况下,高释热率会带来高热应力的风险。成品各主要组件内明显不均匀的释热分布又加剧了这种风险。当工质流量受到限制时,结构材料还有被加热到其极限温度的风险。

热应力是由不均匀的温度场产生的,而后者则源于研讨区域释热不均匀以及冷却系统的建立受到限制等因素。

因此,建立结构冷却系统的主要任务之一就是使温度场分布均匀。在设定反应堆参数的条件下,均匀分布的温度场能降低最高温度和每个断面的热应力。

在选择结构单元冷却系统过流部分的形式时,作为主要准则之一,研究者讨论了下列影响核火箭发动机主要温度场的代表性因素:

(1) 单元通道(网格)尺寸的不均匀与几何尺寸、工艺等其他参数可能偏离相应计算值有关;

(2) 结构的代表性单元(如燃料组件)半径尺寸的不均匀与单元径向释热变化有关;

(3) 温度周向不均匀性是由反应堆内中子注量率不均匀引起的(存在控制鼓,对于堆内不同半径处的燃料组件,中子注量率沿反应堆径向发生变化等)。

当选择使温度均匀分布的最佳结构单元冷却系统的过流通道时,研究者讨论了所有已知的形式,按照工质流动特性可以分为三种基本类型:

(1) 直通道方案,即单元由并联且相互隔离的通道体系组成(通道呈蜂窝状分布的方案,由光滑的或带肋的同心圆柱和平板形成通道的方案等);

(2) 球形方案,如游离颗粒填料方案,烧结成各种形状块体的球形物和粒状物体系的方案,筛网方案等;

(3) 将上述两种方案中工质的流动特点结合起来的方案(如由一些螺旋棒组成的棒状单元,长径比小的片状棱柱体系等)。

直通道方案(见图 3 - 2)与其他方案的区别在于,已知这些单元中有代表性的管道内的流动规律,原则上可以在最小压力损失下将工质加热到设定温度。该方案的缺点是很难制造出几何参数和工艺参数(通道直径、通道间距、材料性质和组成等)完全相同的组合件。参数可能偏离相应的计算值,从而可能导致工作过程中温度不均匀。对于这类单元,局部过热区的出现不仅可能与释热增加有关,而且可能与工质流量在各通道之间的再分配有关,后者是由通道水

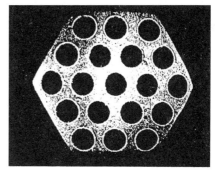

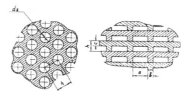

图 3 - 2　基于并联、隔离通道系统的燃料元件横截面

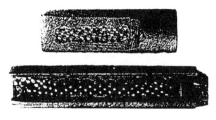

图 3-3 基于小球的燃料组件

力阻力和热负荷不同造成的。

在球形方案(见图 3-3)中,令人感兴趣的是这些体系的下列性质:

(1)工质在球形体系中形成多次膨胀和收缩的三维流动,保证能够使沿断面的温度分布均匀;

(2)寿命长(一个或几个球破损并不意味着体系破坏,在游离颗粒作为填料的情况下,原则上可以补充破损的球);

(3)可以展开很大的热交换表面和很高的释热系数。

球形体系的缺点是有很大的水力阻力,以及由此造成的核火箭发动机某些结构单元在结构布置上的复杂性。

在球形体系中,工质只有统一的过流截面,这就可以减少或者消除在直通道单元内积累的温度不均匀性(在并联、隔离通道的体系中,参数可能偏离相应的计算值,导致各通道内由于水力阻力和热负荷不同而使工质流量不同,从而加热到不同的温度)。

将直通道方案和球形方案中工质流动特性结合起来的所有其他方案(棒形方案等)或多或少具有上述两类方案的优点和缺点。例如,对于基于螺旋棒的单元(见图 3-4),有两种假设的极端情况:当棒肋片是零扭转时为并联通道体系;当扭转的螺距很小时,则近似于球形方案。因此,对于棒形体系,应当可以找到一个最佳的扭转螺距,此时可在水力损失尽可能小的情况下使温度分布均匀。

图 3-4 由螺旋棒组成的燃料组件横截面

在核火箭发动机反应堆的基础上创建航天用推进发电装置时,又产生了一些问题,例如与将热能转化为电能有关的问题,包括创建具有一定可靠性和质量-尺寸特性的辐射散热器,创建保证装置必要效率和具有最小质量-尺寸特性的回热热交换器。

3.1.1　反应堆结构方案的论证

创建核火箭发动机的主要科学技术问题之一是要保证反应堆出口的气体

在实际结构中达到尽可能高的温度,相应地还要保证工质内温度不均匀性最小,因此要考虑到各种类型的扰动和反应堆内特有的释热不均匀性、冷却剂流动特性以及对堆芯各种结构材料容许的温度和温度梯度的限制。

由于核火箭发动机堆芯在高温度和高热流的条件下工作,因而哪怕其几何参数和工艺参数(通道直径、壁厚、易裂变物质浓度等)以及在反应堆控制过程中的功率水平与相应计算值只有很小的偏差,都有可能导致局部过热区的形成,其结果可能导致堆芯结构单元损坏。对于并联、隔离通道方案冷却系统的过流部分,产生局部过热区既可能与释热增加有关,也可能与各通道之间由于水力阻力和热负荷不同造成的工质流量再分配有关。释热增加可能由堆芯单位体积的易裂变物质浓度偏离计算值引起,也可能由堆芯体积局部增加引起。为了避免形成局部过热区而破坏结构,选择的工质加热平均温度应当使可能偏离计算值的所有参数加在一起也不超过通道壁材料的容许温度,并使热流密度不超过限定值。

气体整体平均温度与结构材料最高容许温度(它根据结构的强度和稳定性确定)之间的最小差值主要受到下列因素的限制:

(1)与由通道壁向工质放热有关的温度降;

(2)释热不均匀(分区效应、反应堆尺寸有限、放置在堆芯内或其边界上的控制系统驱动机构的影响等)和热量渗入隔热层引起沿截面温度场的不均匀;

(3)燃料元件的几何参数和工艺参数可能偏离相应计算值引起的温度场扰动;

(4)反应堆各分区内工质加热温度的差别;

(5)测量系统和自动控制系统不准确引起的温度超调。

后两个因素与堆芯燃料元件的结构形式无关,而取决于反应堆特性和自动控制系统的性能。

核火箭发动机反应堆体积内可能存在释热分布不均匀,这会导致反应堆各个分区工质加热不同。为了减少工质加热温度的差别,需要进行实体构型调节和水力构型调节。水力构型调节是令工质流量沿反应堆截面形成某种分配,以保证工质内的温度不均匀性降到最低。这种构型调节方法在很多情况下还不够有效,因为它不能充分利用反应堆释热,从而降低了发动机的比性能。通常认为用改变铀浓度和燃料组件之间的距离的方法(后者只适用于非均匀反应堆),来调节反应堆的实体构型是比较合理的。如果调节反应堆的实体构型还不能使径向释热均匀分布（如由于在基体材料内易裂变物质浓度的限制），那么就可以将它与水力构型调节相结合。研究者根据水力阻力来选配堆芯本身的各个单元使得在不同的释热单元中工质都加热到相同的温度。反应堆各燃料组件内工质加热温度的差别将取决于调节径向实体构型的质量和根据水力阻力选配单元的准确性。

前三个因素在很大程度上取决于燃料组件的结构和制造工艺以及工质流动特性。

上述的偏离和不均匀性一部分是偶然的，另一部分是有规律的。文献[3-5]对不同类型的不均匀性和扰动条件下的温度场进行了分析。

当论证结构是否能可靠冷却的条件时，必须研讨偏离和不均匀性对温度工况的综合作用。实际上，当燃料组件断面上的释热有规律地改变时，偶然偏差的同一个相对值（$\Delta d/d$、$\Delta \rho/\rho$ 等）在较大释热区域内将引起较大的温度场扰动。要准确预测温度最大扰动的位置和水平或在实际结构的实验中对其进行测量，都是很困难的。因此，通过计算确定可能的最大局部温度扰动是较适宜的方法，即确定在规律性不匀最大值区域内各主要参数极限偶然偏差共同作用下所产生的局部温度扰动。如果在这种情况下满足扰动后堆芯体积内任何一点温度都不超过相应限制值的条件，并且可能的偏差被限定在极限偏差值范围内，那么就能确保结构可靠地冷却。

根据这些概念，我们来研讨燃料组件参数可能的不均匀性和偏差对温度场扰动的影响。可以把具有不利偏差组合燃料组件的一组相邻通道看作是发生概率很大的危险情况，因为通道直径减小通常会伴随着释热壁的增厚，从而甚至在铀浓度为计算值时也会使该通道区内释热增加。因此，我们认为偏差并不是相互独立的。所研讨情况之所以危险的原因如下：第一，相邻通道内温度升高，靠热传导从该区通道排热的条件变差；第二，通道直径变小使通过通道的气体流量也变小。

我们来研讨具有不利偏差组合的一组相邻通道的单元网格（围成该单元网格的表面是进入通道热流的边界）。在建立计算关系式时，我们假定网格的边界表面并不向释热较弱的相邻通道传热。该假设的意思是，网格内所有的释热在壁温度超过计算温度的情况下也都能传给工质载出。

应当指出，计算表明，如果考虑参数变化的网格通过热传导传出的热量，在其他条件相同的情况下，可使温度扰动降低约 30%。

通道出口的壁温可用下式表示：

$$T_{壁} = T_{0气,进} + \Delta T + \theta \qquad (3-1)$$

式中，$T_{0气,进}$ 为通道进口的气体温度；ΔT 为气体在研讨区段内的温升；$\theta = T_{壁} - T_{气}$，为通道出口处壁与气体的温差。

这样，当两个通道进口处气体温度相同时，两个通道的壁温之差可写成

$$\delta T_{壁} = T'_{壁} - T_{壁} = \Delta T(\overline{\Delta T} - 1) + \theta(\overline{\theta} - 1) \qquad (3-2)$$

式中，$\overline{\Delta T} = \dfrac{\Delta T'}{\Delta T}$；$\overline{\theta} = \dfrac{\theta'}{\theta}$；$\overline{\Delta T}$、$\overline{\theta}$ 分别为参数与计算值不同的通道内的相对温升和相对温压。物理量符号右上角的"'"表示该量属于参数与计算值不同的通道。

壁温变化 $\delta T_{壁}$ 根据参数偏离额定值的 $\overline{\Delta T}$ 和 $\overline{\theta}$ 的变化来确定。所需要的关系式可以由在综合研究中描述引入（排出）热量的通道内气体稳定流动的方程求得。我们将集中讨论下列条件下的问题：符合理想气体状态方程且 $\gamma/\gamma' = T'/T$；通道偏离额定状态时水力阻力系数不变（粗糙表面通道在阻力系数不随雷诺数变化的流动工况下严格满足这一假设）；通道进口和出口局部阻力系数相等；在所研讨的通道长度上偏差的相对值不变。

考虑到这些假设，对于具有额定参数的通道和参数很小可能偏离相应计算值的通道，综合研究气体的能量方程、运动方程、连续性方程和状态方程，并经一些变换后，得到

$$\overline{\Delta T} = \frac{Q}{2P} + \left[\left(\frac{Q}{2P} \right)^2 + \frac{S}{P} \right]^{1/2} \qquad (3-3)$$

$$\overline{\theta} = k_d \cdot \overline{\Delta T} \cdot St/St' \qquad (3-4)$$

在式（3-4）中，假设具有计算参数的通道与具有偏离计算参数的通道的局部温压之比与相应的平均温压之比成正比。如果努塞尔数表达式 $Nu = aRe^n Pr^m$ 中 n 的值接近 1 或 m 的值接近 1，或者在所研究的温度变化范围内 Pr 变化很小，则可以近似得到 $\overline{\theta} = k_d \overline{\Delta T}$。

在式（3-3）、式（3-4）中，当 $\dfrac{\xi l}{2d_{流}} \gg \zeta$，$\chi = \dfrac{\xi l}{2d_{流}}$，$\overline{\chi} = \dfrac{1}{k_d}$ 时：

$$P = \left(\frac{k_F}{MNLk_r} \right)^2 \left(\frac{C'_P}{C_P} \right)^2 \qquad Q = \frac{\overline{\chi} + 2/\chi}{1 + 2/\chi + 2\overline{T}_1}$$

$$S = \frac{2\overline{T}_1}{1 + \frac{2}{\chi} + 2\overline{T}_1}\overline{\chi}, \quad \overline{T}_1 = \frac{T_{i气.进}}{\Delta T}$$

$$N = 1 + \frac{\Delta\rho}{\rho} + \frac{\Delta\Phi}{\Phi}, \quad L = 1 + \frac{\Delta q}{q} + \frac{\Delta T}{T} - \frac{\Delta G}{G}$$

$$\chi = \frac{\xi l}{2d_流} + \zeta, \quad \overline{\chi} = [k_d(1 + 2\zeta d_流/\xi l)]^{-1} + [1 + \xi l/2\zeta d_流]^{-1}$$

当 $\dfrac{\xi l}{2d_流} \gg \zeta$ 时：

$$\chi = \frac{\xi l}{2d_流}, \quad \overline{\chi} = \frac{1}{k_d}$$

式中，$\dfrac{\Delta T}{T}$ 为考虑在混合集流管内未能使温度均匀而引入的描述温度不均匀性的量；$\dfrac{\Delta q}{q}$ 为反应堆功率水平与相应计算值的相对偏差；$\dfrac{\Delta G}{G}$ 为表征反应堆各燃料组件内工质温升不同的量；C_P、C_P' 分别为工质温度从 $T_{气.进}$ 变到 $T_{气.出}$ 和从 $T_{气.进}$ 变到 $T_{气.出}'$ 时的平均比定压热容；$\dfrac{\Delta\rho}{\rho}$、$\dfrac{\Delta\Phi}{\Phi}$ 分别为铀浓度和中子注量率与相应计算值的相对局部偏差；k_r 为考虑分区效应的系数；$T_{i气.进}$ 为在单元第 i 组合件(第一混合集流管之后的区域)内的工质温度；$T_{气.进}$ 为燃料组件进口的工质温度；$T_{i气.出}$ 为在单元第 i 组合件出口的工质温度；St、Nu、Re、Pr 分别为斯坦顿数、努塞尔数、雷诺数、普朗特数；ξ 为水力阻力系数；ζ 为局部阻力系数；l 为单元组合件长度；$d_流$ 为通道的水力直径；M、k_F、k_d 分别为考虑由于可能的偏差而产生下列三种变化的系数：分摊到一个通道的堆芯体积的变化、通道过流截面的变化、通道水力直径的变化。

对于通道呈蜂窝状分布的单元，有

$$M = 1 + \frac{2}{1-\varphi}\left(\frac{\Delta h}{h} - \frac{\varphi\Delta d}{d}\right)$$

$$k_d = 1 + \frac{\Delta d_流}{d_流}, \quad k_F = 1 + 2\frac{\Delta d_流}{d_流}$$

式中，h 为各通道中心间的距离；d 为无涂层通道的直径；φ 为无涂层组合件的孔隙率；Δ 表示参数与相应计算值的偏差（对于无保护涂层的通道组合件，$d = d_{流}$）。

对于具有长方形通道的单元（见图 3-2）：

$$M = 1 + \frac{1}{1-\varphi}\left[\frac{\dfrac{\Delta h}{h} + \dfrac{\Delta b}{b}}{1 + \dfrac{a}{b}} - \frac{\varphi\left(\dfrac{\Delta a}{a} + \dfrac{\Delta c}{c}\right)}{1 - \dfrac{h}{c}}\right]$$

$$k_F = 1 + \frac{\Delta a}{a} + \frac{\dfrac{\Delta h}{h}}{1 - \dfrac{c}{h}} + \frac{\dfrac{\Delta c}{c}}{1 - \dfrac{h}{c}}$$

$$k_d = k_F \frac{1}{1 + \dfrac{\dfrac{\Delta a}{a}}{1 + \dfrac{h}{a} - \dfrac{c}{a}} + \dfrac{\dfrac{\Delta h}{h}}{1 + \dfrac{a}{h} - \dfrac{c}{h}} + \dfrac{\dfrac{\Delta c}{c}}{1 + \dfrac{a}{c} - \dfrac{h}{c}}}$$

对于不可压缩流体在圆形通道内的流动，当在可能的温度偏差范围内气体的热物理性质变化很小，并且 $\dfrac{\xi l}{2d} \gg \zeta$，$n = 0.8$，$\xi = \dfrac{0.316\,4}{Re^{0.25}}$ 时，得到

$$\delta T_{壁} = \Delta T\left(\frac{MNLk_r}{k_d^{2.715}} - 1\right) + \theta\left(\frac{MNLk_r}{k_d^{1.37}} - 1\right) \tag{3-5}$$

考虑到偏差，单元活性段基体材料内的温度降（在通道范围内）由下式确定：

$$\Delta \overline{T}_0' = \Delta \overline{T}_0 \cdot \Delta T_0 \tag{3-6}$$

$$\Delta \overline{T} = K_{q_v} \cdot NK_b \tag{3-7}$$

式中，ΔT_0 为具有计算参数的通道中基体材料内的温度降。

对于平壁：

$$K_b = 1 + 2\frac{\Delta b}{b}$$

式中,b 为释热壁的厚度。

对于圆形通道呈蜂窝状分布的单元:

$$K_b = 1 + 2\frac{\left(\dfrac{\Delta h}{h}\right)\ln\dfrac{1}{\varphi} - \dfrac{\Delta d}{d}(1/\varphi)}{\ln\dfrac{1}{\varphi} - (1/\varphi)}$$

球形、棒形等类型单元内温度不均匀性的计算方法与直通道单元不均匀性的计算类似,但要考虑到工质在具有同一过流截面系统中的流动特性。考虑到这种类型燃料组件中的扰动和不均匀性,经过相应的变换后,得到确定相对温升 $\Delta\overline{T}$ 和温压 $\overline{\theta}$ 的表达式

$$\Delta\overline{T} = \left(1 + \frac{\Delta q_v}{q_v} - \frac{\Delta G}{G} + \frac{\Delta T}{T}\right)\frac{C_P}{C_P'} = L\frac{C_P}{C_P'} \tag{3-8}$$

$$\overline{\theta} = N(M \cdot K_{q_v})^{1.2}K_{q_v}\left(1 - \frac{\Delta G}{G} - \frac{\Delta g}{g}\right)^{0.8}\frac{C_{Pm}}{C_{Pm}'}\left(\frac{Pr_m'}{Pr_m}\right)^{0.6} \tag{3-9}$$

$$M = 1 + \frac{4\varphi\delta}{(1-\varphi)d_{流}}, \quad K_{肋} = 1 + \frac{\Delta\Pi}{\Pi}$$

式中,δ 为棒尺寸的偏差;$\dfrac{\Delta\Pi}{\Pi}$ 为由相邻棒的肋片接触而引起的棒加热参数的变化(棒肋片厚度变化造成的周长变化可以忽略);$\dfrac{\Delta g}{g}$ 为考虑工质质量流密度的局部变化;其他符号的含义同前。

对于所研讨的核火箭发动机,总是有 $\theta \gg \Delta T$ 和 $\Delta\overline{T} > \overline{\theta}$,因此,考虑到可能的偏差和不均匀性,在现实的反应堆结构中,改善热交换条件的常规方法(提高放热系数从而降低 θ 值)不能保证工质获得需要的整体平均温度。

从温度不均匀性的表达式(3-2)和式(3-5)可知,在采用并联、隔离通道方案的燃料组件内,温度不均匀性可以沿通道长度积累[式(3-2)和式(3-5)中等式右边的第一项与工质温升成正比]。所以,有不利偏差组合的通道越短,通道内工质的温度与计算值偏离越少。适宜的方法是使燃料组件由沿长度的若干组合件构成,组合件与组合件之间设置专门的混合装置(混合集流管),在其中完全或部分消除沿断面的温度不均匀性。

从式(3-2)和式(3-5)还可以看出,参数与相应计算值的同一类相对偏

差在工质加热较强、温压较大的地方会导致更大的温度骤增。因此,将高热流区移向工质温度足够低的区域是适宜的,对燃料组件内的释热进行纵向构型调节可以实现这一点。

最后,如果改为采用具有唯一过流截面的气体燃料组件结构(即在组件结构中,与其单元毗邻并充满流动流体的各容积,在垂直于流体主要流动方向的截面上互相连通),则有可能消除或减少直通道型单元特有的积累温度不均匀性。

因此,在燃料组件和反应堆内,提高工质加热温度的主要途径如下:

(1)对于基于并联、隔离通道的系统,在燃料组件结构中设置混合集流管,即沿组件结构长度分成若干组合件;

(2)对燃料组件内的释热进行纵向构型调节(对于直通道单元,与混合集流管相结合);

(3)建立具有同一工质过流截面的燃料组件结构(由球形燃料元件、基于带螺旋形肋片的棒状部件等组成);

(4)调节水力构型;

(5)调节燃料组件和反应堆的径向实体构型。

苏联在建造核火箭发动机反应堆堆芯的构想中,上述可能提高工质加热温度的措施已完全实施。美国研发核火箭发动机采用的是均匀反应堆方案("NERVA 计划"),如前所述,苏联与美国不同,核火箭发动机是在非均匀堆结构的基础上进行研发的。除了采取上述可能提高工质温度的措施以外,与均匀堆方案相比,反应堆结构的非均匀性在反应堆主要组件——燃料组件的独立演练以及可能采用高性能慢化剂材料等方面具有根本性的优点。

在最后阶段,正是把燃料组件作为可靠的研究反应堆的组成部分进行独立演练,来判定它能否达到设定的可靠性。

因此,苏联在创建核火箭发动机的计划中采用的基本原则是建造核火箭发动机反应堆的结构(反应堆非均匀性),并在温度不均匀性尽可能低的条件下建立工作过程,保证能够在按单元试验和按组件试验时完成验证演练结构是否达到设定可靠性的主要内容。这一构想应当保证只要用有限数量试验样机就可完成核火箭发动机和反应堆的演练。

科学家们对反应堆 ИГР 中试验的燃料组件实施了混合集流管和纵向释热构型调节,该反应堆的性能在参考文献[2]和[6]中列出。在燃料元件材料温度、易裂变物质浓度、热流等条件的限制下,考虑到实际可能的加工工艺(通道直径偏差 $\Delta d/d = 0.035$,易裂变物质浓度偏差 $\Delta\rho/\rho = 0.05$ 等),当其他条件相同时,在结构中采用混合集流管和纵向释热构型调节可以保证燃料组件出口气体的整体平均温度提高约 1 000 K。在下列假设下确定采用等长组合件的燃料组件结构中纵向释热构型调节的最佳规律:在每个组合件内偏差后的通道壁温度可以达到由材料强度和稳定性决定的上限,但不应超过;气体在下一个组合件进口处的温度水平要考虑在混合集流管中温度不均匀性未完全消除;在每个组合件的长度上易裂变物质浓度的计算值保持不变。

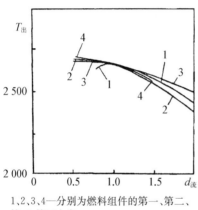

1、2、3、4—分别为燃料组件的第一、第二、第三、第四方案。

图 3-5 燃料组件出口气体的整体平均温度 $T_{出}$(K)与过流部分几何特性 $d_{流}$(mm)的关系

例如,图 3-5 所示为燃料组件冷却系统过流部分几何特性的优化结果,燃料组件按并联通道系统方案组成,沿长度有四个混合集流管。

优化是在下列基本假设下进行的:

(1) 要考虑到扰动后燃料组件中每个组合件出口处的材料温度都达到最高容许值;

(2) 在混合集流管中使通道间距范围内的温度均匀分布;

(3) 对于通道具有不同水力直径的燃料组件,其几何尺寸(通道直径、通道间距)与相应计算值的绝对偏差相同。

在水力直径变化范围相当窄($0.5\ mm < d < 2\ mm$)的情况下,计算主要几何尺寸时使最高容许误差等于相应尺寸的偏差,后者是经抽查几批生产的燃料组合件后确定的(通道尺寸约为 1 mm 时,测出的最大偏差约为 0.04 mm)。在这些假设下,科学家们在选择通道水力直径时,研讨了四种燃料组件方案,每种方案的下列参数组合是相同的:

(1) 按工质计的孔隙率、燃料组合件的长度、工质流量;

(2) 各通道之间连接流道的尺寸、组合件的长度、工质流量;

(3) 组件活性段材料体积、连接流道的尺寸、工质的质量流密度;

(4) 堆芯材料的体积、连接流道的尺寸、燃料组件长度上的压降。

对于所有方案,在纵向释热构型调节的最佳规律下,工质整体平均温度随通道直径的变化在水力直径约 1 mm 的区域有一微倾斜的最高值。通道直径继续降低并不能使加热温度明显升高,因为在几何尺寸与相应计算值的绝对偏差相同时,随着绝对尺寸的减小,相对偏差增大,从而导致温度不均匀性增大。

对于燃料组件的 $d_流$ 约为 1 mm 的方案,在将燃料元件材料温度限定在一定范围内而其他条件相同的情况下,在结构中设置混合集流管后可保证使燃料组件出口气体整体平均温度提高到 1 000 K 左右。

将选定特征尺寸的通道与反应堆体积内根据每个区域的释热水平选定的各区的通道密度分布结合起来就构成了反应堆的冷却系统。由于通道尺寸与额定值的偏差分布是不可预料的(在公差范围内),因此,为了保证反应堆可靠冷却,应当对实际的通道系统进行水力调整,使得通过每个通道或每组通道的冷却剂流量在材料温度不超过最高容许值的条件下将反应堆相应体积的释热排出。反应堆冷却系统的优化可以提高它的稳定性,使其参数偏离额定值的程度较小,并防止温度和热应力超过容许水平。冷却反应堆堆芯的串联-并联通道系统可以对每个通道或每组通道的水力阻力与最佳值的偏差进行实验测定,并能配置调节装置,这样就能保证进行水力调整,从而大大减少了单类型通道中冷却剂流量分布的不均匀性。

鉴于释热水平与工质温度和堆芯结构材料有关,因此构型调节的最佳规律取决于热工和中子物理的综合计算。所用混合集流管的结构形式可以消除这类燃料组件通道间距范围的温度不均匀性。为了使来自大尺寸源气体内的温度不均匀性降到最低,采用能减少或消除积累效应的方法和机理是适宜的。这样,对于反应堆 ИРГИТ,科学家们经过研究论证了燃料组件释热沿径向变化的规律性和所要求的传热性能,这些因素将保证工质在燃料组件出口达到所需的整体平均温度。在向反射层出现周向释热不均匀的条件下,为了使温度场均匀,研究者采用了具有螺旋形肋片的环形通道[7-9],通过选择扭转螺距来保证周向温度不均匀性的容许幅度。

3.1.2　燃料组件

1）燃料组件结构方案

燃料组件是发动机非均匀型反应堆的基本组件。在燃料组件中工质被加热到保证实现发动机所需比冲的温度。

苏联非金属材料科学研究院(ВНИИ НМ)、Луч 科研生产联合体(НПО Луч)、Келдыш 研究中心及其他机构的研究结果表明,在所要求的燃料组件参数下,在氢气围绕结构材料流动的条件下,燃料组件活性段本身只能采用碳化物和碳氮化物。苏联和美国经过多年工作后,想在燃料组件结构中使用石墨,但都未能取得成功。甚至在有保护涂层的情况下,在设定的过程参数下(氢气温度约为 3 000 K)碳与氢相互作用而损耗也是不容许的。之所以出现这种情况,主要是因为要制备具有很大的热交换表面且完全没有缺陷的涂层在工艺上是非常困难的。

燃料组件的典型结构(见图 3-6)包括能承受压力且有冷却的外壳体,壳体尾部是喷嘴;燃料组件活性段;高温隔热层;支承部件;保证工质在全断面上均匀进入各组件并可以包含温度补偿装置的进口部件、端部反射层组件以及屏蔽组件。

图 3-6　燃料组件结构示意图

如前所述,燃料组件活性段可以由具有并联、隔离通道系统的若干组合件组成,或者由同一工质过流截面的系统组成。

科学家们按照第一方案(具有并联通道系统的若干组合件,见图 3-2)研发和制造了"NERVA 计划"中反应堆的燃料元件(美国)和反应堆 ИГР 试验用燃料组件(苏联)。其成品通过了反应堆试验。在用带涂层的石墨作为结构材料的条件下,燃料组件出口氢气温度达到了 2 500 K 左右。

科学家们按照第二方案(螺旋棒方案)研发和制造了反应堆 ИВГ 和 ИРГИТ 的燃料组件(见图 3-4)。燃料元件的结构材料为各种碳化物。当把它作为研究反应堆 ИГР 的组成部分在反应堆 ИВГ 和 ИРГИТ 的额定条件下演练时,结构材料达到了所提出的参数要求,保证使比冲达到 910 s,并且燃料组件也达到要求的使用期限。

下面将研讨燃料组件内的温度场问题,解决这一问题,将为在常规不均匀释热条件下燃料组件出口工质达到所需整体平均温度提供依据。

2) 燃料组件内的温度场

我们将燃料组件看作某种多孔系统。

这里所说的多孔系统是指这样一种系统和装置,它们由横向尺寸小于相应系统尺寸的一些同类单元组成,而在装置中按照典型单元网格尺度内平均参数可实现近似于一维的流体流动。这些条件实际上在各种类型的热交换装置、过滤系统中都能实现。在研讨多孔系统热状态的问题时,要解决下列问题:① 系统单个单元的热交换;② 系统内的传热,此时要考虑到系统的流体动力特性以及实体内流体流量和释热分布的不均匀性。

(1) 针对热交换装置和燃料组件的计算和优化问题,研讨在多孔实体内流动的流体中的温度场,该多孔实体有内部体积热源,并且对于流体流动有同一过流截面。环绕不密实组装成束的带肋片(或带螺旋形肋片)的管或棒的流动就是这种流动工况。此工况假定,与热交换器结构单元毗连且充满流动流体的各容积相互间在垂直于流体主流方向的截面上也是连通的。这类热交换装置横截面上的流体温度分布可以分解为两个分量:贴近结构单元壁处的温度分布和按典型单元网格平均的温度分布。

在建立确定平均温度分量的计算模型时,这类实际的热交换装置可以设想成具有相应特有分配性能的某种均匀化介质:流体流中释热源和摩擦源均匀分布,而源的强度可随实体中的位置而变化;流体具有用动量输运和热量输运的有效系数来表征的输运性质。

在这样的安排下,我们来研讨横向传热的主要机制是流体热输运系统内的黏性可压缩流体扩展湍流。在满足下列条件时流体内热输运将会发生:

$$\frac{\lambda_{气\text{-}固}}{\rho C_P D_效} = \frac{St}{2\bar{D}_效}\frac{\delta}{d} \ll 1$$

$$\frac{\lambda_{辐射}}{\rho C_P D_效} = \frac{\varepsilon_黑}{B_o \bar{D}_效}\frac{\delta}{d} \ll 1$$

$$\frac{\lambda_{系统}}{\rho C_P D_效} = \frac{f}{Pe \bar{D}_效}\frac{\delta}{d} \ll 1 \tag{3-10}$$

式中,$D_效$ 为有效湍流热交换系数;$\bar{D}_效 = D_效/Vd$;ρ、C_P 为流体的密度和比定压热容;V 为流体速度;d、δ 为系统的特征几何参数,用来评价效果随输运机制的变化;$\lambda_{气\text{-}固}$、$\lambda_{辐射}$、$\lambda_{系统}$ 分别为气体到固体的有效热导率、辐射热导率、所研讨系统的热导率;Pe 为贝克来数;St 为斯坦顿数;$\varepsilon_黑$ 为黑度;B_o 为玻耳兹曼常数;f 为考虑各单元热接触特点的系数。

对于所采用的过程模型,忽略纵向的热输运和动量输运,就有下列连续介质在圆柱坐标中的方程组[10],其中能量方程和动量方程中的右边部分补充了几项,考虑了单位体积实体内的热作用和单位体积流体内的力作用:

$$C_P \rho \left(V_x \frac{\partial T}{\partial x} + V_r \frac{\partial T}{\partial r} + \frac{V_\varphi}{r}\frac{\partial T}{\partial \varphi} \right)$$

$$= \frac{1}{r}\frac{\partial}{\partial r}\left(\rho C_P D_效\, r\, \frac{\partial T}{\partial r} \right) + \frac{1}{r^2}\frac{\partial}{\partial \varphi}\left(\rho C_P D_效\, r\, \frac{\partial T}{\partial \varphi} \right) + q_v \frac{1-\Psi}{\Psi} \tag{3-11}$$

$$\rho\left(V_x\,\frac{\partial V_x}{\partial x}+V_r\,\frac{\partial V}{\partial r}+\frac{V_\varphi}{r}\,\frac{\partial V_x}{\partial \varphi}\right)=-\frac{\partial P}{\partial x}+P_x \tag{3-12}$$

$$\rho\left(V_r\,\frac{\partial V_r}{\partial r}+\frac{V_\varphi}{r}\,\frac{\partial V_r}{\partial \varphi}+V_x\,\frac{\partial V_r}{\partial x}-\frac{V_\varphi^2}{r}\right)=-\frac{\partial P}{\partial r}+P_r \tag{3-13}$$

$$\rho\left(V_r\,\frac{\partial V_\varphi}{\partial r}+\frac{V_\varphi}{r}\,\frac{\partial V_\varphi}{\partial \varphi}+\frac{V_r V_\varphi}{r}+V_x\,\frac{\partial V_\varphi}{\partial x}\right)=-\frac{1}{r}\,\frac{\partial P}{\partial \varphi}+P_\varphi \tag{3-14}$$

$$\frac{1}{r}\,\frac{\partial}{\partial r}(r\rho V_r)+\frac{1}{r}\,\frac{\partial \rho V_\varphi}{\partial \varphi}+\frac{\partial \rho V_x}{\partial x}=0 \tag{3-15}$$

$$P=\rho RT \tag{3-16}$$

式中，q_v 为单位体积的内部释热量；Ψ 为系统的孔隙率（Ψ＝常数）；$(1-\Psi)/\Psi$ 为考虑均匀化效应的系数；P_x、P_r、P_φ 为单位体积的摩擦力分量。

对方程组式（3-11）～式（3-16）求解，可求得热交换装置单元网格典型尺度内平均流体的温度场和速度场。利用由此得到的温度分布和单元表面已知的热交换条件，不难确定热交换器结构单元内的温度分布。

（2）现在将上述方程简化。在描述 $D_{效}/V_x d$＝常数（对于试验工程圆管内栅格后的流动、并联通道系统后的流动、带肋片棒束内的流动等，其实验数据都已知，这些流动在雷诺数相当宽的变化范围内都满足这一假设）的流动时，得到的能量方程如下：

$$\rho V_x\left(\frac{\partial i}{\partial x}+\frac{V_r}{V_x}\,\frac{\partial i}{\partial r}+\frac{1}{r}\,\frac{V_\varphi}{V_x}\,\frac{\partial i}{\partial \varphi}\right)$$

$$=\overline{D}_{效}\,d\left[\frac{1}{r}\,\frac{\partial}{\partial r}\left(r\rho V_x\,\frac{\partial i}{\partial r}+\frac{1}{r^2}\,\frac{\partial}{\partial \varphi}\left(\rho V_x\,\frac{\partial i}{\partial \varphi}\right)\right)\right]+q_v\,\frac{1-\Psi}{\Psi} \tag{3-17}$$

式中，ρV_x 随温度 T 的变化而变化；i 为流体比焓。

ρV_x 与 T 之间的关系在某些简化假设下，可从方程式（3-12）～式（3-16）的定性分析中得到。假定流动在中等速度下进行（$Ma\ll 1$，与摩擦损失相比，由气体加速引起的压力变化很小，因此，运动方程中的惯性项可以略去）。

关于流体流动的特点，再补充下列假设。

（1）燃料组件横截面上的静压为常数；以速度的径向分量和周向分量传输的能量和动量较小，并考虑用实验确定的输运系数。

（2）运动方程中的摩擦力可以近似地用水力学通用的形式表示，即

$$\xi \frac{1}{d_{流}} \frac{\rho V_x^2}{2}$$

在这些假设条件下,用连续性方程(3-15)乘以 r 和 φ,然后对 r 从 0 到 R_0 和对 φ 从 0 到 2π 进行积分,式(3-12)～式(3-16)方程组就变为下列形式:

$$\frac{\partial P}{\partial x} = \xi \frac{\rho V_x^2}{2} \frac{1}{d_{流}} \tag{3-18}$$

$$\frac{\partial P}{\partial r} = 0 \tag{3-19}$$

$$\frac{\partial P}{\partial \varphi} = 0 \tag{3-20}$$

$$\frac{\partial}{\partial x} \left[\int_0^{2\pi} \int_0^{R_0} \rho V_x r \, \mathrm{d}r \, \mathrm{d}\varphi \right] = 0 \tag{3-21}$$

$$P = \rho R T \tag{3-22}$$

从方程(3-18)得到 $\mathrm{d}x$ 段的压降为

$$\left(\frac{\partial P}{\partial x} \right)_i = \xi_i \frac{(\rho V_x)_i^2}{\rho_i} \frac{1}{2d_{流}}$$

由横截面上静压为常数的假设可知,半径上的任意一点、周向的任意位置都满足条件

$$\frac{\partial P}{\partial x} = \xi \frac{(\rho V_x)^2}{\rho} \frac{1}{2d_{流}}$$

忽略横截面上阻力系数的变化(在自成型流动条件下严格遵守这种情况),则有

$$\rho V_x = B \frac{1}{\sqrt{T}}$$

式中,B 为常数。

利用式(3-21)近似得到

$$\frac{\rho V_x}{\overline{\rho}\,\overline{V}_x} = \sqrt{\frac{\overline{T}(x)}{T}} \qquad (3-23)$$

式中，$\overline{T}(x)$ 为 x 截面内流体的整体平均温度。

在上述假设下，再假设气体比定压热容在横截面上变化很小，利用式(3-23)，热输运方程(3-17)变为

$$\frac{\partial \sqrt{i}}{\partial x} = \overline{D}_{效}\, d\left[\frac{1}{r}\frac{\partial}{\partial r}\left(r\frac{\partial \sqrt{i}}{\partial r}\right) + \frac{1}{r^2}\frac{\partial^2 \sqrt{i}}{\partial \varphi^2}\right] + \frac{q_v(1-\Psi)/\Psi}{2\overline{\rho}\,\overline{V}_x\sqrt{\overline{i}}} \qquad (3-24)$$

式中，$\overline{i}$ 为温度为 $\overline{T}(x)$ 时的比焓。

热输运方程(3-11)也化成类似形式，在一般情况下 ρV_x 随温度变化：

$$\rho V_x = \rho V_x(T) \qquad (3-25)$$

利用文献[11]的积分关系式

$$\theta = \int_{\frac{T_0}{\overline{T}_K}}^{\frac{T}{\overline{T}_K}} \frac{C_P(T/\overline{T}_K)}{\overline{C}_P} \frac{\rho V_x(T/\overline{T}_K)}{\overline{\rho}\,\overline{V}_x}\, d\left(\frac{T}{\overline{T}_K}\right) \qquad (3-26)$$

经过变换后得到

$$\frac{\partial \theta}{\partial x} = D\left[\frac{1}{r}\frac{\partial}{\partial r}\left(\overline{r}\frac{\partial \theta}{\partial \overline{r}}\right) + \frac{1}{\overline{r}^2}\frac{\partial^2 \theta}{\partial \varphi^2}\right] + \frac{q_v L(1-\Psi)/\Psi}{\overline{\rho}\,\overline{V}_x \overline{C}_P \overline{T}_K\left[\overline{T}/\overline{T}_K\right]^a} \qquad (3-27)$$

式中，$D = \overline{D}_{效}\dfrac{Ld}{R_0^2}$；$\overline{x} = \dfrac{x}{L}$；$\overline{r} = \dfrac{r}{R_0}$；$\overline{C}_P = \dfrac{i(\overline{T}_K) - i(T_0)}{\overline{T}_K - T_0}$；$\dfrac{\rho V_x(T)}{\overline{\rho}\,\overline{V}_x} = \left(\dfrac{\overline{T}}{T}\right)^a$；

a 为常数；L、R_0 分别为热交换装置活性段的长度和半径；T_0、$\overline{T}$、$\overline{T}_K$ 分别为热交换器的进口截面、过流截面、出口截面的流体整体平均温度；$\overline{q}_v$ 为单位体积内按体积平均的内部释热。

于是，所研讨的问题归结为求解一个有源的抛物线型二阶偏导数线性方程。

(3) 为明确起见，我们来研讨为减少热损失而在侧向设置隔热层的燃料组件。

有下列边界条件：

$$\theta|_{x=0} = 0,\ \frac{\partial \theta}{\partial \overline{r}}\bigg|_{\overline{r}=1} = 0,\ \theta|_{\overline{r}=0} < \infty,\ \theta|_\varphi = \theta|_{\varphi+2\pi},\ \frac{\partial \theta}{\partial \varphi}\bigg|_\varphi = \frac{\partial \theta}{\partial \varphi}\bigg|_{\varphi+2\pi}$$

$$(3-28)$$

方程(3-27)的解可以用众所周知的方法求得,它具有所研讨问题本征函数的级数形式[12-13]:

$$\theta = \sum_{m,n} \left[X_{m,n} J_n(\mu_{m,n} \overline{r}) \cos n\varphi + Y_{m,n} J_n(\mu_{m,n} \overline{r}) \sin n\varphi \right] \quad (3-29)$$

$$X_{m,n} = \exp(-D\mu_{m,n}^2 \overline{x}) \int_0^x M_{m,n}(\overline{x}) \exp(D\mu_{m,n}^2 \overline{x}) \mathrm{d}\overline{x}$$

$$Y_{m,n} = \exp(-D\mu_{m,n}^2 \overline{x}) \int_0^{\overline{x}} N_{m,n}(\overline{x}) \exp(D\mu_{m,n}^2 \overline{x}) \mathrm{d}\overline{x}$$

(在输运特性随热交换器长度变化的情况下,$X_{m,n}$ 和 $Y_{m,n}$ 表达式内 exp 的指数具有 $\int_0^x D(\overline{x})\mu_{m,n}^2 \mathrm{d}\overline{x}$ 的形式)。

$$M_{m,n(\overline{x})} = \frac{\displaystyle\int_0^1 \int_0^{2\pi} \frac{q_v}{\left[\overline{T}/\overline{T}_K\right]^\alpha} \frac{\dfrac{1-\psi}{\psi}L}{\overline{\rho}\,\overline{V}_x \overline{C}_P \overline{T}_K} \overline{r} J_n(\mu_{m,n}\overline{r}) \cos(n\varphi) \mathrm{d}\varphi \mathrm{d}\overline{r}}{\dfrac{1}{2}\left[1 - \dfrac{n^2}{\mu_{m,n}^2}\right] J_n^2(\mu_{m,n})}$$

$$N_{m,n(\overline{x})} = \frac{\displaystyle\int_0^1 \int_0^{2\pi} \frac{q_v}{\left[\overline{T}/\overline{T}_K\right]^\alpha} \frac{\dfrac{1-\psi}{\psi}L}{\overline{\rho}\,\overline{V}_x \overline{C}_P \overline{T}_K} \overline{r} J_n(\mu_{m,n}\overline{r}) \sin(n\varphi) \mathrm{d}\varphi \mathrm{d}\overline{r}}{\dfrac{1}{2}\left[1 - \dfrac{n^2}{\mu_{m,n}^2}\right] J_n^2(\mu_{m,n})}$$

式中,$\mu_{m,n}$ 为方程 $J_n'(\mu)=0$ 的根。

采用方程(3-26)的逆变换,可得到按单元网格平均的气体温度分布的表达式。

对于具体条件和问题,其解可以大大简化。例如,对于释热分布用关系式 $q_v = A\sin(\pi x/h) I_0(\beta\overline{r})$ 描述的燃料组件,在 C_P 为常数并假设 ξ 为常数(自模流动,如粗糙的元件表面)和 $T_0 = 0$ 的情况下,可得

$$\frac{T}{\overline{T}_K} = \left\{ \sin\left(\frac{\pi\overline{x}}{2}\right) + \sum_{n=1}^{\infty} \frac{\pi}{2D} \frac{1}{1/\beta^2 + 1/\mu_{m0}^2} \frac{1}{\mu_{m0}^4 + (\pi/2D)^2} \frac{J_0(\mu_{m0}\overline{r})}{J_0(\mu_{m0})} \cdot \right.$$

$$\left. \left[\cos\left(\frac{\pi\overline{x}}{2}\right) + \frac{1}{\mu_{m0}^2} \frac{\pi}{2D} \sin\frac{\pi\overline{x}}{2} - \exp(-\mu_{m0}^2 D\overline{x}) \right] \right\}^2 \quad (3-30)$$

在 $\dfrac{T}{\overline{T}_K}\bigg|_{x=0}=\dfrac{T_0}{\overline{T}_K}\neq 0$ 的情况下，对于 $\dfrac{T_0}{\overline{T}_K}\ll 1$，$\overline{x}>0$，方程(3-30)近似满足。

图 3-7 所示为 $\overline{x}=1$ 截面上气体温度沿燃料组件半径的变化（$\beta=1.45$；$L/R_0=40$；$T_0/\overline{T}_K=0$；对于曲线 1～5，组合量 $D_{效}$ 的值分别为 0.005、0.02、0.035、0.05、0.065）。在其他条件相同时，温度场极大地依赖 $\overline{D}_{效}$ 的值（见图 3-7），从而可以用在很大程度上决定该组合量之值的燃料组件单元形式来调节。

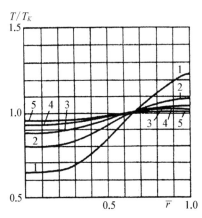

图 3-7　燃料组件横截面的温度场

应当指出，利用研讨变换求得的解可以很容易地建立极值坐标和相应区域的关系式，这一问题我们将在下文十分详细地研究。此外，$\theta(x, r, \varphi)$ 的定义方程(3-27)的线性性质允许用线性近似评估释热分布中可能的小幅度空间扰动对冷却气体温度场的影响[解由方程(3-27)的本征函数构成]。这种不同几何尺度的释热不均匀性可能由热交换装置加工中的工艺误差、长期运行后性能变化等原因引起。如果释热分布可以用下式表示

$$\frac{q_v(\overline{x}, \overline{r}, \varphi)}{\overline{q}_v}=\frac{q_v(\overline{x})}{\overline{q}_{v1}}\frac{q_v(\overline{r}, \varphi)}{\overline{q}_{v2}} \tag{3-31}$$

且空间释热的扰动为

$$\frac{q'_v(\overline{r}, \varphi)}{\overline{q}_{v2}}=A'J_n(\mu_{m, n}\overline{r})\cos n\varphi$$

式中，$A'\ll 1$，$\overline{q}_v=\overline{q}_{v1}\overline{q}_{v2}$，则扰动的方程（当 C_P 为常数时）为

$$\frac{\mathrm{d}\theta'_x}{\mathrm{d}\overline{x}}+D\mu_{m, n}^2\theta'_x=A'\left[\frac{q_v(\overline{x})}{\overline{q}_{v1}}\right]\frac{[1-(T_0/\overline{T}_K)]}{[\overline{T}(x)/\overline{T}_K]^a} \tag{3-32}$$

式中，$\theta'(\overline{x}, \overline{r}, \varphi)=\theta'_x J_n(\mu_{m, n}\overline{r})\cos n\varphi$（假定施加的释热扰动不影响冷却剂的整体平均温度）。

对于最简单的边界条件 $\theta'_x(\overline{x}=0)=0$，利用关系式(3-26)变换为温度扰动后，可得到方程(3-32)的解如下

$$\frac{T'}{\overline{T}_K} = \frac{q'_v(r, \varphi)}{\overline{q}_{v2}} \left(\frac{T}{\overline{T}_K}\right)^a \exp(-D\mu^2_{m, n}\overline{x}) \cdot$$

$$\left[\int_0^x \frac{q_v(\overline{x})}{q_{v1}} \frac{[1-(T_0/\overline{T}_K)]}{[\overline{T}(\overline{x})/\overline{T}_K]^a} \exp(D\mu^2_{m, n}\overline{x}) \mathrm{d}\overline{x}\right] \qquad (3-33)$$

从这个解可以看出,冷却剂内温度不均匀性的发展取决于参数 D,后者取决于系统的流体动力特性,并在很大程度上与单元形式、其成分以及释热不均匀性的尺度有关。

图 3-8 所示为反应堆 ИРГИТ 燃料组件内三区径向释热构型调节方案中气体整体平均相对温度 T_K/T_{max} 与有效热输运系数 D 的关系曲线。当 $D=0.015$ 时,燃料组件出口截面工质的整体平均温度与最高温度之比为 0.95。在燃料组件的有效输运系数较高,且沿燃料组件径向的轴浓度区更多时,其结构内的温度不均匀性可以降低。但是,在反应堆 ИРГИТ 的实际尺寸中增加不同铀浓度区域的数目是很难的。

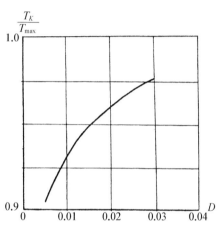

图 3-8 燃料组件内工质加热温度与 D 的关系曲线

3.1.3 对流热交换条件下热交换表面的有效性分析

对于每个具体任务,当确定热交换设备和装置的结构方案时,都会有选择传热表面最佳形状的问题。

所谓最佳形状是指在其他条件相同(这些条件在下面限定)时使传热面积最小的形状。采用各种强化对流热交换的方法可减少传热表面面积。强化热交换将增加唧送冷却剂的能耗。由于这里发生的物理过程十分复杂,未能建立可以预测各种可能强化热交换方法的定量特性的通用理论,因此,所得到的实验数据通常都用假想强化机制的定性概念来解释。实际的做法是积累各种形状热交换表面特性的试验数据,针对具体条件通过比较来选择最好的方案。

文献[14]中研讨了一种比较两个热交换表面的通用方法,就是将其中一个表面作为标准,以作图法确定表征传输热量、唧送冷却剂能耗和热交换表面面积之比的三个系数,按照这三个系数来进行比较。另外一些工作对这一理念做了深入研究。文献[15]中提出了以冷却剂比熵变化最小为标准来选择最佳热交换表面。

对于运载核动力装置的热交换装置,主要热工参数和流体力学参数可选范围都很有限,此时对质量(尺寸)的要求是最基本的。实际上像热功率、冷却剂温度和压力的绝对水平、冷却剂种类及其质量流量、对压降的限制等热交换器参数都是设定好的。

在这些条件下,必须确定能保证热交换装置面积(尺寸)最小的热交换表面形状以及冷却剂的流动工况[16]。下面我们将近似假定热交换器面积最小时热交换的表面积也最小。

在热交换装置的热工流体力学计算中,通常会使用放热系数和水力阻力系数,对于每个热交换表面结构方案,只有用实验方法才能确定这两个系数。众所周知,在描述热量平衡和动量平衡的两个方程中都有这些系数。对于一段有限长度的表面,在冷却剂中速流动($Ma<0.3$)的情况下有

$$Q = C_P \Delta T G = \alpha \theta F \tag{3-34}$$

$$\Delta P = \xi \frac{\rho V^2}{2} \frac{l}{d_{流}} \tag{3-35}$$

式中,Q 为热交换器的热功率;ρ、C_P 为冷却剂的密度和比定压热容;ΔT 为冷却剂的温度变化;G 为冷却剂流量;α 为放热系数;θ 为壁温度与冷却剂温度之差;F 为热交换器表面面积;ΔP 为冷却剂在长度 l 上的压降;ξ 为水力阻力系数;V 为冷却剂速度;$d_{流}$ 为水力直径;l 为长度;St 为斯坦顿数;f 为冷却剂过流截面的面积。

假定 $d_{流} = 4fl/F$,式(3-34)可变形为

$$\frac{l}{d_{流}} = \frac{1}{4} \frac{\Delta T}{St\theta} \tag{3-36}$$

代入式(3-35)得

$$\rho V = \left(\frac{St}{\xi} \frac{8\Delta P \theta \rho}{\Delta T} \right)^{1/2} \tag{3-37}$$

利用式(3-36)和式(3-37)可得到单位热功率所需的热交换表面面积的表达式为

$$\frac{F}{Q}=\frac{1}{2C_P}\left(\frac{\Delta T}{2\Delta P\rho\theta^3}\right)^{1/2}\left(\frac{\xi}{St^3}\right)^{1/2}$$

式(3-37)可以用来求前述确定热交换表面最佳形状时的"其他相同条件"[即冷却剂的种类及其参数 C_P、$\rho(P,T)$、压降 ΔP、冷却剂加热(冷却)温升 ΔT 和温差 θ]。在其他条件相同的情况下,最小的表面面积对应组合量 $(\xi/St^3)^{1/2}$ 的值最小,因此,该参数可作为对流传热时表面热工流体力学有效性的判据。当除了热交换表面面积最小这个要求之外还要增加某些补充条件(例如,对表面纵向尺寸与横向尺寸之比的要求、对热流密度最大值的限制等)时,该判据也适用,可以用它确定各种具体限制条件下优化热交换表面参数的途径。这时,只是在众多关系曲线 $(\xi/St^3)^{1/2}=f(Re)$ 中选择热交换表面类型和根据雷诺数选择流动工况的范围缩小了,这些关系曲线中最有代表性的一些曲线如图3-9所示。

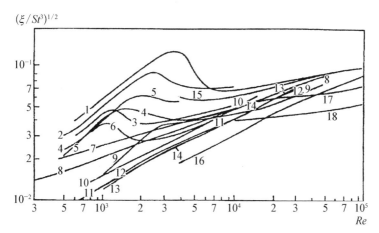

**图 3-9 对于不同形状热交换表面热工水力有效性判据
与 Re 数的关系曲线**

在绘制 $(\xi/St^3)^{1/2}$ 与 Re 的关系曲线时,研究者使用了紧凑型热交换器的热工和流体力学特性实验数据(文献[17]按统一格式对这些数据进行了完整的整理),还使用了强化热交换的其他结构数据[18-20]。所有引用的实验数据都是在用空气做冷却剂(普朗特数 $Pr=0.7$)的试验中得到的。从这一点看,分析结果对那些使用具有气体特征 Pr 值的冷却剂系统是正确的。对于所研讨的热交换表面,在实验考察的雷诺数范围内,随着 Re 的增加,组合量 $(\xi/St^3)^{1/2}$ 也增加,其最小值对应 Re 最小值。对于在雷诺数过渡区(向湍流特性过渡）流体力学和热工特性（ξ，St）变化相当明显的系统，组合量 $(\xi/St^3)^{1/2}$ 具有最大值（圆管、扁平通道、间隔收缩的扁平通道如图 3-9 中曲线 1、2、3；带光滑肋片的板肋状表面如曲线 15 等）。

对于球体无规则填充（孔隙率为 0.37～0.39）的结构表面，组合量 $(\xi/St^3)^{1/2}$ 的实验数据与 Re 的关系曲线 8 将图 3-9 所示的组合量 $(\xi/St^3)^{1/2}$ 变化范围分成两部分：位于其上方的曲线是隔离通道（管、间隔收缩通道、带光滑肋片的板肋状表面等）内流动特性的数据；位于其下方的曲线是采用横向绕流原理的表面特性数据[对应棋盘式管束横向绕流的曲线 10、11；孔隙率为 0.832、毗邻栅格呈走廊式排列的栅格束（曲线 16）；孔隙率为 0.5 的棋盘式栅格（曲线 12）、走廊式栅格（曲线 13）、自由排列栅格（曲线 14）等]。曲线 4～6 描述了管束横向绕流的特性，对应棋盘式扁平压缩型管道管束（曲线 4）、棋盘式扁平管道管束（曲线 5）、走廊式圆管管束（曲线 6）。这些管束的构造使得管束中部分隔离通道具有流动特性。例如，对于扁平管道管束（曲线 5），在流动方向上管子实际上紧挨着，好像形成了形状复杂的并联通道系统。由曲线 4 和 6 描述的系统在某种程度上也具有这种几何特征；因此，组合量 $(\xi/St^3)^{1/2}$ 与 Re 的关系曲线在基本特点上与隔离通道系统的关系曲线（1～3 等）相似。

属于部分利用横向绕流特性的系统有过流截面有间隔收缩的管道以及带有间断肋片和穿孔肋片的平板。图 3-9 的曲线 7 表示一种热交换表面的实验数据，该表面是与基础平板共同组成常截面直角锯齿形通道系统的带孔加强肋套筒[19]。曲线 9 是文献[20]列出的 B. Нуннер 关于带环形镶块圆管的热工水力特性实验数据。曲线 17、18 对应带环形孔板圆管特性的实验数据[18]。

所研讨的实验数据证明，在 Re 足够大（$Re > 10^4$）的湍流条件下，输运机制与带入流中的扰动形式并无太大关系。通过改变热交换表面的形式来强化热交换的不同结构方案给出了近似相同的结果。当 $Re > 10^4$ 时，所研讨的各种表面都有逼近关系式 $(\xi/St^3)^{1/2} = f(Re)$ 的趋势，只有在过流截面沿长度方向周期性收缩的圆管中所得到的实验数据[18]与这个总趋势有一定偏离（见图 3-9，曲线 17、18）。但是，文献[20]引用的 B. Нуннер 其几何特征与文献[18]所述近似圆管的数据（这种圆管沿长度方向等距装有使截面收缩的环形衬套）表明，当 $Re > 10^4$ 时它们与总趋势符合良好（当 $Re = 10^4$ 时，文献[18]的数据与 B. Нуннер 的数据接近）。

从组合量 $(\xi/St^3)^{1/2}$ 的结构推测，当创建紧凑式热交换器时，利用形成较大水力阻力系数的通道表面是适宜的,因为通常 ξ 增加会伴随着 St 的增加。在 St 从 St_1 变为 St_2 比 ξ 从 ξ_1 变为 ξ_2 增加得较慢的情况下,在满足条件 $\lg(St_2/St_1) >$ $(1/3)\lg(\xi_2/\xi_1)$[当 ξ 和 St 变化小时, $\Delta St/St > (1/3)\Delta\xi/\xi$]时,利用有更大 ξ 的工况或者表面是有利的。综合研究图 3-9、3-10 中 $(\xi/St^3)^{1/2}$ 和 ξ 的实验数据[17,19-20],基本上证实了这一趋势,不过,球体不规则填充的结构(孔隙率为 0.37～0.39)表面与带横向绕流的有效表面相比较显然不符合这种趋向。在很小程度上,扁平挤压管束和扁平管束沿流动方向一个挨一个组装成束的具有横向绕流的系统,在某些 Re 范围内会破坏这种趋势。

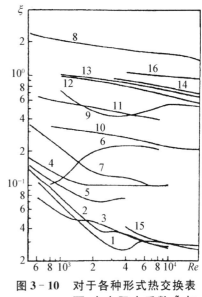

图 3-10　对于各种形式热交换表面,水力阻力系数 ξ 与 Re 的关系曲线

从图 3-9 可知,能实现横向绕流原理的表面,其热交换特性与水力阻力特性之间有更为有利的比例关系。

对于所有研讨的热交换表面,在其他条件相同时,热交换器表面面积与载出热功率之比的最小值对应可实现的最小雷诺数。对于在雷诺数过渡区热工特性和流体力学特性有明显变化的通道,建造具有过渡区参数的热交换器是不合适的。

热交换特性与水力阻力特性之间更有利的比例关系对应热交换装置结构单元的横向绕流原理。

如前所述,对于核反应堆冷却系统,在确定有代表性的单个通道尺寸时,还需要考虑:

(1) 在结构高释热条件下,通道的几何参数、工艺参数和其他参数的偏差引起的温度骤增比功率相同的常规热交换器要大得多;

(2) 反应堆内释热非常不均匀;

(3) 考虑到易裂变物质最小装料量,反应堆的尺寸比例(L/D)受限制。

当反应堆材料接近设定的极限温度时,反应堆冷却系统典型通道的最佳尺寸可能与按照冷却剂整体平均参数优化而使表面面积最小的尺寸有所不同。

3.1.4 具有螺旋棒形截面的燃料组件的热工水力特性

对于基于并联通道(圆形通道、扁平通道等)的燃料组件,科学家们已经对其水力特性和热交换特性进行了足够详细的研究。在使用混合集流管消除温度不均匀性的条件下,将这些数据应用于燃料组件应当补充混合集流管内热输运特性的数据。对于如何得到具体燃料组件结构的数据将在下面研讨。

针对具有螺旋棒形截面的燃料组件,已知的实验数据和半经验关系式还不足以系统地描述其中的流动特性和热输运特性。

我们将这类燃料组件内所研讨的流动种类局限在下列条件中。

(1)棒有相同形状的横截面(几何形状相同的横截面),紧密装配成束,并在组合件内有相同的装配栅格,因此,棒束的横截面完全取决于设定的一个特征线性尺寸。我们取棒的外切直径 $d_{棒}$ 或者取在该条件下与 $d_{棒}$ 成比例(棒的数量足够多)的燃料组件水力直径 $d_{流}$ 作为这一特征尺寸。

(2)棒足够长,因而可以不考虑棒束两端的流动特性。

(3)研讨的是气体中等速度($Ma \leqslant 0.3$,此时压缩性的影响不大)的稳定流动。

在这种棒束状况下,工质(惯量和黏度)和整个气体运动状态取决于下列参数系统:ρ、μ、V、$d_{棒}$、S(S 为螺旋棒肋片的扭转螺距)。

根据相似理论和量纲理论的概念,由上述定性参数可以建立两个独立的无量纲组合量:雷诺数(Re)和参数 $S/d_{棒}$。所有依赖上述参数的无量纲量,包括水力阻力系数,都是 Re 和 $S/d_{棒}$ 的函数。因此,$\xi = \xi(Re, S/d_{棒})$,同样,$Nu = Nu(Re, S/d_{棒})$。

螺旋棒系统内水力学和热交换的实验数据通常采用垂直于燃料组件轴的横截面特性来进行处理(假定平均速度的矢量方向与燃料组件轴一致)。这种处理试验数据的方法是可行的,但是,此时难以确定及阐明螺距对水力阻力系数和热交换系数本身的影响,难以将处理结果与其他系统(圆管、光滑管束等)具有相应特性的数据进行适当的对比。例如,将环形间隙与螺旋肋片环形通道的水力阻力系数进行对比表明[22],按照上述假设处理实验数据时,两个系数大不相同,而考虑了实际几何形状和流动特性时,系数与 $S/d \geqslant 3.5$ 的情况相符。

用燃料组件横断面的实际几何形状和流动特性来评估螺旋棒的螺距对燃料组件水力阻力系数和局部热交换特性的影响(详见文献[23])。

将计算水力阻力的表达式写成水力学的一般形式：

$$-\frac{\mathrm{d}P}{\mathrm{d}x} = \xi \frac{\gamma V^2}{2g d_{流}} + \frac{\gamma V}{g} \frac{\mathrm{d}V}{\mathrm{d}x} \qquad (3-38)$$

式中，P 为压力；V 为平均速度；γ 为工质比重；$d_{流}$ 为水力直径；g 为重力加速度；ξ 为水力阻力系数。

当等温流动、工质流量和压降 ΔP 相同时，在所研讨区段内压力呈线性变化的条件下，通道的水力阻力系数由下式确定：

$$\xi = \xi_0 \frac{l_0 \Pi_0}{l \Pi} \left(\frac{F}{F_0}\right)^3 + \frac{2 - \Delta P/P_1}{1 - \dfrac{1}{\Delta P/P_1}} \frac{d_{流}}{l} \left[1 - \left(\frac{F}{F_0}\right)^2\right] \qquad (3-39)$$

式中，l 为区段长度；Π 为周长；F 为工质过流截面的面积。

当 $\Delta P \ll P_1$（P_1 为气体进口压力）时，得

$$\xi = \xi_0 \frac{l_0 \Pi_0}{l \Pi} \left(\frac{F}{F_0}\right)^3 \qquad (3-40)$$

相应地，对于努塞尔数，就有

$$Nu = Nu_0 \frac{l_0}{l} \frac{F}{F_0} \left(\frac{\Pi_0}{\Pi}\right)^2 \qquad (3-41)$$

式中及以下式中的下标"0"表示假设速度矢量方向与燃料组件的轴一致时的水力阻力系数、努塞尔数和棒束的几何特征；没有下标表示与螺旋运动速度（棒网格内的速度方向在每个半径处都与肋片边缘等距）有关的这些特性。应当指出，在具有由扭绞带制成的旋流器圆管中，湍流核心的流体速度以及任意情况下管壁附近的过渡层和层流底层的流体速度都"具有螺旋运动的方向"[24]。

对于 F/F_0，有

$$\frac{F}{F_0} = \frac{\Psi_{效} + \Psi_{\Pi}}{\Psi_0} \text{①}$$

---

① 译者注：此式中的 Ψ_{Π} 的下标，与下面的 Ψ_n 的下标，在原文中使用了两种形式 Π、n，译者认为是同一个俄文字母的两种形式，因此将其统一为 n。

式中，Ψ_0 为垂直于组件轴的截面内工质的孔隙率。

$$\Psi_{效} = \frac{kF_\perp}{f}$$

式中，k 为棒的数量；$F_\perp$ 为在直径为 d 的网格内螺旋运动的工质过流截面面积的实际值；f 为燃料组件活性段横截面积（到隔离层）；Ψ_{Π} 为燃料组件的透光孔隙率。

$$\Psi_{\Pi} = \frac{F_{\Pi}}{f}$$

$$F_{\Pi} = f - k\frac{\pi d^2}{4} - mF_3$$

式中，m 为燃料组件活性部分外缘可能有的填充棒数量，填充棒是为了保持截面部分的 Ψ_0；$F_{效}$ 为填充棒的横截面积。

按通常的计算模型计算，可得

（1）面积 $F_\perp$：

$$F_\perp = n\int_{R_1}^{R_2} \frac{r\,\mathrm{d}r}{\cos\varphi} \int_{\beta_1}^{\beta_2} \mathrm{d}\beta$$

$$R_1 = \frac{\delta}{2\sin\frac{\pi}{n}}, \quad R_2 = \frac{d}{2} \tag{3-42}$$

式中，n 为棒的肋片数；β 为直径为 d 的典型网格内的冷却剂通道，在垂直于燃料组件轴的平面上算出的角。

（2）区段 S 内的有效长度 l：

$$l = \frac{k\int\!\!\int_{F_\perp} l_F\,\mathrm{d}F_\perp + SF_{\Pi}}{kF_\perp + F_{\Pi}}$$

$$l_F = \sqrt{S^2 + (2\pi r)^2} \tag{3-43}$$

（3）周长近似为：

$$\Pi_{二肋片} = 2d\left[\cos\arcsin\left(\frac{\delta}{d}\right) + \frac{S}{\sqrt{S^2 + (\pi d)^2}}\arcsin\left(\frac{\delta}{d}\right)\right]$$

$$\Pi_{四肋片} = 2\Pi_{二肋片} - 4\delta$$

文献[23]中对式(3-42)、式(3-43)进行积分,得到计算螺旋运动速度的棒束(假定棒网格内流体速度方向是沿螺旋轨道的切线方向的)的几何特性 F、l、Π 的表达式。利用这些表达式算出的 ξ_0/ξ 随棒相对螺距的变化以及扩展湍流的实验数据($1 \times 10^4 < Re < 6 \times 10^4$)如图3-11所示。

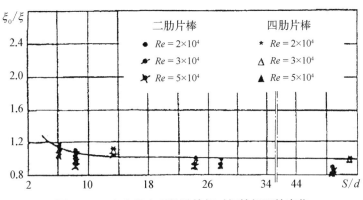

图3-11　水力阻力系数随棒相对扭转螺距的变化

估算表明,按照完全湿润周边和完全加热周边算得的值,计算模型相差约0.25%。

在二肋片棒条件下(见图3-11),实验确定的水力阻力系数值 ξ_0 是具有相同孔隙率的光滑管束在相应雷诺数下的水力阻力系数值;在四肋片棒条件下,则是 $S/d = 51$ 的棒束的 ξ_0 值。充展湍流时 $S/d = 51$ 的四肋片棒束的阻力系数实际上与光滑圆管的阻力系数相同[21]。

为了阐明棒的扭转螺距对 ξ 的影响,将类比流道与直通道进行比较并不是原则问题。可以认为,ξ_0 的实验数据是取 $\xi = \xi_0$ 时 S/d 下的同一组实验中的 ξ_0 值。这样就降低或消除了实验系统误差对分析结果的影响。

从 $S/d \geqslant 6$ 起,在螺距所有变化范围内,得到的计算数据与实验数据都比较符合。实验点相对于计算曲线的变动范围不超过相应系数的最大测定误差。这意味着,在扩展湍流情况下,在扭转螺距 $S/d \geqslant 6$ 的所有变化范围内,考虑了过流截面实际几何形状后测定的螺旋棒组件的水力阻力系数实际上与 S/d 无关,因此,水力损失主要取决于其与棒壁的摩擦损失(如同在直通道内一样)。这一结果可以使我们推断,在所研讨的 S/d 变化范围内,二次流效应是不大的。

$S/d<6$ 时阻力系数可能显著增大,这也许与制造具有 S/d 值棒的工艺特性有关,也可能就是 $S/d<6$ 这类流动的物理特性,因为这时速度的周向分量接近轴向分量,甚至可能超过后者。就第一个特性而言,应当指出,当 $S/d\approx4$ 时,实际上很难按照设定剖面制造出完全相同的棒。因此,从 $S/d<6$ 开始,螺旋棒在平均速度方向上的孔隙率大大降低,由于棒的水力特性不同,可能造成气体从一个网格到另一个网格产生起均化作用的横向流。对于所采用的工作段尺寸,棒网格内的扰动规模可以与横截面尺寸相比拟。速度的空间波动可能随时间的变化具有强湍流特征的波动。在研究孔隙率小于 0.5 的栅格和网格时,在实验中观测到这种类型的不稳定性[25]。如果假定,当 $S/d<6$ 时,ξ 的急剧增加是该类流动与各棒网格之间相互作用有关的物理特性,那么就可以期待在扭转螺距变化范围内输运系数将大大提高。但是,在这种情况下,由于阻力系数值很高(如 $S/d=4.15$ 的棒在 $Re>10^4$ 时的阻力系数比具有相同孔隙率的光滑管束的阻力系数约高 2 倍[21]),因此在燃料组件内很难利用这种提高输运系数的效应。

图 3-12 所示为所研究棒束内局部放热的计算数据和实验结果[21]。努塞尔数 Nu_0 的实验值取棒螺距最大时同一组试验(对于该组试验 $Nu_0=Nu$)的 Nu 值。这里计算数据与实验数据非常符合。实验点相对于计算曲线的变动范围与测定局部热交换特性的误差相当。只有 $S/d=6.3$ 的二肋片棒的实验点稍高于计算曲线。

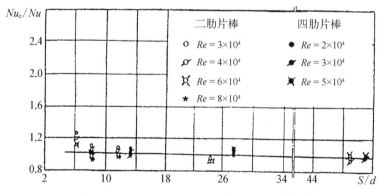

图 3-12　局部放热特性随棒相对扭转螺距的变化

文献[21]的试验结果和所作的 Nu_e/Nu 随 S/d 变化的分析表明,在扩展湍流($Re>10^4$)情况下,$S/d>6$ 的螺旋棒束内的局部热交换特性实际上与圆管的相应特性没有区别。

由于考虑了棒实际几何形状后测定的水力阻力系数和局部热交换特性在充展湍流时实际上与 $S/d\,(S/d\geqslant6)$ 无关,因此可以推断,棒网格内的湍流扩散系数 $D_{湍}$ 与具有同一体积的圆管一样 $\left(\dfrac{D_T}{Vd}\ 为常数\right)$ [26],即综合量 $\dfrac{D_T}{Vd}$ 与 $S/d\,(S/d>6)$ 无关。下几节描述的实验结果定性地证实了这一推断:二肋片棒和四肋片棒(相应的 $S/d=13.6$ 和 $S/d=26$)的输运系数与圆管[26]和沟槽[27]的湍流扩散系数相当。

于是上述研究结果表明,当 S/d 逐渐变小时,棒组件截面上的有效扩散系数从某一值开始可能大大高于棒网格内的湍流扩散系数,这是气体有规律旋转时各根棒的"氛围"相互作用的结果。

3.1.5　发动机水力试验和热工试验方法总则

这些试验的目的是测定管系的水力特性和热工特性,以保证可靠预测核火箭发动机的热工状态,可靠预测工质流量在部件、组件和整个发动机内再分配的规律性和进行实体动力加载模拟的规律性。

有两类试验:① 对发动机的零件、单元、部件和整个发动机进行研究和试验,以便更准确地确定其结构形式、尺寸和水力特性,以保证结构的可靠冷却。② 对选取的结构进行试验,根据水力阻力选择燃料组件内的部件(检测其水力特性是否与计算值相符),确定核火箭发动机在实物条件下进行试验所必需的成品水力特性。

第一类工作在台架试验装置上用相应的核火箭发动机模型或部件完成。第二类工作按照核火箭发动机装配顺序,在装配成品的单元、部件上相继进行。

用成品做第二类工作必须有一个前提,即发动机的主要单元、部件已经通过了全套的独立演练,这类工作还包括对正式单元和部件是否符合设定流量分配进行校核研究、试验和流体动力调整,以及对整个成品装配件进行试验,以确定各部件的相互影响,得到预测成品在试验和运行所有阶段的热工状态并检验其完整性所必需的整套数据。

试验工况的选择取决于研究的目的。试验的主要目的如下:① 测定输运系数和水力阻力(模拟风洞试验中需要的工质流量和压力变化范围,根据气流动力相似条件确定,即实体和模拟试验的雷诺数相等;$Ma=0.3\sim0.5$)。② 从结构可靠冷却的角度出发,在核火箭发动机各部件和组件中建立需要的工质流量分配和速度场(完成测定工质速度场、调整调节节流器、细化各结构单元形状等工作)。③ 综合试验,包括测定总的水力阻力系数,在发动机"热"启动前进行验证试验和预测实体工况时,这些系数都是需要的;模拟动力加载,即依据成品水力通道内实际的压降条件下选择模拟工质的流量和压力。

1) 模拟装置的研究

在这些研究中,模拟装置是指一些辅助设备和补充正式测量的系统,它们将保证部件在必要边界条件下进行流体动力独立试验。

保证发动机单元和部件的结构及对结构材料进行独立演练的主要模拟体、装置和 Keлдыш 研究中心的工作将在本章下一节叙述。

核火箭发动机和核发电装置反应堆的典型水力学管系由下列可以独立进行演练的几个主要部分组成:慢化剂的冷却管系;反射层的冷却管系;燃料组件的通道;反应堆外壳和喷管的冷却管系;防火底板(发动机喷管前)的冷却管系;屏蔽组件的水力管系;反应堆进口的冷却管系。

下面列举的主要工作和试验装置清单反映了对成品各部件进行逐项演练,然后在发动机组装件中进行验证实验的构想。

为了演练核火箭发动机和核发电装置反应堆样机——反应堆 ИРГИТ,科学家们研发和制造了进行下列主要工作的工作段和模拟件:

(1) 在考虑实物初始条件后研究慢化剂的水力特性,包括测定水力阻力系数;测定慢化剂组件总的水力阻力系数和速度场的分布规律以及沿组件径向的流量构型调节;

(2) 测定外壳的水力特性;

(3) 研究屏蔽组件通道的水力阻力,测定反应堆堆芯进口(屏蔽组件出口)的速度场;

(4) 研究反射层各组合件(反应堆 ИРГИТ 的侧向反射层由 12 个组合件——扇形体组成)和组合件间各冷却通道的流量分配(对于后者测定阻力系数);

(5) 部件组装件的综合试验,以测定总的水力特性。

对于反射层组件测定了通道的水力阻力系数和局部阻力系数;各通道之间的流量再分配;调节节流器的形式及它们的特性;在控制鼓中子吸收板附近通道内的输运系数。

2) 组装成品时的验证流体动力试验

研讨模拟试验件所做的研究使我们在组装核火箭发动机和核发电装置时

能进行验证试验。试验顺序应当符合成品的组装工艺(下面将按照组装反应堆 ИРГИТ 实施的工艺顺序列出试验清单)。

(1) 如果外壳模型在结构、尺寸和所用材料方面与实物没有区别,那么在组装成品时,只需要进行数量有限(5～10 个点)的测定水力阻力系数的实验,并按抽样检验方式测定下底出口的速度场(用台架的辅助和测量装置抽取全压和静压的端子板)就够了。

(2) 如果在独立演练时就已经对屏蔽组件的水力特性做了详细研究,那么在衔接屏蔽组件和慢化剂组件前,必须测定总的水力阻力系数,并抽检屏蔽组件出口速度场。

(3) 根据水力阻力选择反射层组装件内的反射层组件(检查在设定压力和压降情况下总阻力系数和工质流量)。

(4) 用组装的成品对发动机所有主要部件的总阻力系数进行检验性测定,修正组装件内各水力管系的相互关系,清洗燃料组件模拟件。

试验时必须严格保持工况的模拟、初始条件,并且在预测成品的实物工况时正确利用研究结果。

例如,在演练 1/12 反射层组件时,通道之间工质流量分配与实物不同的模拟工况应当与每个具体的实物工况(额定功率工况、过渡工况)相符。根据这种分配选择调节机构(喷嘴)的特性,确定其在不同工况下的性质,计算结果表明,在产品实物试验的各种可能工况下,能够实现根据结构可靠冷却条件所需的通道间的流量分配。

作为例证,图 3 - 13 所示为反应堆 ИРГИТ 慢化剂在热工状态时的预测数据和反应堆实物在试验(ОИ - 2)过程中的测定结果[28],该数据是根据组件冷却系统(372 个圆形通道、38 个环形通道)流体动力调整试验结果得到的。可以看到试验数据与预测数据吻合很好。冷却系统保证了反应堆慢化剂组件内温度的不均匀性最小。

为了解决以上所讨论的核火箭发

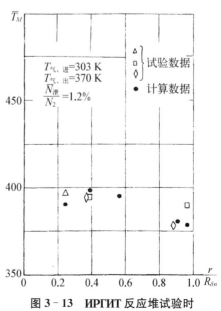

图 3 - 13　ИРГИТ 反应堆试验时
慢化剂组件的温度

动机和核发电装置问题，Келдыш 中心专门组建了一些综合部对基础空间核技术进行研发和论证[29]。

（1）程序方法综合部。组建该综合部是为了在实物成品、实物条件和有限演练的情况下研制成品结构和建立试验方法，以便论证下列构想：使成品演练达到设定的可靠性，在模拟条件和实物条件下，用核火箭发动机单元和部件完成主要试验内容。

综合部包括发动机和核发电装置各部件以及整个发动机的主要工作过程的数学模化；水力学和传热的实验研究方法，做了这些研究后保证得到使数学模型闭合所需的整套数据；调整流体动力的方法，使成品的各冷却管系之间达到设定的流量分配；发动机和核发电装置的综合试验方法以及预测成品实物工况的方法。

在核火箭发动机研究初期（20 世纪 50 年代末至 60 年代初），解决上述问题的方法还不够，计算技术的发展还非常有限，因此，得到的结果取决于研究者个人的能力。现在科学家们对解决这些问题的数值方法已研究得相当深入，有了能实现所需算法的计算技术。

（2）生产试验综合部。该部进行部件和整个成品的组装，使用测量手段对它们进行调制，将各冷却管系流体动力调整到设定的工质流量分配，对装配好的成品进行综合试验。

这里完成下列工作：

① 成品按部件逐项演练，根据逐项试验结果完成部件结构的加工；

② 使用测量手段对成品进行调制；

③ 进行成品组装；

④ 进行成品流体动力试验（在雷诺数很宽变化范围内测定成品各部件的水力阻力系数，调整调节元件和机构，建立部件各冷却管系之间的流量分配）；

⑤ 考察成品的振动和脉动性质；

⑥ 进行成品的综合试验以确定成品内各部件相互作用的条件；

⑦ 调节控制系统的驱动机构，并确定动力加载对控制系统特性的影响。

（3）研究试验综合部。用模拟和实物工质对核火箭发动机按单元、部件逐项演练（冷的流体动力研究和试验、采用电阻加热器和等离子体发生器进行高温研究和试验），对核火箭发动机进入近地轨道和在近地轨道上运行时确保辐射安全的方法进行论证和演练。

下面解决成品设计和制造阶段产生的问题：

① 为了论证保证结构可靠冷却的发动机过流部分通道的几何形状和工质流动工况,从而进行水力和热交换的实验;

② 对常规几何形状的成品结构(实物的或者模拟的材料组成)单元和部件进行验证性研究和试验;

③ 通过再现或模拟的方式对高温时结构的稳定性、耐热性和热变性进行验证性试验;

④ 研究事故时反应堆的销毁问题,使分散结构的颗粒大小和浓度不致改变地球表面的辐射环境。

(4) 工艺生产综合部。研发和制造核发电装置的各种热交换设备,制造反应堆内试验用的燃料组件,制造单位体积中热交换面积达 $1\,000\sim1\,500\ \mathrm{m^2/m^3}$ 的板式热交换器,研发有发展前景的滴式辐射散热器。

根据 Келдыш 中心各综合部对基础工艺所做的研发工作,科学家们制造了核火箭发动机反应堆的第一批燃料组件,并将它作为研究反应堆 ИГР 的组成成功通过了试验;论证了反应堆 ИРГИТ(核火箭发动机的反应堆样机)堆芯的结构原理和结构材料的组成;按单元和部件对反应堆堆芯进行逐项演练(反应堆 ИРГИТ 的燃料组件结构和燃料组件演练的主要工作由 ЛУЧ 科研生产联合体完成);组装反应堆 ИРГИТ、用测量手段进行调制以及进行反应堆启动前的综合试验。

3.2　反应堆冷却系统的流体动力特性和热工特性

3.2.1　已完成工作的试验基础和内容

核火箭发动机和核发电装置反应堆冷却系统的实验在 Келдыш 中心组建的研究试验综合部完成[29]。

根据所做的研究,科学家论证了反应堆堆芯各通道和冷却系统的最佳形式,确定了其热工特性和流体动力特性。

1) 燃料组件

(1) 对于由并联隔离通道系统保证其冷却的燃料组件结构,必须沿燃料组件长度设置混合集流管。为了消除通道之间距离范围内的温度不均匀性,在每个组合件后沿长度设置一个自由空间[其直径与燃料组件直径相同,长 l 为 $(6\sim10)h$,h 为通道间距]就够了。这种结构的燃料组件是第一个成功通过堆内试验的组件。

（2）对于基于螺旋棒的燃料组件，利用实验确定的有效热输运系数，用沿燃料组件半径的释热构型调节（改变铀的浓度），可以使温度不均匀性降至最低。论证了工质在燃料组件出口的容许温度为 3 000 K 左右，考察了燃料元件的可能缺陷对其热工特性和流体动力特性的影响，确定了容许缺陷的形状和大小。由 ЛУЧ 科研生产联合体研发的此类结构的燃料组件成功通过了堆内试验。

2）慢化剂、反射层和外壳冷却系统的典型通道

（1）对圆形冷却通道，研究者考察了慢化剂组件板片接缝对水力特性和各通道（反应堆 ИРГИТ 的慢化剂组件有 372 个同类型通道）间流量再分配的影响。通过逐个修正慢化剂进口处的调节机构来消除工质在各通道间流量的不均匀性。

（2）在反射层、慢化剂、外壳的结构中使用了五种类型的环形通道：环形通道；带肋片的环形通道；带螺旋形肋片的环形通道；使气体间隔扭转的环形通道；周向截面可变的环形通道。

对于第一类通道，科学家们早已考察过其独特的热工特性和水力特性，考虑到采用的加工工艺和加工准确性，测定了所加工结构通道系统的相应特性。例如，对于慢化剂的环形冷却通道，研究者测定了安装燃料组件和慢化剂组件接缝时可能出现的偏心对工质速度场和水力阻力的影响，对重新组装后的组件进行试验证明了所测特性是稳定的。

另外两类环形通道放在反应堆侧反射层内的功率控制鼓的冷却系统中，在出现很不均匀的释热场时，用它保证容许的温度场。在反应堆的可移动部件中，最不均匀的释热场集中在吸收元件区，那里的释热功率接近整个组件的释热功率。为了保证所要求的温度场，实验论证并研发了沿通道长度气体有规律扭转的环形通道和另一种通道，后者吸收的元件区内热输运系数比通道其他部分高一个数量级。研究者对气体扭转沿环形通道长度衰减做了实验研究，从而确定了气体扭转机构的线性尺寸、扭转角度以及沿通道长度两个扭转机构之间的容许距离。

反应堆侧反射层选定的通道形状可保证所需温度场的均匀性，因此，就排除了控制鼓"卡死"的可能性。根据推荐的通道形状，科学家研发了反应堆 ИРГИТ 侧反射层的冷却系统，修整相应的控制机构，使每一个（共 3 个）典型通道都达到设定的工质流量，用这种方法将反射层中每个控制鼓的冷却系统调整到设定的流量分配。

3）测定反应堆结构中所用材料的热物理性质

反应堆结构中所用材料的热物理性质对预测部件在各种可能工况下的热工状态和应力状态是必需的,科学家在准稳态下研究了结构单元和部件(燃料元件、隔热层、燃料组件支承栅格等)的耐热强度。

实验装置能在实际工质(氢)、气体加热温度达 3 000 K 左右和实际热负荷水平的条件下进行燃料元件试验。试验结果有助于确定容许工况,有助于确定反应堆运行条件下容许的可能"损坏"的情况。

4）对燃料组件的高温单元及部件进行研究和演练

热气体源是等离子体发生器。研究者在模拟条件下实施了必要的动力加载,燃料组件的高温单元及部件达到了工质的温度水平 3 000 K 左右。实验过程中使用了两种装置:以氩为工质的"Вулкан"("火神")和以氢作工质的"Буря"("风暴")。装置的电功率约为 10 MW。研究者在过渡工况下再现了研究耐热强度所需要的热负荷,并根据研究和试验的结果修整了燃料组件的部件(隔热层、支承栅格等)结构。

5）论证核火箭发动机和核发电装置辐射安全的双重保障系统

保障辐射安全的主要系统是把核火箭发动机送入长期运行的轨道,研究者在用真实材料制造的发动机及其单元模型上进行了实验研究(唯一的例外是以 ^{238}U 代替 ^{235}U)。本书第 4 章将更详细地研讨这些问题。

现在,我们来讲述使数学模型闭合的某些研究结果,这些模型可以描述核火箭发动机和核发电装置的热物理过程,允许我们预测试验过程中成品的热工状态,而且已在实际条件下证实了这种预测。

3.2.2　测定并联通道和复杂形状环形通道系统内的输运系数

在圆管和复杂形状环形通道内的并联通道系统中,各种类型的气流不均匀性将会发生。为了预测这个问题,研究者测定了湍流时相应的输运系数,通过分析温度场和放入气流中的源浓度场的测定结果可以确定其数值及其变化特性。

假定输运系数值 $D_{湍}$ 在截面上保持恒定,并且随离源距离的变化不大,则相对于轴对称的气流能量方程如下:

$$V \frac{\partial T}{\partial x} = D_{湍} \left(\frac{\partial^2 T}{\partial r^2} + \frac{1}{r} \frac{\partial T}{\partial r} \right) \tag{3-44}$$

式中，V 为平均速度；T 为温度；$D_{湍}$ 为湍流扩散系数（环形通道的有效输运系数）；r 为圆柱形中从源轴心算起沿流横向方向的坐标；x 为沿流方向的坐标。

假定黏滞力、分子扩散、静压变化以及纵向湍流输运均可忽略，式(3-44)的一个特解是对点源的解。

分析这个解的结果不难证明，对任何一个横截面，下列关系式成立：

$$\frac{T(x, y)}{T(x, 0)} = \exp\left(-\frac{y^2}{2\overline{y}^2}\right) \tag{3-45}$$

式中，$\overline{y}^2$ 为单元在 y 方向上均方根位移的平方（y 为平面上气流横向的坐标）。

将在截面上对点源的解进行积分，再将结果对 x 微分，可得到 $\overline{y}^2$ 与 $D_{湍}$ 的关系式。

文献[7,30-31]对 $\overline{y}^2$ 与 ε、$D_{湍}$ 的关系式进行了详细分析，在此不重述，只利用其对均匀各向同性湍流的结果。

(1) 当扩散时间间隔很小（离点源的距离很小）时，则

$$\overline{y}^2 = \varepsilon^2 x^2, \quad x = Vt, \quad \varepsilon = \sqrt{\overline{V'^2}/V} \tag{3-46}$$

(2) 当扩散时间较长（离点源的距离较大）时，则

$$\overline{y}^2 = 2D_{湍}(x - x_0) \tag{3-47}$$

式中，ε 为湍流强度；t 为时间。对 T 和 C，下标 0 表示在源轴上的参数，对 x 则表示当 $\overline{y}^2 = 0$ 时的参数。

科学家对空气动力圆管内栅格后的流动特性已进行过相当详细的研究（文献[25,31-32]等）。也已有不少关于工程圆管内栅格和节流栅板后的流动数据（文献[26,32-34]等）。

下面针对基于并联通道系统燃料组件内的流动，研讨在并联、足够长圆通道系统（$l/d = 50$，燃料组件过流部分的模型按 8：1 制作）的圆管内流动时湍流扩散系数的实验测定结果。在装置工作段内，有孔隙率为 0.35 的圆管组合件，圆管镶嵌在孔呈三角形分布的栅格中（圆管的内径 d 为 8 mm；管中心距 M 为 12.8 mm）。管长符合 $l/d = 50$，因此，可以说，通道内的湍流属于圆管内的充分发展湍流。

在组合件中心通道通入热空气（指示流量），其他通道通入正常温度的空气（基本流量）。研究者研究了离通道端部不同距离的管子横截面上温度的分

布规律。用临界喷嘴测定热空气流量,预先对临界喷嘴进行标定,其准确度约为 2%。用固定在坐标器上的热电偶测定组合件端部截面的空气温度。放置热电偶的坐标准确度为 0.2 mm。

对于点源的扩散,式(3-45)是完全正确的。估算表明,在实验中,当圆管半径 R 为 4 mm 和 $\overline{y}^2$ 约为 50 mm^2(离端部的距离符合 x/M 约为 5)时,按点源公式确定 $\overline{y}^2$ 的误差约为 7.5%,而且该误差随着离源的距离增加而明显降低。

对于工程应用来说最感兴趣的是并联通道系统内离组合件端部中等距离(x/M 为 10~20)的流动特性。上述实验对这一区域也进行了研究。

图 3-14 所示为实际工况下离组合件端部距离不同的横截面上的空气温度分布(空气在基本流量通道内的速度 $V_基$ 为 63 m/s,空气在指示流量通道与基本流量通道内的速度比 $V_指/V_基$ 为 0.75)。在其他工况下,实验点也相当好地呈高斯分布[图 3-14 上的实线符合表达式(3-45)]。通常这种情况证明,扩散过程发生在各向同性的湍流场中。

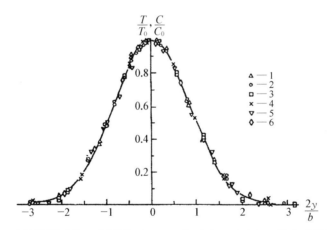

对下列通道系统,x/M 的值:1—3.05;2—6.1;3—9.14;4—12.2;在环形通道内,x/M 的值:5—在有棒区;6—在光滑区。

图 3-14　T/T_0(C/C_0)在气流横切方向的分布

多数实验中,基本流量通道和指示流量通道出口截面的空气速度保持相等。试验中这些相等的速度值在 16~63 m/s 范围内变化[相应的 $Re=(0.9~3.6)\times 10^4$]。为了评价通道出口相等速度的设定误差,研究者进行了以下实验,其中,中心通道内空气的平均速度与其余通道内的平均速度之比在 0.75~1.3 范围内变化。

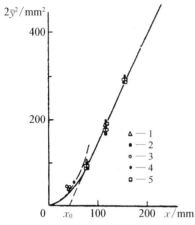

$V_{基}$(m/s)和$V_{指}/V_{基}$的值：1—16,1.3;
2—31,1.27;3—47,1.0;4—61,0.08;
5—63,0.75。

图 3-15　$\overline{y}^2$ 随 x 的变化

通过整理实验数据确定,$\overline{y}^2$ 的绝对值实际上(在实验准确度范围内)与空气流量之比和空气速度绝对值(在所研讨的变化范围内)无关。

图 3-15 所示为离通道端面不同距离的 $\overline{y}^2$ 的值,这些值基本上落在一条不通过坐标原点的直线上：

$$2\overline{y}^2=4(x-x_0)D_{端}/V(当\ x=x_0=41\ \text{mm}\ 时,\overline{y}^2=0)。$$

图 3-15 所示数据表明,在所考察的点离组合件端部的距离从 $x=70$ mm $(x/M\sim5.5)$ 开始,湍流扩散系数在实验准确度范围内沿 x 为常数($D_{端}/V=0.625$ mm;$D_{端}/VM=0.048\ 8$),而且与空气基本流量与指示流量的速度比值以及空气速度绝对值(在它们的实际变化范围内)无关。在组合件端面附近,曲线 $2\overline{y}^2=f(x)$ 与 $\varepsilon=0.1$ 时的抛物线 $2\overline{y}^2=2\varepsilon^2x^2$ 相切。

图 3-16 所示为对通道组合件端部中心流轴线处过剩温度的测量结果。图中曲线是利用方程(3-44)对 $y=0$ 时的点源进行绘制的。当点 $x=x_0$(x_0 见图 3-15)时,$T(x_0,0)/T(0,0)=1$;当 $x\geqslant x_0$ 时,$T(x_0,\ 0)/T(0,\ 0)=x/x_0$。由图 3-16 可以看出,在所有的实验工况下,在离组合件端部距离 x/M 为 2 处,加热流的核心消失,沿 x 方向的温度不均匀性大大下降,当 $x/M=12$ 时,温度不均匀性仅为初始值的 25%。

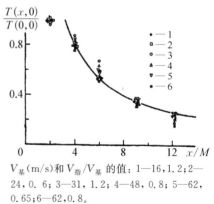

$V_{基}$(m/s)和$V_{指}/V_{基}$的值：1—16,1.2;2—24,0.6;3—31,1.2;4—48,0.8;5—62,0.65;6—62,0.8。

图 3-16　按气流方向从源向下的温度分布

借助上述方法,在某些简化的方案中,针对二区细长环形通道(两区过流截面的形状不同),研究者测定了按通道厚度平均的有效输运系数(假定在每个区内该系数不随长度和角度而变化),考察了由两个同轴圆柱形表面形成的通道,其中里边一个表面在 100°扇形体的半径比通道其他部分要小。在沿着圆柱体的沟槽内放置一些直径小的棒,将其放到与里边圆柱体其余表面齐平的位置。在沟槽中沿通道长度方向每隔一定距离设置使棒固定的隔板。研究者测定了在环形通道光滑区和放棒扇形区稳定流动段内有效输运系数的值。

在测定由导热性能好的壁构成的窄通道内的有效输运系数时,适宜采用化学组成不同于基本流量通道内的气体、而温度却与其相同的气体作为指示流量通道的气体,这是为了排除在热测量时可能产生的通过壁的热传输,因为这可能使湍流输运形成的气体内温度场严重失真。本研究中使用氦作为指示气体,用空气作为基本气体。氦气的流量这样选择:使其在沿气流设置的源管出口处的速度等于该处的空气速度。沿气流向下在通道的各横截面上,借助在环形缝隙周向能自由移动的吸气管将基本气体和指示气体混合物取样,送往气体分析器。在每个区(光滑区和有棒区),指示气体源设置在离该区侧向几何边界线等距的中心线上。在离开源但指示气体还没有渗入相邻区中的位置测量指示气体的浓度。研究者并未研究两区几何边界线附近区域内的输运特性,而是根据测定数据绘制了通道内放置吸气管的截面曲线 $C_{He} = f(y)$ (C 为基本流量气体内指示气体的浓度百分比)。对平面通道内的有压气流,在边界条件不变的方向(平行于壁、垂直于运动方向)上,从统计上看湍流度是相同的。我们推断在这些条件下,对于细长环形通道($\delta/R = 0.035$,δ 为环形通道的厚度),从线源向下沿气流由一壁延伸至另一壁的指示气体按通道厚度平均的浓度分布可用方程(3-44)对平面流的解来描述(方程的特解对每个 x 均为高斯分布)。

图 3-14 所示为在 $d_外 = 90$ mm 的通道(光滑区 $R_内 = 38.2$ mm,棒直径为 4 mm,两块固定隔板之间的距离为 75 mm)内得到的实验数据 $C/C_0 = f(2y/b)$。在离通道进口距离 $l/d > 200$ 处放置指示气体(氦)源,在离源距离 $l/d \approx 245$ 处测定浓度分布图。

在光滑壁面的通道区,气流从源向下,指示气体按通道厚度平均的浓度分布测定结果证实了指示气体在圆周方向的浓度分布是高斯分布的假设。在离源的距离 l/d 为 245 处,实际上指示气体没有从光滑区渗入有着完全不同流动条件的周向毗邻区。在有棒区,在离源相同距离处,得到的指示气体绝对浓度分布图形状与上面的类似,但更宽一些。测得的通道两个区的浓度分布图(见图 3-14)相当好地符合式(3-45),后者是方程(3-44)对平面上点源的解。当计算相似类型通道内杂质成分或者热传输时,上述情况使我们能利用方程(3-44),用实验测定每个区的输运系数。

对上述环形通道中一个截面指示气体浓度测定的数据进行处理(为了简化,假定 $x_0=0$),得到当 $Re=(2.8\sim5)\times10^4$ 时的 $D_湍/V\delta$ 值:通道的光滑区为 0.015;有棒区为 0.114。

3.2.3 环形截面通道内气体局部扭转的衰减

我们来研讨黏性不可压缩流体在环形截面比较细的圆柱通道内中等运动速度的稳定流动,组成通道的内圆柱面与外圆柱面的半径比 $r_内/r_外\approx0.9$,通道内放置气体扭转机构。

假定沿通道的圆周方向流体的所有参数不变,湍流性质各向同性,没有二次流,且有 $\partial^2V/x^2\ll\partial^2V/r^2$,则通过切向应力写出的动量守恒方程[10]有下列形式:

$$\frac{\partial P}{\partial x}=\frac{1}{r}\frac{\partial(r\tau_{rx})}{\partial r} \tag{3-48}$$

$$\rho V_x\frac{\partial V_\theta}{\partial x}=\frac{1}{r^2}\frac{\partial(r^2\tau_{r\theta})}{\partial r} \tag{3-49}$$

式中,τ_{rx}、$\tau_{r\theta}$ 分别为 τ_r 在 x 轴上和在平面 (x,r) 垂直线上的投影;θ 为周向圆柱坐标。

因为对于技术应用有意义的首先是按截面平均的扭转 V_θ/V_x 沿通道长度的变化,因此,将式(3-48)、式(3-49)中的参数转为按截面平均的参数是合适的。

在所研讨的通道相对厚度不大的情况下,即 $\delta/r_外\leqslant0.1$,式中 $\delta=r_外-r_内$,可以认为内壁和外壁切向应力的绝对值相等而符号相反,即 $\tau_{外壁}=-\tau_{内壁}=-\tau_w$,并且 $\dfrac{\partial}{\partial r}\left(\dfrac{\partial P}{\partial x}\right)=0$。在这种情况下,对式(3-48)、式(3-49)从 $r_内$ 到 $r_外$ 进行积分。积分前先在式(3-48)两边乘以 r,在式(3-49)两边乘以 r^2。积分后对第二个方程各项按通道截面取平均值,得到

$$\mathrm{d}P/\mathrm{d}x=-2\tau_{wrx}(r_外+r_内)/(r_外^2-r_内^2)$$
$$=-2\tau_{wrx}/\delta=-2(\tau_w\delta)\cos\varphi \tag{3-50}$$

$$\rho\int_{r_内}^{r_外}r^2V_x(\mathrm{d}V_\theta/\mathrm{d}x)\mathrm{d}r\Big/\int_{r_内}^{r_外}r\,\mathrm{d}r=-2\tau_{wr\theta}(r_外^2+r_内^2)/(r_外^2-r_内^2)$$

或者,用 $(r_{外}^2 + r_{内}^2)^2/2$ 替换 $(r_{外}^2 + r_{内}^2)$,其误差不超过 1%,得

$$\rho V_x (\mathrm{d}V_\theta/\mathrm{d}x) = -2(\tau_w/\delta)\sin\varphi \tag{3-51}$$

式中,V 为横截面上的平均速度。

当流体在由两个并联壁组成的通道内运动时,在 $|\tau_{外壁}| = |\tau_{内壁}| = \tau_w$ 的条件下[12]:

$$\tau_w = \frac{\xi}{8}\rho V^2 \tag{3-52}$$

式中,ξ 为水力阻力系数。

将 τ_w 的表达式(3-52)代入式(3-50)和式(3-51),得到计算扭转变化和沿通道长度压力变化的最终微分方程:

$$\frac{\mathrm{d}P}{\mathrm{d}x} = -\frac{\xi\rho}{2d_{流}}V^2\frac{1}{\sqrt{1+(V_\theta/V_x)^2}} \tag{3-53}$$

$$V_x\frac{\mathrm{d}V_\theta}{\mathrm{d}x} = -\frac{\xi}{2d_{流}}V^2\frac{V_\theta/V_x}{\sqrt{1+(V_\theta/V_x)^2}}$$

或者

$$\frac{\mathrm{d}(V_\theta/V_x)^2}{(V_\theta/V_x)^2\sqrt{1+(V_\theta/V_x)^2}} = -\frac{\xi}{d_{流}}\mathrm{d}x \tag{3-54}$$

当 $\xi=$ 常数时,对式(3-54)从 x_0 到 x(x_0 为已知扭转值截面的坐标)进行积分,得

$$V_\theta/V_x = 2\sqrt{A/(1-A)} \tag{3-55}$$

式中,

$$A = \left(\frac{\sqrt{1+(V_\theta/V_x)_0^2}-1}{\sqrt{1+(V_\theta/V_x)_0^2}+1}\right)\exp[-\xi(x-x_0)/d_{流}]_\circ$$

如果取 $\xi=B/Re^n=CV^{-n}d_{流}^{-n}$[例如,当 $4\times10^3\leqslant Re\leqslant10^5$ 时,对于光滑通道适用布拉修斯(Блазиус)定律[10]],则方程(3-54)有下列形式:

$$\frac{\mathrm{d}(V_\theta/V_x)}{(V_\theta/V_x)[1+(V_\theta/V_x)^2]^{\frac{1-n}{2}}} = -\frac{\xi_x}{2d_{流}}\mathrm{d}x \tag{3-56}$$

式中，ξ_x 为沿通道长度不变的水力阻力系数，按速度 $V_x = G/\rho F_x$ 计算而得。

表达式(3-56)左边积分的一般形式，当 n 为任意值时，不能用初等函数写出。所以，$V_\theta/V_x = f[(V_\theta/V_x)_0, \xi_x(x-x_0)/d_流]$ 形式的关系式是对式(3-56)左边从 $(V_\theta/V_x)_0$ 到 $(V_\theta/V_x)_x$ 进行积分而得到的。

同样，对层流($n=1$)的情况，式(3-56)的解有如下形式：

$$V_\theta/V_x = (V_\theta/V_x)_0 \exp[-\xi_x(x-x_0)/2d_流]$$

利用式(3-55)对方程(3-53)进行积分，得到

$$P = P_0 - \frac{G^2}{\rho F_x^2}\left\{\frac{x-x_0}{2d_流}\xi + \ln\frac{1-A}{1-A[\exp\xi(x-x_0)d_流]}\right\} \quad (3-57)$$

式中，P_0 为当 $x=x_0$ 时的压力；G 为质量流量；F_x 为垂直于 x 轴的通道截面面积。

在已知的文献[35-37]中，有关于另一些环形截面通道内气体局部扭转衰减的数据，通道的 $r_内/r_外$ 远低于 0.9。本节将叙述实验测定的三种环形截面通道($r_内/r_外 = 0.89 \sim 0.945$)内的局部扭转衰减特性[8]。通道 I 的内径 $d_内 = 29.8$ mm，外径 $d_外 = 32$ mm($r_内/r_外 = 0.932$；$d_流 = 2.2$ mm)；对于通道 II，$d_内 = 34$ mm，$d_外 = 38$ mm($r_内/r_外 = 0.89$；$d_流 = 4$ mm)；对于通道 III，$d_内 = 36$ mm，$d_外 = 38$ mm($r_内/r_外 = 0.945$；$d_流 = 2$ mm)。在所有实验中均用空气作为工质。

通道 I 中有一小段设置了多头螺旋肋片以造成流的局部扭转。测定角 φ 的方法如下：用一根粗细为几十微米级的细毛，一头固定在一段有透明壁的通道内表面上，观测被气流吹动的细毛位置来测定角 φ。用一台显微镜对细毛进行观测，显微镜的视区有两个互相垂直的标尺，观测细毛影像与两个标尺相交的坐标比，可以测定 $\tan\varphi = V_\theta/V_x$。这段有透明壁的通道用闪频观测转速计的灯进行照明。当灯的闪光频率与细毛在气流中摆动的频率接近时，就可以看到细毛的影像。有一固定有肋片的圆柱形插管形成通道内壁，通过纵向移动该插管来改变肋片段出口与指示细毛之间的距离。

因为在沿流向肋片段下方的某一距离，气流中还保持着肋片后的涡流径迹，因此当 x 为常数时，沿通道圆周的 V_θ/V_x 值呈周期性变化。为了在离扭转段出口某一固定距离处测定 V_θ/V_x 值的所有变化范围，将带短肋片的圆柱形插管围绕轴旋转，使细毛受到所需气流区的作用。

在扭转机构进口处 $2.5×10^3 \leqslant Re \leqslant 3.8×10^4$ 的范围内进行实验,此时气体的速度不超过 20 m/s,压力接近 0.1 MPa,温度为 20℃。

为了搞清扭转机构轴向长度对初始扭转特性的影响,研究者进行了肋片段长 h 为 10 mm、20 mm 以及肋片与通道轴夹角的正切值为 1.25,即 $(V_\theta/V_x)_0 = 1.25$ 的实验。

通道Ⅱ、Ⅲ内的气流扭转借助向通道进口切向送气来实现[38-39]。沿流向在切向送气集气器出口平面下 25 mm 处,通过毛细管送入曳光剂液滴,根据其径迹来测定扭转沿长度的变化。径迹以曳光剂的残迹形式固定在通道内壁上。函数 $V_\theta/V_x = f(x)$ 可作为相应点的轨迹切线与内壁圆柱母线夹角的正切随 x 的变化 $\tan\varphi = f(x)$ 来确定。

通道Ⅰ内扭转衰减的实验数据表明,当 x 为常数时,测得的 V_θ/V_x 值沿通道周向是变化的,这是因为在离扭转段某个距离处还保持着螺旋肋片引起的流扰动。V_θ/V_x 偏离平均值的变化范围:沿流向下靠近扭转段 15%～20% 处,当距离的长径比 $x/d_流$ 为 50 时,则 V_θ/V_x 为 5%～6%,而主要变化发生在扭转段下方长径比为 10～15 倍的区域内。随着离扭转段距离的增加,这个变化范围缩小,由此研究者提出了"肋片径迹消散强度"的概念。

肋片扭转段的效率是指在设定几何形状条件下使工质具有均匀流动的最大可能的扭转值,在其他条件相同的情况下,它随扭转段长度的增加而增加(见图 3-17)。这一点可以这样解释:当肋片段长度减小时,段内通过工质的路径变得可以与肋片之间的距离相比拟,因此,不是全部质量的工质都具有与肋片倾斜角相应的运动方向;气流的有序特性减弱了,当气流环绕肋片进口和出口的凸缘时,更充分表现出局部扰动的负面作用。

在扭转段长度为 10 mm 和 20 mm 的通道Ⅰ中,局部扭转衰减的实验数据(见图 3-17)使我们得出结论:随着 Re 的增加,扭转衰减得较慢。使用 $h/d_流 = 9.1$ 的肋片扭转机构,在扭转段出口可得到 $V_\theta/V_x = 1.25$,也就是

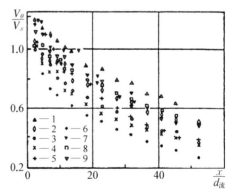

Re_x 和 h 的值:1—$3.8×10^4$,20 mm;2—$3.8×10^4$,10 mm;3—$9×10^3$,10 mm;4—$4.7×10^3$,10 mm;5—$2.5×10^3$,20 mm;6—$2.5×10^3$,10 mm;7—$7.2×10^4$,$r_内/r_外 = 0.4$[38];8—$2.2×10^4$,10 mm;9—$9×10^3$,20 mm。

图 3-17　扭转沿环形通道长度的衰减

说其等于肋片对通道轴倾斜角的正切值。图 3-18(a)为在通道 I 内得到的实验数据与根据式(3-55)和式(3-56)算得的扭转衰减结果的比较,计算时,对 h 为 20 mm 的情况($h/d_流 = 9.1$),取$(V_\theta/V_x)_0 = 1.25$。

正如前面所指出的,当 h 为 10 mm($h/d_流 = 4.5$)时,在肋片扭转机构出口的扭转小于肋片倾斜角的正切值$(V_\theta/V_x)_0 < 1.25$。在这些条件下提出的计算模型可以算出扭转机构出口附近的$(V_\theta/V_x)_0$值,该值由于流的严重扰动而难以测定。这时,实际的$(V_\theta/V_x)_0$值应当与提出的能够最完全描述实验数据计算关系式的计算值相符。图 3-18(b)为肋片扭转机构长 h 为 10 mm($h/d_流 = 4.5$)时,沿流从机构向下扭转衰减的实验数据以及取$(V_\theta/V_x)_{0计} = 1.1$时按式(3-55)和式(3-56)得到的近似计算关系曲线,这里$(V_\theta/V_x)_{0计}$为在扭转机构出口$(V_\theta/V_x)_0$的计算值,在此计算值下实验数据用关系式(3-55)描述。

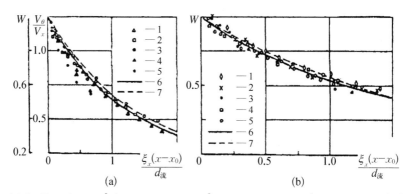

(a) 1—$Re_x = 2.5 \times 10^3$,$\xi_x = 0.045$;2—9×10^3,0.0325;3—3.8×10^4,0.0226;4,5—相应地,$(V_\theta/V_x)_0 = 0.87$ 和 1.87,$Re_x = 7.2 \times 10^4$,$\xi_x = 0.0194$,$r_内/r_外 = 0.4^{[38]}$;6—按式(3-55)计算;7—按式(3-56)计算;(b) 1—$Re_x = 2.5 \times 10^3$,$\xi_x = 0.045$,$(V_\theta/V_x)_{0计} = 0.9$;2—$4.7 \times 10^3$,$0.038$,$1.02$;3—$9 \times 10^3$,$0.033$,$1.02$;4—$2.2 \times 10^4$,$0.026$,$1.1$;5—$3.8 \times 10^4$,$0.023$,$1.06$;6,7—当$(V_\theta/V_x)_{0计} = 1.1$时,相应按式(3-55)和式(3-56)计算。$W = (V_\theta/V_x)/(V_\theta/V_x)_0$。

图 3-18　扭转机构长为 20 mm(a)和 10 mm(b)时,通道 I 内扭转衰减计算数据与实验数据的比较

图 3-19 为通道 II、III 内局部扭转衰减的实验数据和计算数据。图中的实验数据是按无量纲坐标 V_θ/V_x、$(V_\theta/V_x)/(V_\theta/V_x)_0$、$\xi(x-x_0)/d_流$ 进行整理的,这样就可以利用本研究的结果来计算该类型其他通道内局部扭转的衰减。应当指出,就所研讨的问题而言,进入式(3-53)和式(3-54)解的组合量 $\xi(x-x_0)/d_流$,在一定程度上类似欧拉准则,它表征相对厚度不大的环形截面通道

内工质在扭转机构之后区段的流动。在这一区段,流体元在扭转机构中获得的动量周向分量消耗在克服周向的摩擦力上。而组合量 $\xi(x-x_0)/d_{流}$ 表征的则是这个动量分量沿通道长度的相对变化,就像它表征在压力梯度方向用于克服摩擦力的压力损失一样。

当通道的相对厚度较小($\delta/r_{外} \approx 0.1$)时,扭转流曲线运动的特点表现较弱,当借助式(3-55)和式(3-56)分析扭转运动时,可以利用该通道轴向流动的经验水力阻力系数。在所研讨的情况下,不论对于直线流动还是曲线流

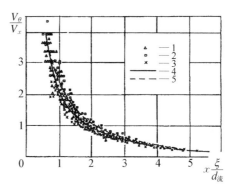

1—$d_{流}=4$ mm, $Re_x=1.18\times10^4$, $\xi_x=0.03$; 2—4, 5.57×10^3, 0.037; 3—2, 1.58×10^4, 0.028; 4,5—当$(V_\theta/V_x)_0=4$ 和 $x_0/d_{流}=0.7$时分别按式(3-55)和式(3-56)计算。

图 3-19　通道Ⅱ、Ⅲ内扭转衰减的计算数据与实验数据的比较

动,这一系数同样都能定量决定摩擦力与速度头之间的关系[38-39]。所以在计算扭转衰减和含有系数 ξ 的无量纲坐标中综合标示计算数据和实验数据时,$\xi(Re)$值是利用该通道在轴向流动条件下实验得到的关系式求得的。对通道Ⅰ、Ⅱ、Ⅲ得到的工质在 $5\times10^3 \leqslant Re \leqslant 10^5$ 范围内,实验所得轴向流动的水力阻力系数就像光滑通道本来应该的情况一样,可用布拉修斯方程(Блазиус 关系式)$\xi=0.3164/Re^{0.25}$[10]来描述。

式(3-55)和式(3-56)以工程应用的准确度描述 $r_{内}/r_{外}=0.89\sim0.945$ 的环形截面通道内局部扭转衰减的实验数据(见图 3-17、图 3-18)。在初始扭转较小[$(V_\theta/V_x)_0 \leqslant 2$]的条件下,式(3-55)和式(3-56)的准确度相近。随着初始扭转增大到 $V_\theta/V_x=4$,式(3-55)与式(3-56)之间的差别增大。同时,与式(3-56)比较,近似地取 ξ 为常数而得到的较简单的式(3-55)更加接近实验数据。这一点可做如下解释:在较大初始扭转值下,近似地取 $\xi(Re)=B/Re^n$ 得到式(3-56),没有考虑在通道进口段气流能量损失比扭转情况较小时的损失增大了,造成这种能量损失是由于该情况下保持在扭转机构中的气流获得了较强的流动特性。从扭转机构的独特性出发,进一步确定通道进口段的关系式 $\xi(Re)$,看来能改善(3-56)类型关系式与实验数据的近似程度。

实验数据与预先计算结果相符,从而证明可以利用提出的计算模型来预测环形截面通道($r_{内}/r_{外} \geqslant 0.09$)内有气流局部扭转的技术机构的特性。

3.2.4 螺旋棒束内的热传输研究

在研发温度场的计算方法时,为了使采用的过程模型中的方程组闭合,引入了有效热传输系数 $D_效$ 的概念。下面讲述实验测定 $D_效$ 的结果。

3.2.4.1 加热棒的温度场

在棒直径范围内可能发生温度不均匀性,这是因为在由大量棒组成的系统内可能有不同于计算释热和不同于计算几何尺寸的棒存在。温度不均匀性的幅度将沿燃料组件的长度变化,它们的值主要取决于释热不均匀性、与计算参数不同的棒长以及燃料组件径向热传输强度。科学家对温度不均匀性沿燃料元件长度的可能积累(棒后温度"痕迹"的发展)进行了实验研究[40]。

1) 实验装置

装置工作部分是一个 20∶1 的棒形燃料组件扇形段模型(孔隙率 $\Psi \approx$ 0.5)。工作部分有两个可换的棒束,二肋片式和四肋片式[相应地, $(S/d_棒)_2 = 13.5$, $(S/d_棒)_4 = 26$]。模型棒长度相当于 $l/d_流 \approx 50$。中心棒做成空心的,由厚 δ 为 0.3 mm 的薄片做成(其余棒是实心的)。对中心棒通电流进行加热。加热棒与毗邻棒之间是电绝缘和隔热的。

一叠展平网保证工作部分在进口截面上速度场能保持所需的均匀性。

科学家研究了模型出口截面上空气温度分布的规律。实验表明,在模型内离端口距离 15 mm 处,实际上可以排除端部效应的影响。

测量空气温度的热电偶和测量空气速度的全压管都固定在坐标器上。借助坐标器,传感器可以在三个互相垂直的方向上移动。坐标器准确度为 ± 0.05 mm。研究者测定了输入中心棒的电功率,测定了进口和出口截面边缘处的空气温度。温度测量的准确度为 $\pm 1.0\%$,在各种工况下测量空气流量的准确度为 $\pm(2\% \sim 4\%)$。

2) 实验数据处理方法

对于所研讨的过程模型在以上假设条件下,具有有限尺寸的一定强度热源温度场由下列方程和边界条件描述:

$$\frac{\partial^2 T}{\partial R^2} + \frac{1}{R}\frac{\partial T}{\partial R} - \frac{U}{D_效}\frac{\partial T}{\partial x} = 0 \tag{3-58}$$

$$\left.\frac{\partial T}{\partial R}\right|_{R=R_0} = 0, \quad \left.\frac{\partial T}{\partial R}\right|_{R=r_0} = -\frac{q_s}{K_效} \tag{3-59}$$

$$T(r)_{x=0} = 0$$

式中，r_0 为热源半径，在其表面满足 $\dfrac{\partial T}{\partial R}\bigg|_{R=r_0} = -\dfrac{q_s}{K_\text{效}}$；$K_\text{效} = C_P \gamma D_\text{效}$ 为有效热导率；U 为气体速度；R_0 为棒束组件半径。

利用本章开头在计算燃料组件温度场时研讨过的解法得到

$$T = \frac{2q_s R_0}{K_\text{效}\overline{r}_0}\left\{ \frac{\overline{r}_0^2 \overline{x}}{1-\overline{r}_0^2} + \sum_{n=1}^{\infty} \frac{1}{\lambda_n^2} \frac{W_0(\lambda_n \overline{R})}{W_0(\lambda_n \overline{r}_0)} \frac{1-\mathrm{e}^{-\lambda_n^2 \overline{x}}}{\left[\dfrac{1}{\overline{r}_0}\dfrac{W_0(\lambda_n)}{W_0(\lambda_n \overline{r}_0)}\right]^2 - 1} \right\}$$

$$(3-60)$$

式中，$\overline{x} = \dfrac{D_\text{效} x}{U R_0^2}$；$W_0(\lambda_n \overline{R}) = I_0(\lambda_n \overline{R}) Y_1(\lambda_n) - Y_0(\lambda_n \overline{R}) I_1(\lambda_n)$；$\lambda$ 为超越方程

式 $\dfrac{I_1(\lambda_n)}{Y_1(\lambda_n)} = \dfrac{I_1(\lambda_n \overline{r}_0)}{Y_1(\lambda_n \overline{r}_0)}$ 的根。

按照所用方法的性质，在解非齐次边界条件的题时，通常会得到收敛性不好的级数。为了改善式(3-60)的收敛性，我们采用文献[13]提出的方法。这就是从得到的解 T 中减去展开为相应任意二阶级数的微分函数 F，该函数满足与 T 相同的边界条件，对于差 $T-F$，我们将得到一个快速收敛的级数。

文献[13]推荐选用的函数 F 的形式如下：

$$F(\overline{R}) = \frac{-q_s R_0}{K_\text{效}} \frac{g(\overline{R}, \overline{r}_0)}{g_r'(\overline{r}_0 + 0, \overline{r}_0)}$$

$$(3-61)$$

式中，$g(R, \xi)$ 为广义格林函数。

这里，所谓格林函数是指下列方程的连续解：

$$L(g) = \frac{\mathrm{d}}{\mathrm{d}\overline{R}}\left(\overline{R}\frac{\mathrm{d}g}{\mathrm{d}\overline{R}}\right) = \overline{R} y_0(\overline{R}) y_0(\xi)$$

$$(3-62)$$

其边界条件为

$$g_R'\big|_{\overline{R}=\overline{r}_0} = 0, \quad g_R'\big|_{\overline{R}=1} = 0$$

$$(3-63)$$

所满足的条件为

$$\int_{r_0}^{1} \overline{R} g(\overline{R}, \xi) y_0(\overline{R}) \mathrm{d}\overline{R} = 0$$

$$(3-64)$$

$$g(\overline{R}, \xi) = g(\xi, \overline{R}) \tag{3-65}$$

$$g'_{\overline{R}}(\xi+0, \xi) - g'_{\overline{R}}(\xi-0, \xi) = -1/\xi \tag{3-66}$$

$y_0(\overline{R})$ 为方程 $L(y)=0$ 满足归一化条件 $\int_{\overline{r}_0}^{1} \overline{R} y_0^2(\overline{R}) d\overline{R} = 1$ 和在下列边界条件下的特征解:

$$y'_{0\overline{R}}\Big|_{\overline{R}=\overline{r}_0} = 0, \quad y'_{0\overline{R}}\Big|_{\overline{R}=1} = 0 \tag{3-67}$$

$$y_0 = \sqrt{\frac{2}{1-\overline{r}_0^2}}$$

在这种情况下我们得到按所研讨问题的特征函数写出的级数 F:

$$F = \frac{2q_s R_0}{K_{效}\overline{r}_0} \sum_{n=1}^{\infty} \frac{1}{\lambda_n^2} \frac{W_0(\lambda \overline{R})}{W_0(\lambda \overline{r}_0)} \frac{1}{\left[\dfrac{1}{\overline{r}_0} \dfrac{W_0(\lambda_n)}{W_0(\lambda_n \overline{r}_0)}\right]^2 - 1} \tag{3-68}$$

最终得到 T 的下列表达式:

$$T = \frac{q_s \overline{r}_0}{K_{效}} \Bigg\{ \frac{1}{1-\overline{r}_0} \left[\frac{2D_{效} x}{U_0 R_0^2} + \frac{1}{2}\left(\frac{R}{R_0}\right)^2 - \ln\frac{R}{R_0} - \frac{1}{4}(3+\overline{r}_0^2) - \frac{\overline{r}_0^2}{1-\overline{r}_0^2}\ln\overline{r}_0\right] +$$

$$\sum_{n=1}^{\infty} \frac{2}{\lambda_n^2 \overline{r}_0^2} \frac{W_0\left(\lambda_n \dfrac{R}{R_0}\right)}{W_0(\lambda_n \overline{r}_0)} \frac{e^{-\lambda_n^2 \frac{D_{效} x}{U R_0^2}}}{1 - \left[\dfrac{1}{\overline{r}_0} \dfrac{W_0(\lambda_n)}{W_0(\lambda_n \overline{r}_0)}\right]^2} \Bigg\} \tag{3-69}$$

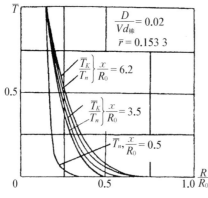

图 3-20 线性热源和有限尺寸热源的温度分布

对某些情况进行计算表明,在式(3-69)中取级数的前面两项就足够了。

图 3-20 为在其他条件相同的情况下温度随线性热源($T=\overline{T}_L$)和有限尺寸热源($T=\overline{T}_K$)变化的关系曲线。其中 $\overline{T}(R, x)$ 为按点(r_0, x)的函数值归一化的函数 $T(R, x)$。从图 3-20 可知,实验数据如按对线性源为正确的关系式处理,所得到的 $D_{效}$ 值偏高,所以实验都用式(3-69)进行处理。但是,在评

估所研讨系统的温度扰动时,在小于 $\bar{r}_0(\bar{r}_0$ 约为 0.1)的情况下可以认为源是线性的。

3)实验结果

为了在工作段进口处得到均匀的空气速度场,在棒前放置了孔隙率 $\varPsi$ 大于 0.5 的一叠网格。采用的网格系统保证平均速度场有相当好的均匀性。

图 3-21、3-22 为模型横截面上的空气温度分布曲线。实线是组合量 $D_{效}/Ud_{棒}$ 为相应值时的理论曲线[式(3-69)]。由图 3-21、3-22 可见,实验点落在了理论曲线上。这一结果证明所采用的计算方案是正确的,可以说以效率 $D_{效}$ 表征的螺旋棒束网格内的输运性质是各向同性的。

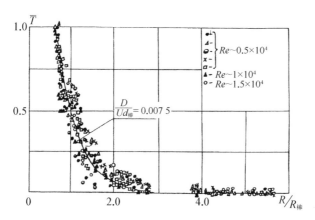

图 3-21　四肋片棒模型中沿半径的空气温度分布

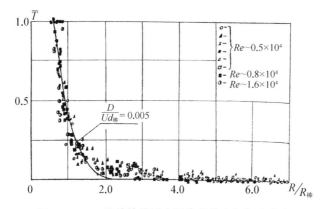

图 3-22　二肋片棒模型中沿半径的空气温度分布

研究者在有两种棒束(二肋片式和四肋片式,相应地 $S/d=13.5$ 和 $S/d=26$)的模型中做了不同空气速度的实验。试验工况的范围包容雷诺数

$Re=(0.4\sim1.9)\times10^4$。通过在模型端口处测量工质流量和空气温度来计算速度。因此,速度测定的准确度是足够的,因为实验中速度的变化范围很大,而且正如在图 3 - 21 和 3 - 22 上看到的,在所研讨的速度变化范围内,组合量 $D_效/Ud_棒$ 的值实际上(在实验准确度的范围内)与速度的绝对值无关。实验数据处理后证明,r_0 值在所选取的值 $\bar{r}_0=0.11$ 附近(直到 $\bar{r}_0$ 为 0.15)变化时,实际上不影响组合量 $D_效/Ud_棒$ 的值。

图 3 - 21 为四肋片棒的实验结果。实验点落在组合量 $D_效/Ud_棒=0.0075$ 的理论曲线上。

对于二肋片棒(见图 3 - 22),实验点也落在 $D_效/Ud_棒=0.005$ 的相应曲线上,只有在半径变化范围 $R/R_棒$ 为 2.0~3.0 时,实验点分布在理论曲线上方。

对于二肋片棒在这一半径范围表现出来的空气温度变化特性可以这样解释:这里的横截面性质比四肋片棒有更强的各向异性(在棒的孔隙率和外切直径相同的情况下,二肋片棒的肋片厚度几乎是四肋片棒的两倍)。如果只研讨气体中的径向坐标变化,那么,该半径范围的实验点也落在理论曲线上。从估算结果可以看出,与径向热流相比,沿棒的纵向热流可以忽略。为了进行定性比较,表 3 - 1 列出了通道内湍流条件时输运系数的一些数据。

表 3 - 1 通道内湍流条件下输运系数数据

工程圆管(在流的轴线上)[26]	$D/Ud\approx0.001$
圆管,沟槽[27]	$D/Ud=0.001\sim0.004$
工程圆管内的栅格之后[26]	$D/UM=0.015\sim0.048$
并联通道系统之后[7,32]	$D/UM=0.0488$
$S/d_棒=13.5$ 的二肋片棒(本研究的数据)	$D_效/Ud_棒=0.005$
$S/d_棒=26$ 的四肋片棒(本研究的数据)	$D_效/Ud_棒=0.0075$

注:D 为湍流扩散系数;d 为圆管直径;M 为通道中心间距(栅格参数)。

从表 3 - 1 的数据可知,所研讨棒类型的系数值处于工程圆管[26-27]与工程圆管内栅格之后和通道系统之后[26]有湍流时相应的扩散系数值之间。棒的组合量值比工程圆管的更高,这一点可做如下解释:其一是前者中心流速度场更不均匀,其二是由于气体被棒肋片扭转导致更高的湍流强度,从而沿棒束径向存在某种平均的(有组织的)输运。应当指出,后一种效应可能与径向温度梯度有关(气体被棒加热时,"冷"微粒扩散运动的方向与离心力作用的方向相反)。

工程圆管内栅格后和并联通道系统后的输运系数 D/UM 之值高于所研讨棒束的值,这是由于前者平均速度场的初始不均匀性更大。

在所进行的研究中,选用的热源形式没有给气体的流动性质带来附加的特殊性,实验数据的处理方法考虑了热源尺寸的有限性。这些实验结果可以用来计算与上述计算参数不同的棒后温度不均匀性。在图 3-21、3-22 上,根据 $R/R_{棒}=2.0\sim3.0$ 时实验点的特殊性可以推测,在计算燃料组件直径范围的温度不均匀性时,热传输系数在形式上可能有另外的值。

因为模型棒与实际燃料组件的元件在几何形状上相似,且满足流动的流体动力相似条件(雷诺数相同),因而得到的结果可以用来计算实际燃料组件。

所进行的试验表明,棒状燃料组件可能发生积累性的温度不均匀性。棒内释出的过剩热量还来不及在很大程度上扩散到带有计算参数的气流区域。这意味着,测定工质在燃料组件内加热的平均温度时,必须考虑在所研讨范围内出现温度不均匀性的可能性。利用组合量 $D_{数}/Ud_{棒}$ 的测定值进行计算,我们能估算出不同于计算参数棒后可能有的温度不均匀性值,从而论证对保持几何尺寸和棒内释热量准确度的要求。

3.2.4.2　螺旋棒束内的热传输

1) 实验装置简述

装置的工作部分是 1∶1 的燃料组件扇形段过流部分的模型(圆管内径等于绝热层的内径,棒束是可换的)。所研究的棒束用支承栅格固定在圆管内,栅格则固定在出口法兰上。科学家研究了如下结构的栅格:在栅格每个六边形通道的横截面中内切棒束中的一根棒。棒束的各棒与栅格网格的同心性用棒束和栅格共有的填块来保证(栅格孔隙率 Ψ 为 0.9,栅格长 25 mm,通道壁厚为 0.05 mm,六边形通道"对边"尺寸等于棒的外径,即 2.2 mm)。

向棒束的中心部分(由 19 根中心棒组成的网格)通入较高温度的空气(指示流量),向其他棒间通入的空气温度较低(基本流量)。用一个与棒组件同心的喷嘴将工质通入中央网格,喷嘴端部是用厚 1 mm 薄片制成的六边形通道(实验中后者长度为 25 mm 和 85 mm)。在所述试验中,该六边形进入棒组件中深度分别为 18 mm 和 82 mm,这样就消除了由于端部效应引起的起始断面的温度误差。当起始断面安排在组合件进口时,这种误差是固有的。

实验中工质流量测量的准确度为 2%～3%,温度测量的准确度为 ±0.1℃。

科学家对模型出口截面的空气温度分布规律进行了研究。

预备试验表明,热电偶插入支承栅格的深度为 $2\sim10$ mm 即可消除端部效应的影响,并且热电偶的指示与它的位置无关。在这种情况下,研究者测定了工质在相应棒的每个单元网格内的平均温度(每次测定都在 127 个栅格网格中进行)。栅格网格内的空气温度用端直径为 0.3 mm 的热电偶测量。热电偶固定在坐标器上,借助后者可在三个互相垂直的方向移动。坐标器的准确度为 ±0.05 mm。

2) 实验数据处理方法和实验结果

对所选取的过程模型,忽略纵向的分子输运和"湍流"扩散,并假定系数 $D_{效}$ 在截面上保持恒定,而且随着离扰动源的距离增加而变化不大,可以得到

$$U\frac{\partial T}{\partial x} = D_{效}\left(\frac{\partial^2 T}{\partial r^2} + \frac{1}{r}\frac{\partial T}{\partial r}\right) \tag{3-70}$$

$$\left.\frac{\partial T}{\partial r}\right|_{r=r_0} = 0,\ \left.\frac{\partial T}{\partial r}\right|_{r=0} = 0,\ T|_{x=0} = f(r)$$

式中,r_0 为圆管内半径。

方程的解为

$$\theta = \theta_{标}\left[\overline{r}_{源}^2 + \sum_1^K \frac{2\overline{r}_{源}}{\lambda_K}\frac{J_1(\lambda_K\overline{r}_{源})}{J_0^2(\lambda_K)}J_0(\lambda_K\overline{r})e^{\lambda_K^2\overline{x}}\right] \tag{3-71}$$

式中,$\theta_{标} = \theta|_{\overline{x}=0,\overline{r}=0}$;$\lambda_K$ 为方程 $J_1(\lambda_K)=0$ 的根;$r_{源}$ 为扰动源半径;$\theta = T - T_0$。

图 3-23~3-26 为模型横截面上的空气温度分布曲线。曲线符合方程(3-71)(每条曲线 $D_{效}/Ud_{棒}=$ 常数)。$\overline{\theta}$ 为按点 $(0,x)$ 归一化的函数 $\overline{\theta}(\overline{r},\overline{x})$。从图可见,实验点落在理论曲线上。这一结果证明所采用的计算方案是有充分依据的,并且可以说以有效系数 $D_{效}$ 表征的螺旋棒束内的输运性质是各向同性的。

研究者在模型中做了不同速度下的实验,根据在模型进口和出口工质流量和空气

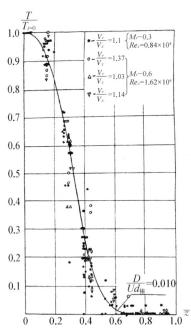

图 3-23 燃料组件的径向温度分布
(四肋片棒,$Ma < 0.5$)

温度的测量结果计算速度。

速度测定的准确度是足够的,因为,实验中速度的变化范围很大,而且正如从图 3-23～3-26 中看到的,在中等速度($Ma \leqslant 0.5$)下,组合量 $D_{效}/Ud_{棒}$ 的值实际上与速度的绝对值无关,也与工质的基本流量和指示流量的速度差无关(在所研讨的变化范围内)。

(1) 四肋片棒。

模型主要的几何参数:棒数 z 为 151,长 l 为 100 mm,$S/d_{棒}$ 约为 46。

图 3-23 给出了速度 $Ma < 0.5$ 时的实验结果。实验点落在组合量 $D_{效}/Ud_{棒} \approx 0.01$ 的理论曲线上。当雷诺数在 $(0.7\sim1.8)\times10^4$ 内变化时,没有观测到组合量 $D_{效}/Ud_{棒}$ 随 Re 而变。

实物条件下的流动速度在燃料组件的长度方向和径向都有很大的梯度。气体高速流动(棒束出口的速度 Ma 为 0.8～1,而在实物燃料组件中 Ma 为 0.3)时,棒束有相当大的水力阻力,从而在模型中形成纵向速度梯度。在中等速度下难以模拟沿燃料组件长度明显的速度变化。

Ma 为 0.8～1 的试验结果(见图 3-24)表明,与 Ma 为 0.3～0.6 的实验相比,源后的径迹消散得较慢,温度断面在很大程度上取决于气体的基本流量与指示流量的速度之比。后面这一点可以这样解释:当 V_r/V_x 相同时,随着速度的增加,在工质指示流量与基本流量分界处的速度偏移也增大。需要指出,在有纵向速度梯度的流动条件下,有效热传输系数会减小一些。

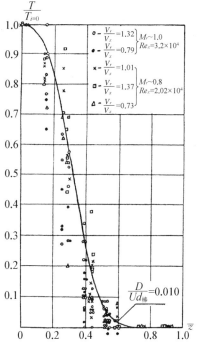

图 3-24　燃料组件的径向温度分布 (四肋片棒, $Ma \approx$ 0.8～1.0)

(2) 二肋片棒。

模型主要的几何参数:棒数 z 为 151;l 为 100 mm、200 mm;$S/d_{棒}$ 约为 13.6。

图 3-25、图 3-26 给出了模型横截面上的空气温度分布。由图可见,试验点落在 $D_{效}/Ud_{棒}$ 为 0.017～0.027 的理论曲线上。

研究者在模型中做了各种速度下的实验(在实物雷诺数下),根据工质流量和空气温度的测量结果计算速度。因此,确定速度的准确度是足够的,因为实验中速度的变化范围很大,而且正如从图 3-25 和图 3-26 中看到的,组合量 $D_{效}/Ud_{棒}$ 实际上与速度的绝对值无关,也与工质的基本流量和指示流量速度之差无关(在所研讨的变化范围内)。

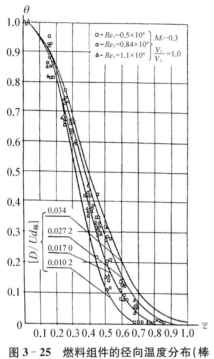

图 3-25 燃料组件的径向温度分布(棒长为 200 mm 的二肋片棒)

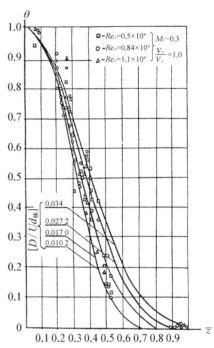

图 3-26 燃料组件的径向温度分布(棒长为 2×100 mm 的二肋片棒)

相关学者研究了燃料组件内棒扇形段接缝对热传输特性的影响。图 3-25 给出了棒长为 200 mm 组件的实验结果。实验点落在 $D_{效}/Ud_{棒} \approx 0.02$ 的理论曲线上。在实验准确度的范围内,雷诺数在 $(0.6 \sim 1.1) \times 10^4$ 的范围内变化时,没有发现组合量 $D_{效}/Ud_{棒}$ 随 Re 而变。图 3-26 为由两个棒长为 100 mm 的串接安装扇形段组成的组件内的试验结果。需要指出,由两个扇形段组成的组件内有效热传输系数有减小的趋势(图 3-26 上的实验点聚集在理论曲线的左边)。这种效应可以定性地解释为,当扇形段接缝处棒的横截面偶然取向时,气体沿棒的有序旋转遭到破坏。为了确定无量纲参数 $D_{效}/Ud_{棒}$ 最可能的值,研究者对实验数据进行了统计处理。

研究者对二肋片棒的下列实验数据进行了处理:

（1）无接缝组件内（棒长为 200 mm 的棒束），$V_r/V_x = 1$ 时的实验数据；

（2）棒长为 200 mm 的无接缝组件，当 $V_r/V_x \neq 1$（基本流量与指示流量的气体速度初始断面都是非均匀）时的实验数据；

（3）有接缝组件（由两个长为 100 mm 的燃料组件扇形段组成），当 $V_r/V_x = 1$ 时的实验数据。

统计处理后确定了实验点与 $\left(\dfrac{D_{效}}{Ud_{棒}}\right)$ 相应理论曲线之间的偏差，即 δ_i。

由实验点与理论曲线的均方根偏差所决定的函数 $\varphi\left(\dfrac{D_{效}}{Ud_{棒}}\right)\sqrt{\sum \delta_i^2}$ 的最小值对应最可能的 $\left(\dfrac{D_{效}}{Ud_{棒}}\right)$ 值。该函数的最小值对应 $\left(\dfrac{D_{效}}{Ud_{棒}}\right)$ 的值约为 0.02。

由实验确定有效输运系数的方法符合本章提出的计算基于螺旋棒的燃料组件内温度场的数学模型。按照该方法得到的实验数据曾用于预测实物试验条件下燃料组件的热工状态。

3.3　研发模拟燃料组件的结构

3.3.1　模拟燃料组件内工质加热过程的特点

模拟燃料组件是在反应堆 ИГР 内进行核火箭发动机部件实物考验的第一个对象。

第一组试验和第二组试验的对象之一是呈蜂窝状分布的 19 根通道组成的元件[32]。

在研发的通道单元方案中，使用采用的制造工艺，在模拟单元结构中设置混合集流管和铀浓度沿燃料元件长度的构型调节（纵向释热构型调节），使燃料元件材料和工质达到实物的温度。前面曾说过，混合集流管的作用是消除工质在燃料元件截面上可能的温度不均匀性。在并联、隔离通道系统内，由于通道的水力阻力和热负荷不同，可能造成温度不均匀。下面是一些典型的温度不均匀性：与燃料元件加工工艺不佳（元件几何参数和工艺参数可能偏离相应的计算值，包括通道直径、通道间连接管厚度、易裂变物质浓度等的偏差）有关的通道间距范围的温度不均匀性，由于组合件内释热"耗竭"和热量流入隔热层而引起的燃料元件直径范围内的温度不均匀性。所以，在燃料元件组合件之后，沿截面工质的温度、速度和密度都是不均匀的。在混合集流管内不均匀性被部分或完全消除(这取决于不均匀性的范围和幅度以及混合集流管的效率)。

研究者对未安排消除温度不均匀性措施(无混合集流管)和很好地安排了消除温度不均匀性措施(4个混合集流管)的模拟元件进行计算,结果表明加热工质(氢)的温度 $T_{出}$ 分别为 1 600 K 和 2 360 K。由计算得到的工质和通道壁的平均温度沿燃料元件长度的变化如图 3-27 所示。

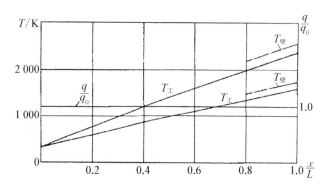

图 3-27　当沿模拟燃料组件长度热流密度不变 ($q/q_0 =$ 1.0) 时,工质温度($T_{工}$)和通道壁温度($T_{壁}$)沿长度的变化

研究者在决定工质在燃料元件内被加热的温度时,做了下列假设:

(1) 在考虑可能的温度不均匀性后,基体材料(石墨)防护涂层的温度达到涂层稳定性要求的最高容许温度,但任何地方都不超过该温度。

(2) 混合集流管使温度不均匀性降低,工质到下一个组合件进口处的温度不均匀性为上一个组合件内工质加热温度的 5%($\Delta T/T = 5\%$)。

(3) 沿燃料元件长度释热保持恒定,释热量由计算确定(根据文献[2,6]的数据,在反应堆 ИГР 内沿模拟燃料组件活性段长度上的中子注量率实际上呈线性变化,其值从燃料组件进口截面到出口截面下降 25%~30%)。

计算模拟燃料组件的主要原始数据如下:

(1) 单元进口的工质温度 T 为 320 K;

(2) 根据涂层稳定性要求的容许温度 $T_{壁,容许}$ 为 3 000 K;

(3) 可能的铀浓度不均匀性 $\Delta\rho/\rho$ 为 5%;

(4) 功率水平保持准确度 $\Delta q/q$ 为 5%;

(5) 燃料元件活性段长度 L 为 500 mm;

(6) 通道水力直径 d 为 1.15 mm;

(7) 通道间距 h 为 1.60 mm；

(8) 防护涂层厚度（碳化铌）r 为 70 μm；

(9) 涂层热导率 λ 为 14 W/(m·K)；

(10) $d_{流}$、h 的可能偏差 $\Delta d_{流} = \Delta h = \Delta d = \pm 0.04$ mm。

研究者确定了采用由通道燃料元件组成的燃料组件结构释热沿长度变化的最佳规律。所谓"最佳"的意思是，在设定的燃料组件长度上工质被加热到最高温度。研究者采用与确定混合集流管设置效果相同的方法和原始数据进行了计算。图 3-28 为沿燃料组件长度释热（q_v）最佳变化规律和与其相应的工质平均温度 $T_{工}$ 和通道壁平均温度 $T_{壁}$ 的变化（图 3-27 为释热沿单元长度保持恒定的燃料元件参数的变化）。

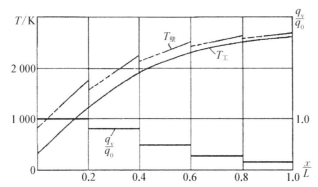

图 3-28　在纵向释热构型调节的最佳规律情况下，工质温度和通道壁温度沿燃料组件长度的变化

计算结果表明，在燃料组件结构中设置混合集流管并进行纵向释热构型调节可使工质加热到 2 640 K（在燃料组件释热沿长度保持恒定并且有 4 个混合集流管的情况下，工质被加热到 2 360 K）。

前面说过，燃料组件内铀浓度的纵向构型调节能改善其热工特性，一是因为在限制壁温的情况下，降低燃料组件出口热流密度可使工质加热到更高的温度；二是因为当存在由燃料元件加工工艺不完善引起的温度不均匀时，高热流密度区处于低温区更为有利（后者这样解释：燃料元件参数与相应计算值的相对偏差相同时，高热流密度区的温度超调更大）。如果硬性限定热流密度（根据结构热稳定性的条件）和铀浓度之值，构型调节将不够有效。

对集流管内混合过程的计算和研究结果表明，为了在所采用的通道元件结构中使工质达到较高温度，在已知的加工工艺条件下，必须设置混合集流管并进行纵向释热构型调节,研究者在此基础上研发了燃料组件过流部分的结构,如图 3-29 所示。

图 3-29　模拟燃料组件的结构

过流部分(严格说是燃料组件活性段)是由 5 个释热组合件(见图 3-29 中 4)组成的组装件。每个组合件为含铀的六边形石墨棱柱(外接圆直径 d 为 7.2 mm,棱柱高 l 为 100 mm),并联通道系统穿透棱柱(通道数为 19,通道分布为蜂窝式,通道直径 $d_{流}$ 为 1.15 mm,通道涂层为碳化铌)。燃料组件内各组合件用石墨套管连接。连接套管(见图 3-29 中 5)的结构如下:在装配燃料组件时使任意两个组合件之间形成一个腔室,这就是混合集流管,其作用是消除每个组合件之后沿截面的温度不均匀性。燃料组件结构图上给出的集流管是一个自由空间(组合件两端之间的距离为 x,相应的 x/h 为 6.25;h 为通道间距,其值为 1.6 mm;连接套管内径 d 为 7 mm)。活性段过流部分的内表面用碳化铌涂层保护。Келдыш 中心研发了在高温下以气相沉积方式给石墨上涂层的工艺,该工艺可保证涂层获得所需的厚度和质量。

燃料组件活性段的低温部分(工质进入第一个组合件的进口)有一波纹管连接件(见图 3-29 中的 2)连接进口套管 3 和进口组件 1(进口组件将燃料元件组合件与工质供气管相连)。波纹管连接件的作用是补偿燃料组件加热时组合件的纵向膨胀,并产生预先压紧燃料组件活性段和密封垫的力。套管之间的空间填充隔热层 6(隔热材料是高温石墨),使得从燃料组件活性段长度直到端部套管的区段,带隔热层的组合件直径正好等于连接套管的外径。第二层隔热层(见图 3-29 中的 7)的作用是减少从燃料组件套管的热损失,同时也进一步减少燃料组件的热损失。装配好的燃料组件活性段包括燃料组件组合件、隔热层和套管,活性段装入金属外壳中。燃料组件的外壳由内管 8(管材料为钢)和外管 9(管材料为铝)组成。两根管之间的空隙通入冷却水。为了减少工质对组合件周围通道壁的载荷,向由内管 8、石墨棱柱和套管的外表面、密封垫 11、波纹管连接件 2 形成的空腔通入减载惰性气体。模拟燃料组件的结构中还有专门测量组件出口气体温度的装置,即气体动力温度计,关于它的结构和演练结果将在第 4 章叙述。

本节所述的计算结果表明,在所采用的由通道燃料元件组成的燃料组件结构中,在已知可能的加工工艺下,可以有把握地使工质在燃料组件出口的平均温度达到 2 600～2 700 K。

利用碳化物燃料元件的改进型燃料组件的实验使氢的加热温度提高到 3 000 K。燃料组件结构采用螺旋棒来代替石墨棱柱,由难熔金属碳化物制造螺旋棒的工艺比通道组合件的制造工艺更为简单。Келдыш 中心的工艺生产综合部制造了 30 多套模拟燃料组件,这些组件后来通过了在反应堆 ИГР 内的考验。

3.3.2　燃料组件通道的最佳水力直径

燃料组件通道的最佳水力直径是指在该直径下,当设定燃料元件材料的最高容许温度 $T_{max,容许}$ 和已知燃料元件的参数与相应计算值的可能偏差下,工质被加热到最高温度。图 3 - 5 给出对于 4 种燃料组件方案以及组件出口工质温度 $T_{出}$ 随通道水力直径变化的关系曲线。计算结果表明,通道直径从 1 mm 减小到 0.5 mm,并不能明显提高工质在燃料组件内的加热温度 $T_{出}$[在方案(1)中,通道直径从 1 mm 减小到 0.5 mm,导致 $T_{出}$ 降低]。可以这样解释:在几何尺寸(通道直径 $d_{流}$、通道间距 h)与相应计算值的绝对偏差相同的情况下,随着绝对尺寸的减小,相对偏差($\Delta d_{流}/d_{流}$、$\Delta h/h$ 等)将增大,从而导致温度不均匀性增大。此外,$d_{流}$ 的减小将给燃料元件加工过程带来更多困难,并导致燃料元件的水力阻力增大。对于所有方案,从 $d_{流}$ 为 1 mm 开始,随着通道直径增大,工质在燃料元件内加热的温度都将降低。在这些条件下的最佳直径 $d_{流}$ 为 0.9～1.1 mm(Келдыш 中心制造的燃料组件其 $d_{流}$ 为 1.1～1.5 mm)。

在燃料元件活性段长度和通道直径相同的情况下,增加混合集流管数量(减小燃料元件组合件的长度)可能使工质加热温度升高。如果在方案(3)($d_{流}$ 为 1.5 mm)中用 5 个混合集流管(组合件长 l_8 为 100 mm)来代替 4 个混合集流管,那么工质在燃料组件内的加热温度将升高到 2 630 K。

通过详细分析,对于每一种燃料组件结构,可以确定其通道的最佳(考虑到可能的偏差,在设定最高容许温度 $T_{max,容许}$ 并在压力损失最小的情况下使工质加热到最高温度)水力直径和混合集流管的数量。

模拟燃料组件在反应堆 ИГР 内的考验结果将在后面(第 4 章)叙述,这些结果证实,论证燃料组件结构所进行的计算研究和实验研究以及对实物考验时燃料组件热工状态的预测都是正确的。

3.4 核火箭发动机反应堆的中子物理

3.4.1 反应堆中子物理特性的计算

核火箭发动机反应堆在保证控制核裂变反应和应有的排热情况下,应当具有尽可能小的质量和外形尺寸,这是对所有星载宇宙火箭发电装置的共同要求。但是,针对核火箭发动机和核发电装置的反应堆,这方面的要求更高,这是由于反应堆尺寸直接影响辐射防护结构和隔热构件的质量,从而使得核火箭发动机或核发电装置的质量与反应堆尺寸的依赖关系更加密切。因此,就必须应用高功率密度(以堆芯单位体积内释出的能量来量度)的反应堆,其同类指标比固定式气冷反应堆高几个数量级。还有一个影响核火箭发动机反应堆中子物理的因素,这就是在反应堆结构中不可避免地要使用耐高温的通常具有高中子吸收截面的材料。此外,航天反应堆的特点包括具有高速率的过渡过程以及在所有运行阶段对辐射安全和核安全的特殊要求。这些在中子物理和热物理方面对核火箭发动机反应堆相互矛盾的要求,导致在核火箭发动机内必须采用热中子反应堆或超热中子反应堆(译注:美国有采用快堆的方案)。也就是说,在这种反应堆中,易裂变材料核裂变的主要部分是与能量水平为 0.25~0.4 eV 的中子反应而产生的。中子的初始能量约为 2 MeV,在与慢化剂核相互作用过程中降低到 0.25~0.4 eV 的水平。

核火箭发动机反应堆最适合用的易裂变材料是^{235}U 含量为 90% 的富集铀(更高的富集度使富集铀的成本大大提高,因而在火箭技术中几乎不使用)。铀的中子物理特性是这样的:每次裂变事件产生的平均中子数 v_f 为 2.5,热中子裂变截面 σ_f 为 580×10^{-24} cm^2,从保证燃料元件内所用难熔材料的耐热性和强度出发选用合适的铀浓度,随着发动机推力水平的不同,铀装料量为数千克或数十千克就能保证反应堆达到临界尺寸。

核火箭发动机反应堆的物理特点:小尺寸(因而中子在慢化和扩散过程中离开堆芯的泄漏率较高),结构非均匀,有多种不同种类的材料,保证反应堆可控和安全的温度范围,功率范围很宽。这些特点要求采用最精确的计算方法,要考虑中子与堆芯多种材料之间相互作用的细微差别。在 20 世纪 50—90 年代,这些方法在核火箭发动机研发计划进展过程中不断完善,求解中子迁徙动力学方程的方法从所谓扩散近似法（二群或多群变换）发展到蒙特卡罗法（该法研究每个中子从产生到灭亡的遭遇）和只有在先进计算技术出现以后才有可能实现的现代计算方法[41-43]。计算的最终准确度主要取决于热中子与堆芯和反射层各种材料相互作用的截面值，也取决于计算时选择的反应堆物理模型是否完全合适。

核火箭发动机反应堆（见图 3-30）中子物理计算的任务如下：

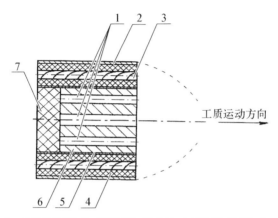

1—燃料组件（组成：燃料元件、隔热层、金属外壳、工质）；2—反应堆外壳；3—中子功率控制鼓；4—侧向中子反射层；5—将慢化剂与反射层隔开的金属筒体；6—中子慢化剂；7—端部反射层。

图 3-30 核火箭发动机固相反应堆的物理示意图

（1）确定反应堆堆芯的临界尺寸和最佳形状（直径与高度之比），或者从热物理考虑出发设定堆芯尺寸和形状，确定反应堆内易裂变材料的临界装料量；

（2）求出反应堆内中子空间能量分布，它将决定堆芯沿高度和半径方向的释热分布；

（3）估算慢化剂材料（水、石墨、氢化锆）、反射层材料（铍、氧化铍）、燃料组件结构材料对反应堆临界参数的影响；

（4）为了优化燃料组件的数量和直径，对燃料组件的数量、直径和堆芯内布置的各种方案求反应堆的临界参数；

（5）确定反应堆的反应性裕度，并研究堆芯各部件的结构特性、工艺公差、所用材料中的杂质等因素对反应性的影响；

（6）确定反应堆的控制、调节和保护系统各机构的单个效率和组合效率，其中包括研究反应堆功率旋转式控制鼓一起工作时的干涉（相互影响），以及控制、调节和保护系统各机构工作时引起的反应堆功率空间（周向和径向）分布的畸变；

（7）确定当反应堆从初始温度预热到工作温度时反应性温度效应的符号和量值，确定由于向反应堆通道输入氢（它是中子的额外慢化剂）引起的反应性密度效应；

（8）预测反应堆在运行期间的反应性变化，其中包括研究诸如易裂变材料燃耗、中毒和结渣以及铀扩散进入工质管系等过程对反应的影响；

（9）研究从反应堆外表面发射的中子和γ辐射流的空间分布和能量特性，其目的是确定设计辐射防护和热屏蔽所需的原始数据，确定计算发动机和航天器在反应堆外的部件释热所需的原始数据；

（10）分析某些假想的事故情景，包括在反应堆周围出现很厚的（物理上厚度无限）水层，或者控制、调节和保护系统在工作中发生一些具体故障。

虽然，反应堆中子物理计算研究过程要解决的问题多种多样，但所采用的计算流程基本上是相同或相近的。

例如，要求确定在燃料组件外壳结构材料内总量为 G（单位为 kg）的吸收中子的杂质 X 对反应堆反应性的影响。在这种情况下，根据采用的流程，首先不考虑杂质 X，计算设定材料组成、几何尺寸、堆芯内的中子有效增殖系数（$k_效$），然后考虑杂质 X，进行同样的计算。有了差值 $\Delta k_效 = k_{效x} - k_{效0}$，就可能以线性近似的方法确定杂质对反应堆反应性的影响：

$$\frac{\mathrm{d}k}{\mathrm{d}G} = \frac{\Delta k_效}{G}$$

其中一个重要的问题是计算 $k_效$ 与堆芯半径 $R_芯$ 和燃料组件数量 $n_{组件}$ 的依赖关系。对不同的 $R_芯$ 和燃料组件数量 $n_{组件}$ 进行多次计算，根据其结果绘出曲线 $k_效 = f(R_芯, n_{组件})$（见图 3-31），在此基础上再考虑其他因素从而选择最佳的 $R_芯$ 和 $n_{组件}$。

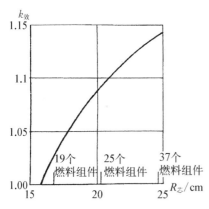

图 3-31　反应堆内中子有效增殖系数与堆芯半径和燃料组件数量的关系曲线

同样地可以确定装设端部中子反射层对 $k_{效}$ 的影响。计算不同端部反射层厚度 $h_{端}$ 对应的 $k_{效}$，然后绘出关系曲线 $k_{效} = f(h_{端})$（见图 3 - 32），这样就可以对采用端部反射层是否合理有效得出结论。对于发动机反应堆"11Б91"（ИРГИТ），据计算，当装设一个端部反射层时，$k_{效}$ 最大增加 2.5%。如果装设第二个端部反射层，则可增加 5%，但是从结构的角度看，在核火箭发动机反应堆的"热段"（喷管前）采用端部反射层是不可能的。

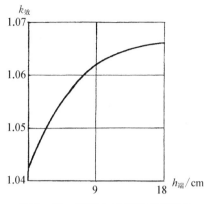

图 3 - 32　端部中子反射层效率与反射层厚度的关系曲线

同样地还可以计算侧反射层的效率，评估各种间隙、零件加工的公差、易裂变材料的燃耗、结渣等影响。至于要对温度效应和密度效应进行估算，就要采用计算-实验联合的方法。按照这种方法，先计算工质在各种温度和密度下反应堆的 $k_{效}$，然后做下列实验进行补充并进一步将堆芯加热到容许温度（反应堆无冷却）后，将得到的数据外推到工作温度区。得到可靠的数据对于反应性温度效应的符号和量值十分重要，因为，总温度系数为负值的反应堆（在这种情况下反应堆不同部分对温度变化的反应可能不同。例如，堆芯温度升高可能降低反应堆的反应性，而反射层温度的升高则可能提高反应堆的反应性）比较容易控制，从而更加安全。

3.4.2　反应堆中子物理实验研究

核火箭发动机反应堆有大量中子物理问题难以只用计算方法进行研究。属于这类问题的有燃料组件紧密栅格（取决于由于必须尽可能减少反应堆质量导致的热物理和横向尺寸最小化的要求）非均匀反应堆的物理特性、燃料组件直径的优化、慢化剂在堆芯内所占的体积份额、燃料元件内铀的浓度、反射层材料和厚度的选择等问题，以及控制鼓的分布、堆芯体积功率分布及其他问题。

为了研究这些问题，原子能研究所（ИАЭ）和物理动力研究院（ФЭИ）建造了若干物理实验台架。第一批中的一个是 1962 年在物理动力研究院建造的实验台架 ИР - 20，其中有一个用水作为慢化剂的非均匀堆。利用此台架首次研究了最小推力核火箭发动机反应堆的物理参数，根据这些研究，科学家于 1966 年完成了推力为 3.6 t 的核火箭发动机的初步设计。

图 3 - 33 实验台架上反应堆 11Б91 - ИР - 100(ИРГИТ)的物理模型

科学家运用在实验台架 ИР - 20 得到的经验,于 1968 年在该研究院建造了物理实验台架"箭"("Стрела"),台架上安装了一个非常接近核火箭发动机反应堆的物理模型(见图 3 - 33)。科学家特别在这个模型中使用了实物几何形状和配置的燃料元件和燃料组件,同时进行了计算和台架实验工作,获得了一系列重要结果[44]。

研究者首先从理论上确定了反应堆各几何特性(燃料组件直径、慢化剂体积份额、反射层厚度)与燃料元件内铀浓度之间的最佳关系,然后为了找出最佳浓度范围,根据一次近似得到的几何参数,将其转换成铀的装料量。同时,在改变慢化剂体积份额和反射层厚度的情况下,计算不同铀浓度条件下反应堆的临界参数。用这种计算-实验联合的研究方法,研究者根据不同铀浓度 C_{235_U} 和每种情况下的最佳反射层厚度,确定了反应堆(在反射层内)的最小直径 $D_{堆}$ 与燃料组件间距 L 的依赖关系(见图 3 - 34)。

科学家还用联合方法研究了诸如铀装料量、燃料组件布置、反应堆高度等特性对反应堆有效增殖系数的影响。研究者用燃料组件在慢化剂中的布置保证堆芯径向功率不均匀因数最小,研究了控制鼓转角对功率场构形的影响(见图 3 - 35)。由图 3 - 35 可见,转动少数控制鼓会使功率分布发生明显畸变。因此,必须使尽可能多的控制鼓(处于最大转角的应急保护控制鼓除外)同时同相转动以控制反应堆。

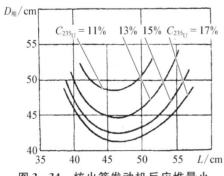

图 3 - 34 核火箭发动机反应堆最小尺寸的计算-实验论证

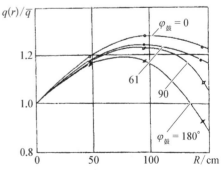

图 3 - 35 通过控制鼓转动不同角度补偿反应堆径向功率分布

　　研究者通过实验确定了随鼓的直径和装有中子吸收剂的扇形段数量变化的控制鼓效率、各控制鼓的干扰指数、工作过程中反应性值的变化等，还研究了温度效应、裂变产物中毒对反应堆工作的影响，估算了铀被带入工质流时的损耗（及其对反应性变化的影响），研究了工艺误差和结构公差对中子物理特性的影响，特别证明了加工工艺中很小一点偏差，都可能使控制鼓补偿能力产生明显误差（可达 $\pm 0.2\% k_{效}$），使反应堆内径向和周向功率不均匀因子产生明显误差（达 $6\% \sim 9\%$），总之，将导致反应性裕度产生明显误差（达 1.3% $k_{效}$）。减小这些误差可行的办法是在燃料元件、慢化剂（氢化锆）和反射层（铍）零件加工中采用更严格的工艺过程，同时使燃料组件加热段和反应堆其他组件配套使用，这些措施考虑到燃料元件的个体特性（尺寸、密度、铀含量）和其他重要零件的个体特性。

　　为了研究发动机的辐射防护特性，科学家在实验台架"箭"上进行了专门的研究。这些研究的结果确定了航天器头部和仪表舱内的辐射水平和释热水平。为了顺利进行这些研究，物理动力研究院的工作人员设计了中子和 γ 射线谱探测器，研发了实验数据的处理方法，测量了从反应堆出来的中子流和 γ 射线流的绝对强度，研究了屏蔽阴影角、防护结构材料内的不均匀性等对辐射环境的影响。这些研究的部分结果如图 3 - 36 和 3 - 37 所示。由图可知，所选择的防护材料使中子流强度减弱为原来的 $\dfrac{1}{150} \sim \dfrac{1}{160}$，而 γ 射线流强度减弱为原来的 $\dfrac{1}{20} \sim \dfrac{1}{30}$。

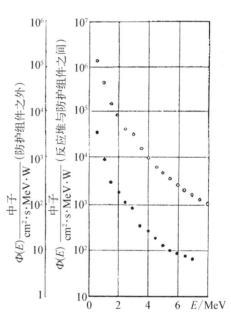

○—反应堆与防护组件之间的中心点；●—防护组件之外的中心点

图 3 - 36　在实验台架"箭"上测定的反应堆 11Б91 - ИР - 100(ИРГИТ)的中子谱

　　因此，科学家在临界实验台架上的研究取得了有价值的反应堆性能和特点资料，因而这是研发核火箭发动机必不可少的阶段。

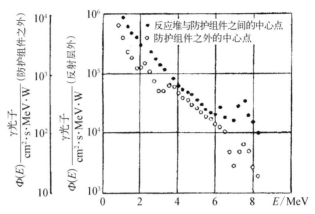

图 3 - 37　在实验台架"箭"上测定的反应堆 11Б91 -
ИР - 100(ИРГИТ)的 γ 量子谱

3.5　反应堆辐射防护和热屏蔽

核反应堆(其中包括核火箭发动机反应堆)无论在运行过程中还是在停堆以后的很长时间内,都是中子和 γ 射线的强辐射源。在反应堆附近安装辐射防护结构可以在试验台架上或航天器中降低由反应堆产生的中子流和 γ 射线流的强度。该防护结构还可(有时只是部分地)对辐射过热敏感的发动机和设备起到热屏蔽保护作用。

反应堆的防护可以是全面的(在所有方向都减弱反应堆辐射)也可以是局部的。由于美国和苏联进行试验的核火箭发动机反应堆带有向大气的排气口,根据需要只有局部防护(排气喷管一侧的反应堆不可能防护)。航天器上的核火箭发动机反应堆也只能有局部防护——阴影防护,因为在这种情况下(由于在宇宙空间没有其他来自外界的散射辐射)只要在布置航天器的设备、燃料贮箱和需要防护的其他系统的某个立体角内降低辐射流强度就足够了。

防护结构是用计算-实验方法得到的吸收中子和 γ 射线的最佳材料组合(第一种是含大量氢的轻材料,第二种是密度尽可能大的金属材料)。由于辐射释热很强,通常要对防护结构进行冷却。

防护结构的质量在发动机或者发电装置的总质量中占了很大份额(有时达 30%～40%),设计者努力追求最大限度地减少这种不直接参与发挥发动机功能的质量。这种努力导致装备核火箭发动机和核发电装置的航天器的布置看起来很奇怪:能源布置在离航天器其他部件和系统尽可能远的地方(这样可达到双重目的:减小所需的屏蔽阴影防护立体角,这意味着减小防护结构的质量,增加辐射源与航天器其余部分的距离,这一点也很重要,因为点源的辐射功率与离点源距离的平方成反比)。由上可知,虽然防护结构习惯上看作发动机或者发电装置的一部分,但是它的特性在很大程度上不取决于这些系统,而取决于整个航天器的形状和布置。因此,核火箭发动机和核发电装置的这一部分可以只作为与整个航天器结构相配合的装置来进行设计。

设计辐射防护的原始数据一方面是计算或实验确定的从反应堆表面辐射出的中子流和 γ 射线流,另一方面是航天器设计人员设定的在(相对于反应堆的)防护外表面上的最高容许值。

如上所述,辐射防护结构包括两个组分:重组分(防 γ 射线)和轻组分(防中子)。在实践中防护结构中还要引进第三组分,即所谓的闭锁组分,它由强烈吸收热中子的材料组成,其作用是防止(或至少是大大降低)热中子进入重防护结构和轻防护结构,因为热中子会被防护材料的原子核吸收,产生很强的次级射线,即俘获 γ 射线流。考虑到这种情况,核火箭发动机或核发电装置的分层阴影屏蔽结构可能包括厚度为 1 cm 的碳化硼(B_4C)闭锁层;厚度为 9 cm 的不锈钢 Cr18Ni10Ti 重组分层;厚度为 1 cm 的碳化硼闭锁层;厚度为 24 cm 的氢化锂(LiH)轻组分层。

这样的防护(总厚度为 35 cm)可使中子流和 γ 射线流的强度减弱约 4 个数量级。防护结构的质量为数百千克,取决于航天器的具体布置条件。

辐射防护结构材料的选择范围相当宽,例如,美国的设计人员采用贫铀作为重组分防护的材料,也有均质防护方案(其中将闭锁组分、重组分和轻组分的功能结合在一起)。辐射防护结构设置冷却并不复杂,因为其中只有厚度和质量较小的内层必须保证排热。

3.6　基于固相反应堆的核发电装置

3.6.1　建立装置流程的一般问题,核发电推进装置部件和系统

航天器机上系统要求有高电功率水平并能长期发挥功能,因而必须建造利用核能和太阳能的发电装置。我们来研讨建造这类装置的两个主要方向:无机械的和有机械的能量转换。

目前,第一个方向主要是利用光电转换器的太阳能装置,以及在少数样机中建造的利用热电转换器和热离子转换器的核装置。这些装置已经存在,且

有很大的改进余地,主要问题是要达到所需的使用寿命。例如,对于带光电转换器的装置,研究者打算在结构中引入特制的隔离屏或射线聚能器来改善热工况并(部分或完全)防止辐射以及微粒对装置的直接作用,以此来大大延缓转换器本身材料性能的退化。对于热离子转换核发电装置,原则上将转换器放在反应堆堆芯之外就能提高其使用寿命。

有理由认为,可以采用有机械的能量转换系统,因为其可以储备装置的大量部件,可大大提高发电装置的使用寿命。有人提出,要得到约 25 kW 以上的交流电功率,这类装置可以更简单和更轻便。

有机械转换装置的能源可以是核反应堆或者利用太阳能聚能器的系统。尽管能源如此多种多样,但在设定功率水平下,转换系统的设备组成和部件以及它们的基本参数都相近。转换系统的基本构成是冷却剂的闭式回路,其中包括涡轮压缩机、发电机、各种类型的紧凑式热交换器、通风机等。在相当长的使用时间内,系统应能保证多次启动和停止。

对于第一方向单工况使用寿命有限的发电装置,前述的核火箭发动机反应堆原型 ИРГИТ 就可以作为它的能源。

为了完成一系列任务(载人考察月球、火星等),必须在航天器上装备能源系统,借助它既可以实现推进工况,也可以实现不同功率的发电工况。在这些情况下,核发电推进装置引起了研究者的兴趣,这种装置利用单独一个反应堆来保证推进工况和发电工况。根据计算,这样的装置应当具有高的质量水平和最小的外形尺寸。我们来看双工况装置,其中推进工况和发电工况均能实现(后者的作用是保证航天器的供电需求,其电功率可达数十千瓦,在闭式回路中产生能量)。此外,除了上述两种工况以外,还有三工况装置,保证用开式循环时获得大的电功率。

在分析双工况和三工况核发电推进装置可能的技术方案过程中,经查明存在大量的根本性困难,其中主要的是多工况核发电推进装置建造流程和结构十分复杂,以及如何保证结构中所有系统、部件和元件的实际使用寿命问题。研究者在分析核发电推进装置的流程时提出,可采用气体涡轮循环将热能转换为电能。如果在发电工况的反应堆回路内采用氦-氙混合气体工质(中等功率下闭式回路的最佳工质),那么,对于 ИРГИТ 型的反应堆,氢化锆(一种最有效的慢化剂)性质的保持比较困难,因为随着时间的推移会失去氢。为了保证慢化剂材料性质的稳定性,或者需要用特殊涂层防止氢的释放,或者需要研讨一种新的装置方案,使得外壳-反射层-慢化剂的冷却系统对于所有工况都一样,则需要采用闭式回路形式,用氢作为工质(在小的发电工况下没有冷却剂通过燃料组件)。在后一种流程中,回路结构材料的选择(要求在拟议介质中稳定)相当复杂,除此以外,流程中还必须设置氢压缩机和附加回热热交换器,以实现推进工况。

由于推进工况的特点(可以容许相当高的雷诺数和温压),附加热交换器可以做得紧凑且质量不大,当功率约为 3 MW、温压约为 150℃时,所需热交换的表面积约为 6 m²,用 1 mm 厚的钢板制作的热交换器的质量约为 50 kg。据估算,可以为氢回路制作紧凑式压缩机。

在全面研究核发电推进装置的工作中,科学家还研讨了在小功率发电工况下工质通过燃料组件的流程。很显然,在此流程中设置喷管密封锁紧装置是相当复杂的,但却可能使燃料组件外壳更可靠地冷却,降低燃料元件材料的温度,扩大工质进入涡轮机前各参数值的范围。

对于这种小功率工况下的流程,将氦-氙混合气体作为反应堆回路内循环的工质,其缺点是回路可能被活化;回路内压力升高,大约是氢方案的 3 倍;需要保护氢化锆以防氢损失;需要补充控制航天器用掉的工质;实现三工况很复杂。

在这种装置流程中用氢为反应堆回路的工质时,上述缺点中只有最后一个还存在。但是此方案中,为保证氢的循环,要增加带回热热交换器和压缩机的附加回路。

核发电推进装置的闭式气轮机回路特点如下:

(1) 管系有很好的水力特性($\Delta p / p \approx 0.03$);

(2) 在中等温压(几十摄氏度)下回热热交换器有较小的单位质量;

(3) 回路中的装置都有较高的效率,压缩机、气轮机、发电机的效率($\eta_{\text{压}}$、$\eta_{\text{涡}}$、$\eta_{\text{发}}$)分别不低于 0.80、0.85、0.90。

这些特点同时也是建立闭式气轮机回路的主要问题。目前研发单位认为达到上述效率是能实现的。气轮机和压缩机的效率主要取决于压力水平,即随压力的升高而降低。

Келдыш 中心与其他一些企业一起研发了电功率为 10 kW 的气轮压缩机-发电机,在该机结构中使用了气动轴承。该机通过了一系列的演练试验。

关于热交换器,核发电推进装置对该部件在质量尺寸特性、可靠性、工艺性等方面提出了很高的要求。板式热交换器的结构类型完全能够满足这些要求,这种热交换器的冷却剂采用"逆流"流程,并且热交换表面具有特殊形状

（它的说明和性能将在下面叙述）。

还要指出，目前已有的和设计的辐射散热器结构流程中还没有一种具有这样的优点，即可以把它看作对所有类型发电装置都适用和最有前景的散热器。因此，在改进现有流程的辐射散热器性能（减少管-肋片式辐射散热器其陨石防护器件的质量；改进带热管的辐射散热器的结构）的同时，继续研究新流程（如滴式流程等，研发滴式辐射散热器的问题将在下面讨论）的辐射散热器的工作过程是合适的。

在研发核火箭发动机和核发电推进装置的涡轮泵机组与喷管时要解决的问题与建造液体火箭发动机相应组件和装置时已经解决的问题类似。文献[45]等总结了建造喷气发动机喷管的经验。

根据核火箭发动机的研发计划，化工自动控制设计局制备了氢气供应系统的涡轮泵机组和发动机的增速喷管。这些部件都顺利地通过了下列考验：涡轮泵机组的寿命试验，将喷管作为核火箭发动机反应堆组成部分进行的试验。

核火箭发动机和核发电推进装置控制及防护算法与地面上已经长时间运行的固定式和移动式核动力装置的相应系统实际上没有区别。

控制系统应当使工质温度保持最佳工况。发动机有两个可调参数（工质的流量和温度）和两个调节因素（反应堆功率和工质压力）。对于核火箭发动机，由于对启动的特殊要求（启动时间短，以秒为单位）以及难以测量工质的整体平均温度，导致通常的算法难以实施。

在研制核火箭发动机时，化工自动控制设计局与物理动力研究院、控制问题研究所（Институт проблем управления）和仪表制造科学研究所一起研发了一个控制、调节和防护系统，此系统作为反应堆 ИРГИТ 的组成部分顺利地通过了考验。应急保护动作可按照工质温度和压力容许值的整定值以"三取二"方式进行。

当开式排气的发电装置在宇宙中工作时，在航天器周围形成废气气氛，空间各点废气的压力水平将取决于工质流量、喷管的形状以及它相对于航天器表面的位置。确定了特定尺寸和形状航天器周围气氛的容许参数的要求后，就可以相应地选择工质流量、喷管的形状和位置，以满足这些要求。

在有机械能量转换器的发电装置中，最根本的是要保证使带运动零件和转动零件的部件造成的振动降低到可以接受的水平。由于有预想不到的和不能容许的振动频率及振幅，可能导致系统发生故障或遭受破坏，因此在装置设计和调试阶段应当采取必要的消振措施。此外,结构中还可包括专门的防振构造和系统。一般情况下,必须使运动的零件和部件保持平衡,在结构上减振、隔振以及采用动态消振的手段和系统等。在每种具体情况下,组合的方法和手段可以不同。现在,科学家已积累了大量的经验保证可能发生振动的机械和机器能够正常运转[46]。

对于核发电推进装置,各装置的效率、电功率、回路内工质的压力和温度水平、所需的辐射散热器表面积之间存在着复杂的关系。只有在选择设备和部件的性能时采取折中的解决办法,才能实现回路能量平衡的闭合。比如说,如果可能,则应当在核发电推进装置小功率工况时的工作循环曲线图中,挑出一些时间不长的功率峰值,研究能否借助各类蓄能器来实现这些峰值。这样核发电推进装置在该工况下所需功率将会降低。当辐射散热器的面积有限时,这就允许有关设备的效率可以降低一些,相应地允许回路内有更高的压力水平。

3.6.2　板式热交换器

在核发电推进装置中,结构紧凑和质量-尺寸特性最小化的问题要靠高效热交换设备来解决。后者的作用特别巨大是由于为了在闭式回路中实现高效率的工作循环,而在热交换器中采用较小的温压,则需要增加热交换表面的面积或者强化热交换,从而更加合理地利用较小的表面面积。此外,在核发电装置或核发电推进装置的闭式回路中,热交换器内的压力损失要小。可采用优化热交换器内冷却剂过流通道的几何特性和热交换特性来达到最小的热交换面积和压力损失[47-49]。

紧凑热交换器改进的总趋向是减小冷却剂过流通道的水力直径。Келдыш 中心分析了已有紧凑热交换器的热交换表面特性,结果证实了这种趋向。在设定冷却剂的流量和热物理特性、热交换器的热功率、两个冷却剂之间的温压以及冷却剂在管系内压力损失的容许值下,最小热交换表面面积对应组合量$(\xi/St^3)^{1/2}$的最小值(ξ 为冷却剂管系的水力阻力系数,St 为斯坦顿数),因此,该组合量可以作为热交换表面热工水力有效性的判据。为了减小热交换表面积,适宜采用能够在尽可能小雷诺数范围内工作的结构,并利用横向绕流流过热交换器表面单元的原理[对于所有已知的和试验考察过的热交换表面,组合量$(\xi/St^3)^{1/2}$的最小值对应于可实现 Re 数的最小值,见图 3-9]。

在设定压力损失的情况下,降低 Re 数最简单的方法是减小冷却剂流道的水力直径。这样可同时达到两个目的:减小热交换表面积(相应地减小其质量),增加热交换器单位体积内设置热交换表面的密度,即使热交换器紧凑化。

Келдыш 中心研发了以冲压成型板制作的逆流板式热交换器结构。板上压型按照一定方式排列,使两块相邻的板之间构成通道,其中冷却剂流动条件近似于横向绕流管束。

当加工工艺良好时,用具有梯形压型的成型板和具有连续波纹的成型板制作的热交换器具有较高热工水力特性。在研发紧凑热交换器结构时,研究者选择了以冲压成型的交叉波纹板和带间断波纹的板制作逆流板式热交换器的方案(见图 3-38)。相邻板的间断波纹彼此之间有点接触,并在平面图上交叉一个角度,这样在两板的缝隙通道内形成平面图上的十字形扰流器系统,扰流器呈棋盘式或走廊式排列。

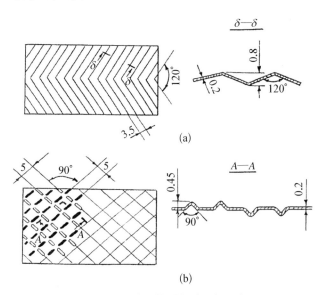

图 3-38 热交换器板的结构形状

与带连续波纹的成型板[见图 3-38(a)]不同,后一种平板[见图 3-37(b)]在每个单元段范围内有一些短的凸波纹和凹波纹,两种波纹的方向彼此成一定角度,因此,平板平面的各个方向形成等强度的拉伸和压缩,这就保证在平板两侧冷却剂压差较大条件下,两板之间过流通道的形状保持不变。

可以用简单冲压的方法来制造成型板。热交换器的核心部分用厚度为 $0.2\sim0.25$ mm 的不锈钢板制作。

Келдыш 中心用板制作了全焊和钎焊的热交换器。在制成的热交换器中,单位体积冷却剂流道的比传热面积为 1 500 m^2/m^3,即使对平板肋片式热交换器来说其紧凑性也达到了很高水平。

实验演练了用长方形薄板(厚度为 0.2 mm,材料为不锈钢)制作的成型方案,获得选定的断面。平板的最大尺寸为 320 mm×460 mm。平板四周有 10 mm 宽的平镶边。波纹深度为 0.6 mm,排成"人"字形,顶在长方形长边的中央,形成"人"字形图案(见图 3-39)。

图 3-39　热交换器的平板

研究者对热交换器平板在成型后的表面清洁度和质量以及镶边的平整性提出了很高的要求。

平板应该由基本长度为 0.25 mm、表面粗糙度不超过 0.080 μm 的薄板制造而成,容许有个别的小划痕和其他损伤,但深度不得超过 0.025 mm。热交换器由一些冲压好的平板组成,每块板上有 4 个孔,成对地分布于平板相对边的边缘附近。每两块平板沿周边用接触滚焊结合(分段件),然后在平板内孔的四周进行闭路钎焊,组装成不可拆卸的叠片。叠片的组装件如图 3-40 所示。

图 3-40　热交换器分段件(叠片的组装件)

一个叠片只有两块平板,叠片组装时沿平板的周边进行焊接。将平板叠片放入箱体中。位于边缘的叠片其边缘平板与箱体盖板焊接。叠片内由平板之间容积形成的腔室通过平板上的孔相连,形成一种冷却剂输入周边焊死的凸起平板之间缝隙通道中并从中导出的集流器。第二种冷却剂的集流器由箱体壁形成。

热冷却剂和冷冷却剂腔室都应与环境密封隔离,并相互隔离。

钎焊过程采用将一组平板固定的装配式钎焊设备。钎焊在电阻炉内密封容器中的氩气气氛下进行。借助电炉气氛与密封容器腔室内之间的压力差,保证钎焊时对组装件施加压力。图3-41为试验装置上的热交换器。

| 图3-41 实验装置试验间中的热交换器 | 图3-42 热交换器的热工水力特性 |

一台热交换器的热工水力特性如图3-42所示[47,50]。研究者考察了其中对核发电装置闭式回路有代表性的工况区域($Re<1\,000$)和没有可靠实验数据的区域。在建造有机械能量转换器台架发电装置的闭式回路时,采用这类热交换器。

3.6.3 滴式辐射散热器

为了在具有闭式回路的发电装置中将热能转换为电能时获得可接受的效率,必须从循环的低温部分将余热导出,借助辐射散热器的装置通过辐射将此能量排入宇宙。

对辐射散热器最重要的要求之一是在陨石撞击危险条件下长时间工作的可靠性。利用辐射冷却的单个分散液滴流排热的构想能完全满足这一要求。在最简单的情况下,滴式辐射散热器由液滴流发生器和导流器组成,借助发生器形成热工质单个分散液滴流。液滴由发生器向导流器运动途中冷却工质。冷却的工质汇集到集液箱中,然后输往工作回路。滴式辐射散热器的优点是不易受到陨石撞击的损害,冷却剂(工质)与辐射表面之间的热阻最低,比质量低。

　　研发类似系统的计算方法使我们得出结论,滴式辐射散热器由于有良好展开的热交换表面,并且不需要铠装,可在很宽工作温度范围(300～900 K)工作。它的比性能比用标准工艺制作的热交换器要高几倍(质量方面的得益取决于发电装置的功率和类型)[51-53]。

　　采用滴式辐射散热器的航天发电装置在质量和体积方面可能有潜在优势,这促使我们必须解决其在实际应用道路上的一系列问题,要进行详细的理论研究和实验研究。这些问题包括:

　　(1)建立一种具有很小角度偏差(小于 2′)的单个分散液滴流发生器结构;

　　(2)在排除冷却剂损失条件下将液滴汇集到集液器中;

　　(3)保证在微重力和高真空条件下液滴流的辐射散热;

　　(4)根据在装置长时间运行时损失最少的要求,为滴式辐射散热器选择一种工质。

　　目前,对上述问题研究的情况已使我们能制作一个滴式辐射散热器的实验模型。在微重力和高真空条件下进行试验,该散热器能实现实际应用。

　　液滴流的质量在很大程度上取决于发生器喷丝模板的质量,喷丝模板是一块有许多孔的栅板,孔的尺寸与要求形成的液滴直径相近。

　　模拟液滴流发生器的喷丝模板是直径为 36 mm、厚度为 2～5 mm 的圆盘。研究者设计和制造了各种各样的单个分散液滴流发生器模板:中央有一个孔的模板;沿一条直线开 7 个孔(孔间距为 4 mm)和 13 个孔(孔间距为 2 mm)的模板;呈正方形栅格布置 25 个孔和 45 个孔的模板以及其他结构的模板。孔的直径为 200～350 μm。

　　滴式辐射散热器模型包括带声振调制器的液滴流发生器;保证汇集液滴并将冷却剂输送至工作流体收集箱的非能动集液器(导流器);工质供应系统。

　　Келдыш 中心研发并制造了液滴流发生器和非能动导流器。研究者在实验台架上对制成的液滴流发生器进行了考验,该台架由挤压系统将工作流体输送到发生器。液滴流发生器是一个不锈钢圆筒,一侧有供应工作流体的接管,另一侧有发生器的喷丝模板。圆筒内发生器模板前的空腔放置振动源,由声音信号发生器向它发出信号。通过目视法和借助测量系统来观测及控制液流碎裂成液滴流的过程、液滴运动的轴向平行性。测量系统由数字摄像机 SONY DSR - VX 700、视频变流器 Creative Video Blaster RT - 300 和 ПЭВМ 组成。

液滴流发生器的试验结果表明,当工作流体流受迫振动频率与液流自发(自然)碎裂频率相符时,液流碎裂为单个分散液滴流就具有非常稳定的特征。图 3 - 43 为一台液滴流发生器的试验结果。

科学家还研发和制造了集液器,奠定其基础的是非能动捕集液滴原理。按此原理可以形成液膜,它稳定地(不间断地)沿导流器内表面流动,并将汇集的液滴流输送给唧送泵。这种结构集流器的试验表明,对于原始液流散度很小的液滴流,它可以用于滴式辐射散热器的模型中。

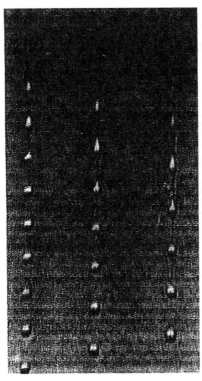 

图 3 - 43　$V = 1 \text{ m/s}, f = 800 \text{ Hz},$
$d_{液流} = 0.25 \text{ mm}$ 条件下单液流碎裂成单个分散液滴流

图 3 - 44　带真空箱的滴式辐射散热器实验台架

模型地面演练的最后阶段是在专用台架的真空箱内进行的(见图 3 - 44)。立式真空箱的容积为 56 m^3,其内部尺寸:高为 5.7 m,直径为 3.5 m。在真空箱侧壁两个高度上装有用于观察和拍摄的照明灯,其上盖是可拆卸的,盖上安装滴式辐射散热器模型试验用的所有设备。试验时保持真空度为 $10^{-5} \sim 10^{-6}$ mmHg①。液滴飞行长度约为 5 m。

Келдыш 中心研发了滴式辐射散热器主要部件的结构:带声振调制器的液滴流发生器、保证捕集液滴并将其输送到冷却剂收集箱的非能动集液器(导流器)。

为了在微重力和高真空条件下进行试验,科学家研发和制造了放置到航天器机上的滴式辐射散热器模型的真空箱,其中包括"和平"号空间站的实验舱"结晶"(Кристалл)模件。箱中(见图 3 - 45)安装了两台液滴流发生器、一台液滴集流器和四个供工作过程录像用的照明灯。为了保证在自动工况下启动滴式辐射散热器模型设置了控制和保护系统。

图 3 - 45　空间实验用滴式辐射散热器模型的真空箱

滴式辐射散热器的设计方案预期产生直径为 $150 \sim 350$ μm 的液滴(流体具有低的饱和蒸汽压),其在宇宙空间呈层状,液滴向导流器运动途中由于热辐射而冷却,然后液滴汇集到集液器中形成闭式循环。加速度水平对所有这些过程都有重大影响。在地面条件下研究滴式辐射散热器内的过程时,难以同时再现或模拟微重力和高真空条件,所以必须进行空间实验。

因此,空间试验的目的就是研究在微重力和高真空条件下滴式辐射散热器内的工作过程,主要任务是验证液滴发生器和液滴捕集系统的工作效率。在这方面,科学家研究了这样一种液滴导流器,为了捕集液滴并将它们输送给唧送泵,在导流器表面设有一层正式工质(与形成单个分散液滴流的工质相同)的流动薄膜。

研究者用滴式辐射散热器模型进行了空间实验。该模型是"烟幕-2"号(Пелена - 2)装置的组成部分。

"烟幕-2"号装置的组成:滴式辐射散热器模型;两台摄像机;自动控制和

---

① 　1 mmHg＝133. 322 4 Pa。

保护系统;电缆线路;传感设备;总装结构;照明设施;照明装置和摄像机的固定架。

滴式辐射散热器模型的基础是在其中再现工作过程的真空箱,它的漏气率不高于 10^{-1} L·μmHg/s。真空箱包括带有热稳定系统的液滴发生器组合件;带有热稳定系统和保证在导流器表面形成液膜装置的液滴导流器部件;带真空密封容器的总装结构;照明灯。滴式辐射散热器模型还包括工质的储存和供应系统。一个实验循环的实施时间为 104 s。装置的热稳定时间约为 10 h。

"烟幕-2"号装置由 Келдыш 中心在宇宙火箭公司"动力"(Энергия)的参与下研发和制造。在研发装置的结构单元时,科学家采用了莫斯科动力学院(МЭИ)和莫斯科航空学院(НИИПМЭ)研究所关于单个分散液滴流形成的研究结果以及莫斯科航空学院研究所关于液滴捕集的研究结果。质量为 115 kg(摄像机未计在内)的"烟幕-2"号装置(见图 3-46)由货运飞船"Прогресс-М"№252 运送到"和平"号空间站。

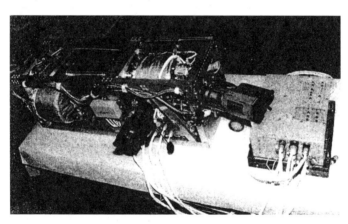

图 3-46 科学实验装置"烟幕-2"号

2000 年 5 月 28 日,"和平"号轨道空间站的航天员 С. Залетин 和 А. Калери 按照"和平号专项实验"计划完成了"烟幕-2"号装置的实验(见图 3-47)。为了创建空间发电装置用的滴式辐射散热器,科学家研究了单个分散液滴流的产生过程、液滴的运动和捕集。在全世界的实践中,这是首次进行这样的实验。

实验模拟了参与组织滴式辐射散热器工作过程的所有主要单元件:工质及其初始温度水平(采用了真空油 ВМ-1С,按其性质它能保证按布雷顿循环建立能量转换过程空间发电装置的必要参数,初始温度为 350~400 K);液滴

图 3‑47　"和平"号空间站机组指挥员 C. Залетин 在对装置进行摄像

（照片的右边是滴式辐射散热器模型）

发生器带有热稳定系统,并带有为产生单个分散液滴流而在工质中设置的声音振动源,液滴直径为 350 μm;液滴导流器,沿其表面有流动的液膜,以便捕集液滴并将它们输送给唧送泵。

储存系统将工质预先加热到初始温度,同时对模型所有部件进行加热并保持热稳定,包括工质供应和储存系统的构件(阀门、管道、储存容器等),液滴发生和捕集的组合件等。在无重力条件下加热流体有点困难,因为这里只有热传导机制起作用,所以研究者在加热时采用了保证流体安全加热的控制和保护系统。加热和热稳定系统包括 47 个独立的加热器,总功率为 500 W,每个加热器可以自动周期性地开启和关闭,使工质和构件保持在设定的容许温度范围内以防止过热。"和平"号空间站上装置的热稳定时间为 11 h。

根据在一次实时联系的遥测数据和航天员的报告,实验计划规定的循环作业图表全部完成(见图 3‑48)。

下一次联系传来了装置中两台摄像机的录像信息和航天员的说明。由这些信息得出结论,所研究过程中每个单元的任务都已实现。液滴流和导流器表面上的稳定液膜都已记录下来(见图 3‑49[54])。

根据对滴式辐射散热器模型所完成的研究、研发、地面演练以及在"和平"号空间站上的试验,可以得到下列主要结论[54]。

(1) 证明了液滴发生器和非能动液滴导流器结构设计是正确的。发生器能产生单个分散液滴流(制成的喷丝模板孔的直径为 350 μm,受迫振动信号形状

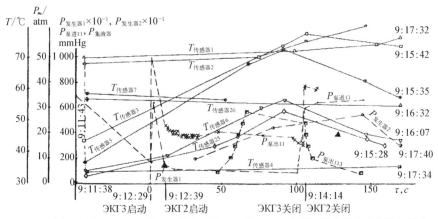

$P_{泵出口}$—泵出口压力；$P_{泵进口}$—泵进口压力；$P_{发生器1}$、$P_{发生器2}$—液滴流发生器1、2的进口压力；$P_{集液器}$—导流器液膜的集液器内的压力；$T_{传感器1}$、$T_{传感器2}$—油容器 AK1、AK2 出口端的壁温；$T_{传感器3}$—泵出口管道温度；$T_{传感器7}$、$T_{传感器26}$—液滴流发生器1、2的容器温度；$T_{传感器4}$、$T_{传感器5}$、$T_{传感器6}$、$T_{传感器25}$—液膜加速器的集液器进口,导流器携带液膜,液滴流发生器1、2的油温度(在图中各个点为相应的参数值,连线只是形象地表示该参数从一点到另一点的过渡)。

图 3－48　根据"和平"号空间站上的空间实验的遥测数据,"烟幕－2"号装置工作过程主要参数的变化

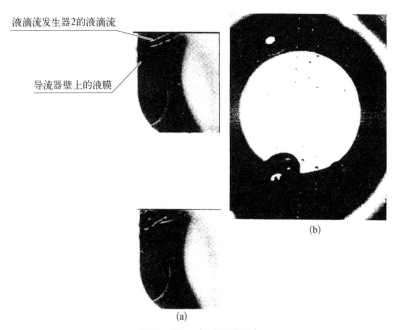

(a)

图 3－49　空　间　实　验

(a) 工质液膜在导流器壁上的稳定流动,液滴流发生器 2 产生的液滴流与导流器流动液膜的相互作用;(b) 液滴流发生器 1 产生的液滴大碎珠和设定尺寸液滴流的飞行轨迹

为方形波,频率为 1 200 Hz),导流器倾斜内表面上流动与落下液滴(同种流体)的液膜能捕集下落的液滴。研究者优化了材料、表面加工质量、导流器表面对液滴流的倾斜角、模板孔形状以及保证了在导流器表面形成稳定液膜的流体流动条件。

(2)为研究在微重力和高真空条件下的工作过程,研究者试制了滴式辐射散热器模型,并带有相应的控制和保护系统,以保证实现预定的循环作业图和进行自动工况下的空间实验。

(3)在微重力条件下,未发现滴式辐射散热器模型的导流器内表面上的液膜流动不稳定,也未发现当它与液滴相互作用时连续性遭到破坏。得到的数据实际上与地面研究和试验的数据相符,这一点证实了对于所研发的导流器结构来说,微重力条件对这个过程的影响甚微。

(4)在“和平”号空间站上的实验中,喷丝模板上只有一排孔(孔通道分布在同一平面上)的液滴发生器产生的单个分散液滴流与地面条件下获得的液滴流没有区别。

(5)喷丝模板具有多排孔(孔呈正方栅格分布)的液滴发生器得到了设定尺寸的液滴流。但是,在启动这个实验时,由于未估计到发生器前的压力缓慢升高,流体从发生器的喷丝模板孔中流出的条件遭到严重破坏,这样在失重条件下导致喷丝模板端头表面形成了一层厚膜,阻碍流体流出,从而当厚膜破裂时形成大的液滴。

因此,研究者证明了在失重和高真空条件下所研发的结构是正确的,证明了沿其内表面有基本工质流动液膜的非能动导流器的工作能力。在地面条件下优化的材料、加工质量、导流器表面倾斜角、孔的形状和从液膜形成孔中流出的条件,也能保证在微重力条件下液膜的稳定流动并捕集到落在它上面的液滴而不破坏其连续性(未发生飞溅)。有一排孔的喷丝模板液滴发生器能正常工作,这证明为建立单个分散液滴流所选择的受迫振动频率是正确的。有多排孔的喷丝模板液滴发生器的工作结果表明,为了使这类液滴发生器正式服役,还需要修正喷丝模板出口端的形状、模板的材料,优化启动过程和液流从模板流出的初始速度。

解决了组织滴式辐射散热器工作过程的主要问题,我们离建造大功率的推进发电装置更加接近(有机械能量转换的太阳能装置,有机械的和热离子能量转换的核装置)。只有具备了类似滴式辐射散热器质量特性的辐射散热器(当装置的电功率为 10 MW 时,采用滴式辐射散热器代替传统的管式散热器,质量可以减少 90 t[53]),建造这种系统才是现实的。

3.7 进行核火箭发动机反应堆实物试验的准备工作

Келдыш 中心的生产试验综合部[29]负责下列工作：部件和整个反应堆的组装，配置测量仪器，根据中间试验结果对部件和调节机构进行精加工，成品部件试验和反应堆综合移交试验。这些试验要测定一整套特性参数，而这些参数是预测核火箭发动机和核发电装置在各种工况下的热工状态所必需的。

Келдыш 中心的工程工艺综合部（ИТК-54）包括成品和主要部件的试验台架；研究成品各部件流体动力特性和热工特性的装置；可以对零件和部件，包括用特殊材料（铍、氢化锆等）制造的零件和部件进行精加工的生产工段；装配工段；用测量仪器制备成品的工段；标定气体流量计的装置；对成品部件进行逐项演练的装置。试验中采用了氮气、空气、氢气、氦气和氩气作为工质，它们的性质符合特定的要求。

在模拟工况下试验时供应系统的最高参数如下：氮气流量为 15 kg/s，供应压力为 32 MPa；空气流量为 40 kg/s，供应压力为 20 MPa。试验持续时间为 4 min。实验对象是铍、氢化锆和其他特殊材料的制品，因此，进行试验的地点、工质纯度和排气系统都要满足规定的卫生要求。流体动力试验得到的数据用于确定通道、部件和组合件总的水力阻力系数 ξ_Σ。

根据实验数据的处理，冷却管系从测量压力的一个腔室到另一腔室的水力阻力系数按下式计算：

$$\Delta P = \xi' \frac{(\gamma V)^2}{2g\gamma_{均}} = \xi \frac{(V\gamma)^2}{2g\gamma_{均}} \frac{l}{d_{流}} + \sum_{i=1} \xi_{Mi} \frac{(V\gamma)_{Mi}^2}{2g\gamma_{Mi}} \qquad (3-72)$$

系数 ξ' 不仅考虑摩擦引起的能量损失，也考虑了局部损失。

将式（3-72）改写成下列形式：

$$P_{进i} - P_{出i} = \xi_i' \frac{G_i^2 R \overline{T}_i}{F_i^2 g (P_{进i} + P_{出i})}$$

相应地：

$$\xi_i^* = \frac{\xi_i'}{F_i^2} = \frac{g \Delta P_i (2P_{进i} - \Delta P_i)}{G_i^2 R \overline{T}_i}$$

式中，$P_{进i}$、$P_{出i}$ 为第 i 测量段的进口和出口压力；$d_{流}$ 为水力直径；ξ 为水力阻力系数；T_i 为第 i 测量段的工质平均温度。

对具有实物几何形状和用正式材料制作的部件成品进行模拟流动时，将面积的平方 F^2 引入水力阻力系数 ξ^* 中是适宜的，经过变换后 ξ^* 是有量纲的（$[\xi^*]=1/L^4$）。引入系数 ξ^* 使我们避开了冷却管系各单元内的工质质量流密度以及与它们相对应的过流截面面积，而直接采用流量 G_i。

基于同样的原因，可以用比值（G/μ）代替 Re 数作为模拟准则。在这种情况下，模型条件和实物条件都相同的关系式 $\xi=f(Re)$ 可写成 $\xi^*=f(G/\mu)$ 的形式。

图 3 - 50　反应堆 ИРГИТ 的反射层和慢化剂的组装件

研究者在生产试验综合部全面完成了核火箭发动机反应堆两个台架样机的演练和实物试验的准备工作。图 3 - 50～图 3 - 52 所示分别是反应堆反射层和慢化剂的组装件、台架试验室中反应堆的水力模型和生产试验综合部装配台上的反应堆 ИРГИТ。

图 3 - 51　台架实验室中反应堆的水力模型

图 3 - 52　生产试验综合部装配台上反应堆 ИРГИТ

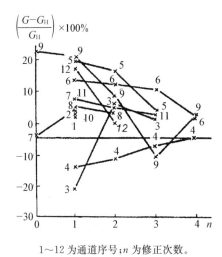

1～12为通道序号；n 为修正次数。

图 3-53 将侧向反射层冷却系统各通道调整到设定的冷却剂时流量分布示意图

图 3-53～图 3-55 所示为在一些部件和装配好的反应堆上所做试验的代表性结果，这些试验是为了保证在实物试验工况下监测冷却系统状态和预测反应堆的热工状态。对侧反射层冷却系统要进行流体动力调节，按照可靠冷却条件调节到设定的工质流量分布，图 3-53 为该调节的示意图（横坐标为由 12 个扇形体组成的反射层组合件的修正次数）。反应堆 ИРГИТ 的反射层和屏蔽各组合件的水力特性测定结果如图 3-54 和图 3-55 所示。

水力试验用了正式的燃料组件和燃料组件的水力模拟件，借助它们再现了相应的冷却管系的几何形状（屏蔽组合件、慢化剂组合件和堆芯底部的环形通道）。测量时利用成品中正式（燃料组件）的压力抽样，在堆芯底部区域进行补充测量。补充测量之所以必要，是为了通过研究获得整套数据，以计算工质在装置冷却管系内的压力分布和流量分布。对慢化剂、反射层、外壳和屏蔽组件，除了测量进口压力和出口压力外，还测量了压降。工质流量采用临界流量计测量，气体温度用热电偶测量。

生产试验综合部研究反应堆热工水力特性所获得的结果是确定反应堆实

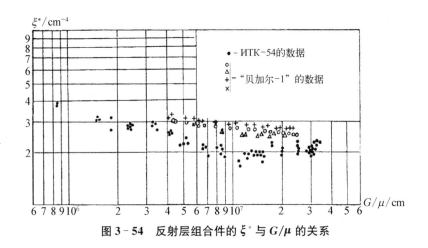

图 3-54 反射层组合件的 ξ^* 与 G/μ 的关系

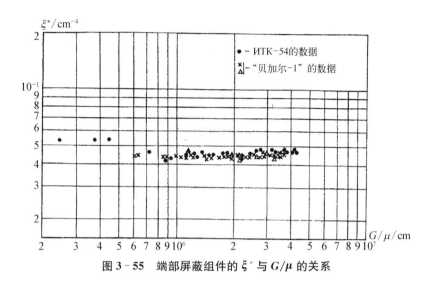

图 3 - 55　端部屏蔽组件的 ξ^* 与 G/μ 的关系

物试验工况和试验后检查其部件完整性的原始依据。利用这些数据,在反应堆 ИРГИТ 首批实物试验时及时防止了一次可能的故障。

组装第一台核火箭发动机反应堆以后,在综合实验台架"贝加尔"上完成的检验性水力试验的结果,在慢化剂和反射层组件方面与 Келдыш 中心综合部得到的数据大不相同。研究者利用 Келдыш 中心工程工艺综合部(ИТК-54)得到的数据进行计算分析,结果表明,查明的差别与慢化剂和反射层组合件的冷却管系存在旁通有关(相当一部分工质没有进入这些管系,因而大大恶化了它们的冷却条件)。在调整了反射层和慢化剂组合件与堆芯底部对接的装配操作以后,反射层和慢化剂组合件的水力特性就转为正常,反应堆成功地通过了点火试验。

因此,组建的生产试验综合部全面完成了核火箭发动机反应堆进行实物试验和运行的准备工作,所研发的流体动力调节和试验的方法能保证在创建核火箭发动机的所有阶段监测它的结构和冷却系统的状态。

参考文献

[1] Коновалов В. А. , Конюхов Г. В. Особенности физики и теплофизики реактора ИРГИТ. — Атомная энергия, 1992, т. 73, вып. 5.

[2] Курчатов И. В. , Доллежаль Н. А. и др. Импульсный графитовый реактор ИГР. — Атомная энергия, 1964, т. 17, вып. 6.

[3] Крамеров А. Я. , Шевелев Я. В. Инженерные расчеты ядерных реакторв. — М. : Энергоиздат, 1984.

[4] Иевлев В. М. , Конюхов Г. В. , Борисов А. В. Об одном приближенном решении задачи переноса тепла в《пористых》системах. — Изв. АН СССР. Энергетика и транспорт, 1986, № 5.

[5] Конюхов Г. В. Особенности теплофизики транспортной ядерной энергетической установки. — Изв. АН СССР. Энергетика и транспорт, 1991, № 5.

[6] Павшук В. А. , Талызин В. М. Динамические испытания ТВЭЛов и ТВС реакторов ЯРД на реконструированном реакторе ИГР: Тезисы доклада отраслевой юбилейной конференции《Ядерная энергетика в космосе》. — Обнинск: МЭАП, 1990.

[7] Конюхов Г. В. , Петров А. И. Экспериментальное определение коэффициентов переноса за системой параллельных каналов и в кольцевом канале сложной формы. — Инженерно-физический журнал, 1988, т. 55, № 6.

[8] Борисов А. В. , Конюхов Г. В. , Петров А. И. Ослабление местной закрутки газа в канале кольцевого сечения. — Инженерно-физический журнал, 1985, т. 48, № 4.

[9] Конюхов Г. В. , Петров А. И. , Смирнов Ю. Г. К определению характеристик теплообмена в канале кольцевого сечения со спиральным оребрением. — Инженерно-физический журнал, 1985, т. 49, № 4.

[10] Лойцянский Л. Г. Механика жидкости и газа. — М. : Наука, 1978.

[11] Лыков А. В. Методы решения нелинейных уравнений нестационарной теплопроводности. — Изв. АН СССР. Энергетика и транспорт, 1970, № 5.

[12] Тихонов А. Н. , Самарский А. А. Уравнения математической физики. — М. : Наука, 1966.

[13] Гринберг Г. Д. Избранные вопросы математической теории электрических и магнитных явлений. — М. : Изд-во АН СССР, 1948.

[14] Гухман А. А. Интенсификация конвективного теплообмена и проблема сравнительной оценки теплообменных поверхностей. — Теплоэнергетика, 1977, № 4.

[15] Chen B. H. , Huang W. H. Performance-evaluation criteria for enhanced heat-transfer surfaces. — Int. Comm. Heat Mass Transfer, 1988, vol. 15, № 1.

[16] Конюхов Г. В. , Петров А. И. К определению эффективности теплообменных поверхностей в условиях конвективного теплообмена. — Изв. АН СССР. Энергетика и транспорт, 1990, № 3.

[17] Кэйс В. М. , Лондон А. Л. Компактные теплообменники. — М. : Энергия, 1967.

[18] Калинин Э. К. , Дрейцер Г. А. , Ярхо С. А. Интенсификация теплообмена в каналах. — М. : Машиностроение, 1972.

[19] Кирпиков В. А. , Орлов В. К. , Приходько В. Ф. Создание компактной поверхности теплообмена на основе идеи внесения в поток неоднородностей давления. — Теплоэнергетика, 1977, № 4.

[20] Антуфьев В. М. Эффективность форм конвективных поверхностей нагрева. — М. - Л. : Энергия, 1966.

[21] Стасюлявичюс И. и др. Исследование теплоотдачи в пакете продольно обтекаемых стержней специальной конструкции. — ИФПТЭ, АН Лит. ССР, 1971.

[22] Субботин В. И., Ушаков П. А. и др. Гидравлическое сопротивление узких кольцевых каналов с дистанционирующими ребрами, навитыми по спирали. — ФЭИ, 1965.

[23] Конюхов Г. В., Борисов А. В. и др. Поля температур и особенности течения в ТВС: Научно-технический отчет / НИИТП, 1972.

[24] Лендис, Торсен. Трение и характеристики теплообмена в турбулентном закрученном потоке при наличии поперечных градиентов температуры. — Теплопередача, 1968, № 1.

[25] Baines W. D., Peterson E. G. An Investigation of Flow Through Screens — Transactions of the ASME, 1951, vol. 73, №5.

[26] Прудников А. Г. Измерение интенсивности турбулентности и коэффициента диффузии турбулентного потока диффузионным методом на срезе трубы: Научно-технический отчет / НИИТП, 1955.

[27] Минский Е. М. Турбулентность руслового потока. — М.: Гидрометеоиздат, 1952.

[28] Белогуров А. И., Конюхов Г. В., Рачук В. С. и др. Стендовый прототип реактора ядерного ракетного двигателя — реактор ИРГИТ. — Статья в сб. «Ракетные двигатели и энергетические установки». Серия IV / Центр Келдыша, 1999, вып. I (147).

[29] Коротеев А. С., Конюхов Г. В. Комплексы и базовые технологии Центра Келдыша для создания космических ядерных энергетических установок. — Центр Келдыша, 2000.

[30] Хинце И. О. Турбулентность. — М., 1963.

[31] Трубчиков Б. Я. — Труды ЦАГИ, 1938, вып. 372.

[32] Конюхов Г. В., Круглов Г. А., Оводова В. В. Экспериментальное исследование процесса в коллекторе смешения и гидравлического сопротивления твэла ЯРД: Научно-технический отчет / НИИ-1, 1964.

[33] Бетчелор Д. Теория однородной турбулентности. — М., 1955.

[34] Krebs L., Bremhoost K., Muller V. — Int. J. "Heat Mass Transf"., 1981, vol. 24, №8.

[35] Рао В. К., Дей Й. О турбулентных закрученных течениях. — Ракетная техника и космонавтика, 1978, № 16.

[36] Скотт, Бартелт. Затухание закрученного течения в кольцевом канале при вращении жидкости на входе как твердого тела. — Теоретические основы инженерных расчетов: Труды ASME. Серия D, 1976, № 1.

[37] Scott C. J., Rask D. R. Turbulent viscosities for swirling flow in a stationary annulus. — J. of Fluids Engineering: Transactions of ASME, 1973, Vol. 95.

[38] Wattendorf F. L. A study of the effect of curvature on fully developed turbulent flow. — Proceedings of the Roval Society, 1934, vol. 148.

[39] Адомайтис Й.-Э. Й., Конюхов Г. В. и др. Гидродинамика потока в узких кольцевых каналах с тангенциальной подачей воздуха. — Труды АН Лит. ССР.

серия Б, 1985, т. 4 (149).

[40] Конюхов Г. В. , Петровская В. П. К экспериментальному иследованию переноса тепла в пакете витых стержней: Научно-технический отчет / НИИТП, 1968.

[41] Глесстон С. Эдлунд М. Основы теории ядерных реакторов: Пер. с англ. — М. : Изд-во иностр. лит. , 1954.

[42] Золотухин В. Г. Решение задач переноса излучения методом Монте Карло: Препринт ФЭИ / Обнинск. 1967.

[43] Марчук Г. И. Методы расчета ядерных реакторов. — М. : Госатомиздат, 1961.

[44] Коновалов В. А. , Прохоров Ю. А. Особенности физики реакторов ЯРД минимальной тяги. — Статья в сб. 《Ракетные двигатели и энергетические установки》. Серия IV / Центр Келдыша, 1973, вып. 18, ч. IV.

[45] Мельников Д. А. , Пирумов У. Г. , Сергиенко А. А. Сопла реактивных двигателей. — Аэромеханика и газовая динамика. — М. : Наука, 1976.

[46] Вибрации в технике. — М. : Машиностроение, 1981, т. 6.

[47] Конюхов Г. В. , Петров А. И. К обоснованию эффективности теплообменных устройств. — Первая Российская национальная конференция по теплообмену, т. VIII: Интенсификация теплообмена. — Москва, 1994.

[48] Конюхов Г. В. , Петров А. И. К теплообмену в ядерном ракетном двигателе. — Инженерно-физический журнал, 1994, т. 67, № 1 - 2.

[49] Коротеев А. С. , Конюхов Г. В. Особенности теплообмена в транспортных ядерных энергетических установках. — II Минский Международный форум, т. X, Минск, 1992.

[50] Конюхов Г. В. , Петров А. И. Тепловые и гидравлические характеристики теплообменников для космической энергетики. — III Минский Международный форум. т. X: Тепломассобмен в энергетических устройствах и энергосбережение, части I, Минск, 1966.

[51] Koroteev A. S. , Konjkhov G. V. , etc. Development and test of the droplet radiator experimental model in microgravity and high vacuum. — Russian-American Symposium on 《Science-NASA》 program. Marshall center, Huntsvill, USA, Nov. 1997.

[52] Конюхов Г. В. Коротеев А. А. и др. Моделирование процессов радиационного теплообмена и массопереноса в теплообменных устройствах космического назначения на основе капельных потоков. — Инженерно-физический журнал, 1998, т. 71, № 1.

[53] Конюхов Г. В. , Баушев Б. Н. и др. Капельный холодильник-излучатель для космических энергетических установок. — IV Минский Международный форум, т. X, Минск, 2000.

Конюхов Г. В. Коротеев А. С. , Семенов Ю. П. и др. Результаты исследования модели капельного холодильника-излучателя в условиях микрогравитации и глубокого вакуума на борту орбитальной станции "Мир" / Центр Келдыша, 2000.

第 4 章

装备固相反应堆核火箭
发动机的实物试验

如前所述,核火箭发动机及其单元的实物试验是一整套研究工作,它们拥有一个共同的"实物"特征,即其释热都由铀核裂变反应产生。由于组织这些试验时会出现十分复杂的问题,人们自然想尽量减少这些工作,尽可能只保留其检测和监控的功能,而把演练的重心转移到前面所说的几个阶段。虽然如此,核火箭发动机的实物试验还是规模庞大且耗资惊人,因此在发动机演练计划中不得不只考虑其决定性部分。[①]

4.1 核火箭发动机实物演练的台架试验基地

核火箭发动机实物试验的台架试验基地包括(见图 4-1)核反应堆-中子发生器,在中子流中研究核火箭发动机的各单元结构、燃料元件、燃料组件、控制测量系统传感器、慢化剂块、反射层等的工作能力;核火箭发动机反应堆独立试验台架,其上装备了向试验对象供应工质的系统、控制系统、试验参数记录系统及安全保障系统等;核火箭发动机综合试验台架,它保证发动机的工况最大限度地符合其作为航天器组成部分发挥功能的条件。

作为宇宙火箭飞行器组成部分的发动机综合演练专用试验台架在技术上是核火箭发动机地面试验计划的最后一个环节。

苏联在研发核火箭发动机的过程中,设计并装备了实施地面试验计划所需的台架试验基地,只是没有最后布局。

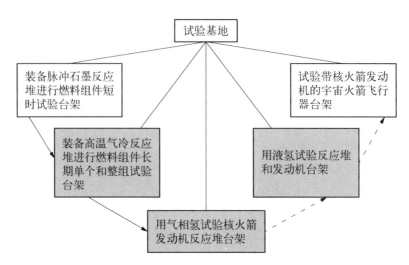

箭头表示演练的工艺流程,虚线表示没有完成的建筑工程,深色的框为参与"贝加尔"试验综合体的三个试验台。

图 4 - 1　核火箭发动机实物试验基地的组成

如前所述,俄国的核火箭发动机研发工作与美国的计划不同,它的基础是采用非均匀反应堆的构想,这样就可以把实物试验的主要内容集中在核火箭发动机反应堆关键部件——燃料组件及发动机其他单元的独立演练上,从而减少昂贵的反应堆试验和发动机综合试验量。

在苏联建造的用于演练核火箭发动机的四个试验台中,第一个环节(按时间和工艺顺序)是装备脉冲石墨反应堆的试验台架综合体(见图 4 - 2 和图 4 - 3[1])。这个综合体建造于 1958—1961 年间,位于距离苏联 Семипалатинск 核试验场(现今属于哈萨克斯坦)15～20 km 处;在 1949—1963 年间,该试验场曾进行了地面和空中核爆炸试验。综合体包括如下部分:

(1)安放脉冲石墨反应堆 ИГР(原名 ДОУД - 3,РВД)的建筑物;

(2)一些工艺系统,它们保证准备试验,为试验对象制备并向它供应工质以及氮、氦和水,测量试验参数和初步整理信息,反应堆和实验对象的运行后服务;

(3)距反应堆约 600 m 的建筑物,用来安放控制台和集中安放试验控制成套设备的主要部分;

(4)辅助的工艺系统和保障系统。

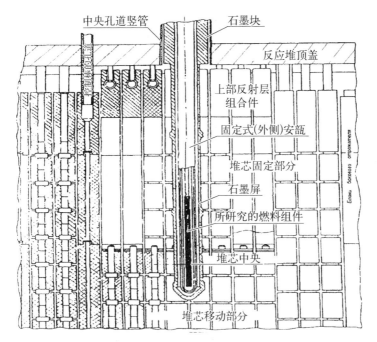

图 4 - 2　脉冲石墨反应堆堆芯

图中黑色部分为在反应堆中央实验孔道内安装的试验燃料组件

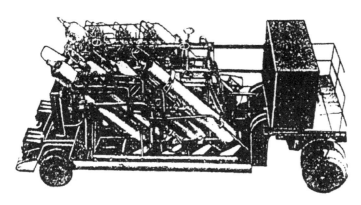

图 4 - 3　安装在拖车上的脉冲石墨反应堆试验
综合体试验台架的一部分

　　在ИГР试验台架综合体上,研究者曾在排气系统中利用中间容器做过这样一项实验,即将通过燃料组件的工质在排放到大气之前先暂时存放。研究发现,随着试验工况不同,存放时间可从几小时到几天,以保证把排放到大气中的气体活度降低到容许水平。

ИГР反应堆(脉冲石墨反应堆[2])是一座无冷却的均匀铀-石墨反应堆。它的工作原理为在一个工作循环过程中,释放出的所有热能都蓄积在堆芯材料内,在两个循环的间隔中(通常为20~50 h或更长时间)堆芯冷却至初温,然后反应堆可以重复运行。在这类反应堆内,工作时产生的中子注量率与时间的乘积是物理和结构常量。

ИГР反应堆结构保证安装试验燃料组件处的中央实验孔道内的中子注量到$3×10^{16}$ cm^{-2},当试验所需的中子注量率为$(1~3)×10^{15}$ cm^{-2}·s^{-1}时,一次试验时间将限制在10~30 s。尽管有这些限制,在ИГР反应堆内的试验还是能够获得核火箭发动机燃料组件结构在稳定工况和过渡工况下工作的大量信息。

保证核火箭发动机及其单元试验基地的第二、第三、第四个工位集中组成"贝加尔"试验台架综合体[3]。该综合体也位于荒无人烟的Семипалатинск试验场,在装备ИГР反应堆综合体东南大约40 km处(见图4-4)。"贝加尔"试验台架综合体包括如下部分:

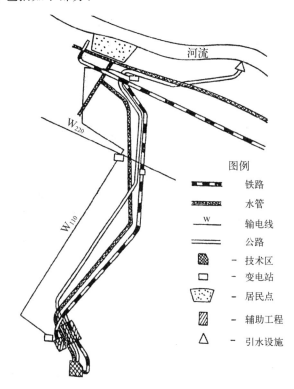

图4-4 "贝加尔"试验台架综合体和基础设施的平面布置

（1）装备 ИВГ 反应堆的试验台架（第一工位）；

（2）保证用气相工质（氢）进行核火箭发动机反应堆独立试验的试验台架（第二 A 工位）；

（3）用液氢进行核火箭发动机综合试验的试验台架（第二 B 工位），液氢专用涡轮泵组供给发动机（试验台架的装备没有完成）；

（4）中央控制站，在此集中所有试验台架的试验操纵台、控制和记录试验参数的仪器以及监测该地区空气剂量的仪器；

（5）保证工质和试验中要用到的其他气体的制备、气化和贮存，保证反应堆和发动机运行后服务以及保证试验对象各部分遥控解体和监控的工艺构筑物和系统；

（6）放射性设备贮存库和高放射性废物埋藏处置库；

（7）工艺运输、电力及其他保证试验的系统。

"贝加尔"是世界上仅有的两个进行核火箭发动机及其主要部件实物试验的试验台架综合体之一（第二个在美国内华达州）。综合体所在地的特殊性在于保证能够进行具有核危险和辐射危险成品的试验，以及能够进行使用大量气态氢和液态氢的工作。

"贝加尔"试验台架综合体的构筑物和系统集中建在两个主要地区。

Курчатов 市（Семипалатинск‐21）试验场中央居民点有液氮生产工厂，Иртыш 河引水点和水处理站，发电厂和汽车库，生产、行政管理、日常生活及文化等工程。主要工艺构筑物地区距 Курчатов 市 65 km，包括试验台架综合体本身所在的技术区场地（见图 4‐5）；离技术区安全距离为 3 km 的保障用途子项的场地，那里有居民楼、生活服务设施、维修车间、防疫站、施工区和其他子项。

试验台架综合体所有场地之间都用沥青路连接，连接 Курчатов 市的专用铁路还没有完工。

将气态氢、氮、蒸馏水作为试验台架综合体的工质。试验中液氢由乌兹别克斯坦的 Чирчик 市生产厂用铁路罐车供应，氢和氮的气化直接在技术区内进行（所需组分用汽车罐车从铁路终端站运抵）。气态氢贮藏在两个地下约为 150 m 深的球形容器内，而氮由另一个地下容器盛装。容器参数：容积为 900 m³，最高压力为 34 MPa。试验场地布建的各构筑物之间保持一定距离，保证符合辐射安全、防火和防爆的标准。主要构筑物通过地下人行道和地下交通隧道相连。试验台架综合体的"干净"子项，如中央控制台、通风厂房、气化站、工艺大楼等，集中在技术区北部，处于放射性产物计划扩散的扇形区之外。

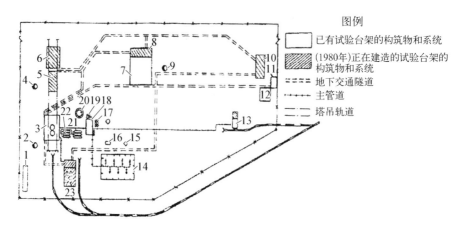

1—贮存非放射性废物的壕沟;2、4、9—消防用贮水箱;3—试验楼;5—工艺运输设备库房;6—放射性废物库;7—中央控制站;8—中央控制站的二期工程;10—通风中心;11—通行检查站;12—电力系统工艺大楼;13—氢和氮的气化站;14—氢和氮的排放区;15—氢和氮的地下贮罐;16—操纵和控制用氮的球形罐站;17—甲烷容器;18—气体配送站;19—馏出物高压容器;20—馏出物地下容器;21—氮和氦的容器;22—应急冷却用氢的罐;23—液氢贮罐和制备站。

图4-5 "贝加尔"试验台架综合体技术区的平面布置

　　主试验楼(见图4-6)是一幢钢筋混凝土整体浇筑的三层地下建筑。顶盖露出地面,厚度达2 m,可保证人员和设备在运行间歇期免遭核辐射(在进行试验期间工作人员不停留在这个构筑物中,从距试验楼300 m处的中央控制台遥控运行)。试验楼包括具有综合独立系统的第一、第二A和第二B工位,试验后拆卸并检查反应堆各部件的热室、就地控制盘、控制系统、测量系统及防爆防火系统等。

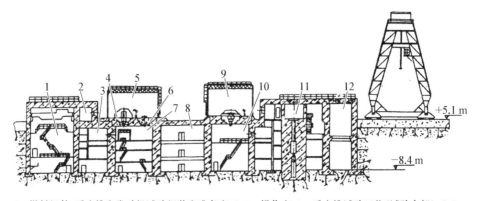

1—燃料组件、反应堆和发动机试验组装和准备室;2、3—操作室;4—反应堆试验工位(试验台架);5、9—可拆卸的堆顶构筑物;6—发动机试验工位(试验台架);7、10—地下工艺室;8—监测仪器室;11—拆卸试验燃料组件的热室;12—拆卸反应堆和发动机的热操作间。

图4-6 "贝加尔"试验台架综合体主要试验楼的纵剖面

被试验的成品垂直安装在工位上,喷口朝上。二十世纪七八十年代,研究者在"贝加尔"试验台架综合体上进行了反应堆试验,当时工质开式排放到大气中。这样的试验方法导致放射性烟云的形成,放射性沉降物落到技术区地域和附近区域。此外,开式排放限制了运行频度,能否进行试验要根据天气条件决定。但是必须指出,苏联在实施核火箭发动机第一个演练计划时,这些限制还不那么严格,预定的计划没有中断太长。此后,在恢复核火箭发动机创建工作时,试验台架综合体必然要装备闭式排放系统(研究了它的各种方案),它的造价相当于建造技术区所有构筑物的造价。

主试验楼方案是这样的:高温气冷研究堆(ИВГ)装在整块顶盖内的第一工位中,顶盖除其他功能外,还起辐射防护作用。11Б91-ИР-100 装置(ИРГИТ)的反应堆部分位于顶盖上方的第二 A 工位中(见图 4-7)。因此,为了降低工作中的反应堆对建筑结构和台架设备的辐射作用,在 11Б91-ИР-100 装置的反应堆上围了一层热屏蔽装置,它是一个装满水的圆柱形容器。装置按顺序进行的试验后,借助大型龙门吊用重生物屏蔽和可拆卸盖子把工位封起来,该盖子在运行间歇期构成试验间的堆上部分。

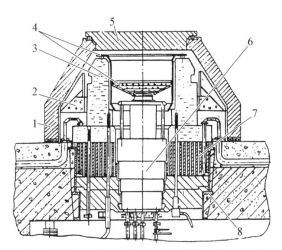

1—试验间歇期间掩蔽反应堆的生物屏蔽组合件;2—抗活化防护环;3—热屏蔽冷却水箱;4—热屏蔽;5—生物屏蔽组合件顶盖;6—11Б91-ИР-100 反应堆(ИРГИТ);7—试验台架的固定机构;8—支承受力环。

图 4-7　"贝加尔"试验台架综合体的第二 A 工位

试验台架综合体的最重要特性之一是其工作能力,正是它决定了发动机演练的工艺持续时间。制约试验频度的主要因素是试验的辐射状况:放射性沉积物污染作业区,使土壤、建筑结构和试验台架设备活化。根据二十世纪七八十年代的条件,在 ИВГ 反应堆设计功率下运行极限频度不应该超过 3 次/年,在推力为 36 kN 的反应堆或发动机最大推力下,运行频度不超过 17 次/年。如此高强度的试验进度并未实现,将来在应用闭式排放条件下,可以保证这样(甚至更高)的运行频度。

4.2 脉冲石墨反应堆(ИГР)内模拟燃料组件的试验

第一次研究在反应堆中子流下核火箭发动机燃料组件的试验是在 20 世纪 60 年代初。燃料组件是发动机的主要单元,它把铀裂变产生的核能转变为热能,并传递给最终的工质。它是发动机中结构最复杂、释热最强的部件。探索该部件的最佳结构方案要求在实物条件下对所提出的结构方案和工艺方案进行连续的实验验证。20 世纪 50 年代末的探索工作创建了核火箭发动机模拟燃料组件的结构(它们的结构特性和其他特性已在第 3 章研讨过)。模拟的含义为:这些燃料组件不是正在设计的反应堆或者发动机的部件,而是一些实验对象,用来对燃料元件的材料和结构形式、保温层、壳体、附属零件、测量手段以及整个燃料组件进行论证选择。在燃料组件的反应堆试验前,研究者对选择的或者专门制造的燃料组件材料的耐热强度、热物理特性与扩散特性的兼容性等进行了一系列理论和实验研究,所用实验装置能将样品电阻加热,并能在低温等离子体流发生器中用气体加热。

1961 年建造的脉冲石墨反应堆(ИГР)首次使在模拟燃料组件实物工作条件下研究燃料组件材料和工作过程参数成为可能。在这种情况下,模拟的不是全部,而只是一部分,还存在以下一些限制因素。

(1) 在 ИГР 反应堆内进行试验时,工作过程中能完全复现的主要参数有实物组成、工质温度和压力、燃料元件材料温度、通道水力直径、加热段孔隙度以及燃料组件质量流密度。

(2) 为了获得所需的从燃料元件到工质的热流值(因此获得燃料元件表面温度及其内部温压)以及必需的质量流密度水平 $g = \dfrac{G}{S}$(G 为工质流量,S 为燃料组件过流截面面积),制造的燃料组件应该把裂变物质浓度增加到两倍(与发动机最佳值相比)。但是,此时不得不考虑向反应堆堆芯材料中增加的铀量可能导致反应堆物理化学性质的改变,因而导致试验结果不真实。

（3）如果借助增加铀浓度办法使得燃料组件材料中的质量流密度和热负荷值能够接近实物，则在 ИГР 反应堆内进行燃料组件试验时，燃料组件的工作寿命在原则上是不能复现的。模拟这个参数的唯一可能是将同一样品进行多次试验。但是因为这种采集寿命的方法与多次加热和冷却相关联，即比在不变工况下长期工作的条件更严酷，固定工作条件与急剧改变工作条件的可比性总是成为不太会有结果的争论题目，所以多次短时间试验的结果只能大致判断结构的寿命。

但是，尽管有上述这些限制，在 ИГР 反应堆内进行的燃料组件试验在十年间还是解决了研发核火箭发动机燃料组件时遇到的许多重要问题，并且在很多情况下这些问题的答案用其他任何方法都是不可能获得的。

在 ИГР 反应堆内进行核火箭发动机燃料组件试验的目的通常包括：

（1）检验燃料元件所选择的材料和保护（抗扩散和抗腐蚀）涂层在温度为 $3\,000\sim3\,300$ K 的工质流中以及在强中子和 γ 辐照作用下的稳定性；获得并论证燃料元件在稳定功率水平下的最佳温度工况；

（2）检验燃料组件各结构零件和部件的工作能力、这些零件的连接方法以及所选保温材料的特性；

（3）获得燃料组件各个比参数，包括比冲的实验数据；

（4）获得燃料组件动力学特性的实验数据，获得燃料组件进入额定功率水平及停运降温时最佳工况的实验数据；

（5）研究燃料组件的各种运行特性，特别是确定燃料元件中铀和裂变碎片进入工质管系的程度；

（6）解答出现的研究方法问题和工艺问题。

在实施核火箭发动机研发计划期间，研究者在 ИГР 反应堆内做了十分紧张的试验。仅在 1962—1964 年进行的第一组（共三批）试验工作中，ИГР 就运行了 41 次，试验了 26 个各种形式的模拟燃料组件。每一批试验之前是所谓的"物理启动"阶段，在此阶段调整好反应堆工况，校核反应堆与保证试验的各工艺系统之间相互作用的某些细节。

研究与反应堆试验中燃料组件材料和结构工作能力相关问题的方法是分析用几种独立方法获得的数据。

其中第一个方法是连续（试验前、试验中和试验后）监测燃料组件水力通道状态。在燃料组件结构单元工作中微小的偏差都会引起水力通道特性的变化，相反，所有记录下来的水力通道特性的变化都能证实与其偏离正常工作

(这些偏离通常会进一步发展)有关。

另一个方法是分析通过燃料组件的工质排放气流中的碎片活度。在这种情况下,分析铀裂变产物,如氙、氪的活度能获得非常多的信息。燃料元件、燃料组件在工作中的破坏程度与排放气流活度水平之间不仅存在定性关系,而且存在定量关系。

研究燃料组件结构工作能力的第三种方法是对一些固态产物的成分进行放射性分析和放射化学分析。这些固态产物来自燃料组件中被工质流夹带和沉积在排放通路冷却段上。尽管用这个方法得到的结果较好地表征了所研究燃料组件的运行特性,但是它只能是燃料组件结构中所用材料工作能力的定性判据。

最后,还有一个最直接、最直观的方法,它的基础是对进行试验的燃料组件各个结构单元在热室中进行观测并进行物理化学研究的结果。

在准备 ИГР 反应堆内试验燃料组件期间,专门研制的重要研究用测量仪器是物理测量安瓿(АФИ)。在这些安瓿中,被研究的燃料组件用仿真器——中子吸收体替代,而在自由空间最大限度地填充一些传感器和仪表(包括在一次运行过程中可多次更换的铜活化剂、热中子探测器、气体活化剂等),用它们能够详细研究运行期间不同时刻实验孔道内中子注量率的分布情况。

至于具体的试验工艺,可以归结如下:

所试验的燃料组件安装在中央实验孔道内一个安瓿形水冷金属结构中(见图 4 - 8)。在工艺设备、测量系统、记录系统、自动化系统等都已准备好后,开始向安瓿注水,向燃料组件注入工质(在所有试验中用作工质的是氢或者添加 0.5% ~ 1.0% 碳氢化合物的氢)。然后,从反应堆堆芯抽出启动棒——中子吸收体,以保证必要的超临界度和将反应堆提到所需的功率水平。随后在整个运行时间内(通常为 10~30 s)按设定程序从堆芯逐步抽出另一组中子吸收棒。这个操作的目的是补偿在反应堆堆芯升温过程中出现的反应性负温度系数。停止补偿棒的运动是保证在设定瞬间中止链式反应的有效措施。在这

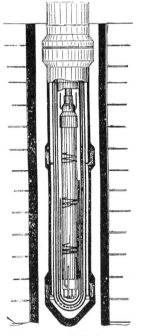

图 4 - 8 为了在 ИГР 反应堆内进行试验的核火箭发动机模拟燃料组件(外形)

种情况下,没有任何补充作用,堆芯的温度将不断增高,导致反应堆过渡到次临界状态。有时,为了停运反应堆,需要把所有抽出的棒快速插入堆芯。

在反应堆运行结束和降温后,将试验的燃料组件从实验孔道抽出,在贮存罐内放置几昼夜或几周以降低活度,然后借助遥控设备将其放进屏蔽容器,运送到热室做进一步研究。

如上所述,经受第一批反应堆试验的有几种结构的燃料元件和燃料组件,其中包括:

(1) 以碳化物(ZrC+UC)或者带碳化铌 NbC 涂层的石墨(C+UC)双束螺旋棒形式制成的燃料元件,每根棒直径为 2.2 mm、长度为 100 mm 或 200 mm,在这种情况下总长度约为 500 mm 的燃料组件分成三段或五段,每段由 7 根棒组成;

(2) 复合燃料组件,其前面三段用带涂层的(双束、三束或四束的)石墨棒制成,剩余两段用以碳化锆为基体的棒制成;

(3) 以带 19 个孔道的石墨六棱柱形制成的燃料元件,它们被工质冲洗的表面用一薄层碳化铌覆盖。

在实验燃料组件中,连接(过渡段)套管、隔热层、出口支承栅格和其他一些零件的结构和材料也是多种多样的。

作为范例,图 4 - 9 所示为其中一次运行周期图的一部分,图 4 - 10 所示为工质和燃料元件表面温度沿燃料组件活性段长度变化的特征曲线。燃料元件表面温度变化特征曲线的锯形特征是沿燃料组件长度构型调节铀浓度(从开

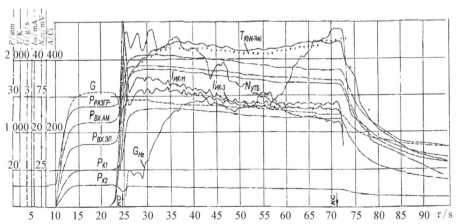

图 4 - 9　在 **ИГР** 反应堆内进行核火箭发动机模拟燃料组件 **H - 10** 试验时,主要运行参数的变化周期图(稳定试验工况的持续时间为 **47 s**)

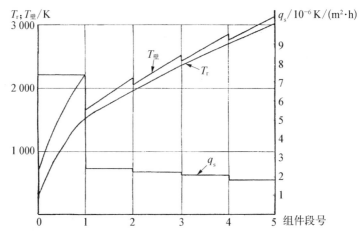

图 4-10 在 ИГР 反应堆内进行 П-13 试验时，工质温度 T_r、燃料元件表面温度 $T_壁$ 以及从燃料元件到工质的热流 q_s 沿模拟燃料组件长度的变化（稳定试验工况的持续时间为 39 s，横坐标轴为模拟燃料组件的段号）

始段到出口段浓度逐渐降低，使得在前几段保证传给工质最大热流，而在这种情况下最后一段的热流并不大，导致工质出口温度最大限度地接近燃料元件材料的极限温度）的结果。图 4-11 所示为某些实验中的温度变化速率曲线，它们表征动态温度效应使燃料元件材料加载的程度（正如研究表明，对于所采用结构的燃料元件，最高容许温度变化速率不应该超过 800 K/s）。

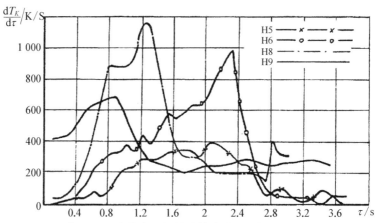

图 4-11 在 ИГР 反应堆内进行核火箭发动机的模拟燃料组件试验时，几次运行过程中的温度变化速率

燃料组件出口的工质温度达到 3 000 K 或更高，这一温度的测量是一个复杂的技术问题，值得更加详细地研讨。

作为测量手段之一,研究者在燃料组件最后一段之后的气流中安装了一个高温钨-铼热电偶。但是在极高温下它的指示数值并不十分可靠。

燃料组件出口工质温度测量的备用方法(必要时成为主要用法)利用了气体动力温度计。该温度计是在一个气体通道内串联安装了两个临界喷嘴,它们之间装有热交换器,在那里工质可冷却到能可靠测量的低温温度(见图 4-12)。

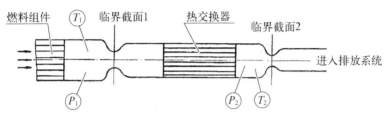

图 4-12　气体动力温度计示意图

(P_1、P_2、T_2 为测出的参数,T_1 为被确定的参数)

对于每个喷嘴,都可以写出众所周知的把工质流量与喷嘴内临界流参数关联起来的关系式:

$$G = \frac{PF_{kp}\sqrt{ng\left(\dfrac{2}{n+1}\right)^{\frac{n+1}{n-1}}}}{\sqrt{RT}} \qquad (4-1)$$

式中,G 为工质流量;T、P 分别为喷嘴前的温度和静压力;F_{kp} 为临界截面面积;R 为气体常数;g 为自由落体加速度;n 为多变指数。

因为在稳定工况下气体通道任何截面的工质流量都一样,所以综合研讨两个喷嘴的表达式(4-1),可得出下列关系式:

$$T_1 = T_2 \left(\frac{P_1}{P_2}\right)^2 \left(\frac{F_1}{F_2}\right)^2 \left(\frac{R_2}{R_1}\right) \frac{A_1}{A_2} \qquad (4-2)$$

式中,$A = n\left(\dfrac{2}{n+1}\right)^{\frac{n+1}{n-1}}$。这里下标 1 和 2 分别指第一喷嘴和第二喷嘴的参数。

假设从燃料组件进入第一喷嘴的是高温工质,它通过热交换器后被冷却至低温,然后再通过第二喷嘴。如果直接测量温度 T_1 很难,或者要重复多次,那么其值可以用式(4-2)计算得到,前提是式(4-2)右边各参数值均已知。

将式(4-2)改写为方便的计算形式:

$$T_1 = T_2 \left(\frac{P_1}{P_2} \right)^2 K_T K_1 K_2 K_3 \tag{4-3}$$

式中，T_2、P_1、P_2 分别为实验过程中测得的参数；K_T 为根据气体动力温度计"冷"标定获得的换算系数；K_1 为考虑加热时喷嘴线性膨胀的修正参数；K_2 为考虑喷嘴中工质组成的不恒定修正参数；K_3 为考虑喷嘴内热交换的修正参数。

在温度计"冷"标定时，工质通道用正常温度下的气体吹过（从两个喷嘴出来的气流都应该是临界流）。这样的吹法是合适的，原因如下：

（1）对于两个喷嘴，工质组成、多变指数都可以认为是常数（$K_2 = 1$）；

（2）喷嘴出口温度场是均匀的，不随时间变化，可以非常简单准确地测定温度值；

（3）$K_1 = 1$ 和 $K_3 = 1$。

考虑到这些推论，从式（4-3）得到

$$K_T = \frac{T_1}{T_2} \left(\frac{P_2}{P_1} \right)^2 \tag{4-4}$$

根据"冷"标定，K_1 值可准确到 0.3%。

现在来确定系数 K_1 和 K_2 的表达式：

$$K_1 = \left(\frac{F'_{kp1}}{F_{kp1}} \right)^2$$

式中，F'_{kp1} 为实物试验温度下第一喷嘴临界截面面积；F_{kp1} 为"冷"标定温度下的同一面积。

$$K_1 = \left(1 + \frac{\Delta r}{r} \right)^4 \approx 1 + 4 \frac{\Delta r}{r} \tag{4-5}$$

式中，$\dfrac{\Delta r}{r}$ 为线膨胀造成的喷嘴半径相对变化。

$$\frac{\Delta r}{r} = \alpha t \tag{4-6}$$

式中，t 为按截面平均的喷嘴壁材料过剩温度；α 为喷嘴材料线膨胀系数。

$$t = \frac{2}{r_2^2 - r_1^2} \int_{r_1}^{r_2} t_r r \, \mathrm{d}r \tag{4-7}$$

式中，r_2 和 r_1 分别为喷嘴壳体的外半径和内半径；$t_r = t_k - t_h$，为喷嘴壁设定点的过剩温度，t_h、t_k 分别为喷嘴壁设定点加热前和加热后的温度。

从式（4-6）和式（4-7）得到喷嘴内表面相对径向位移的表达式为

$$\frac{\Delta r}{r_1} = \frac{2\alpha}{r_2^2 - r_1^2} \int_{r_1}^{r_2} t_r r \, \mathrm{d}r \qquad (4-8)$$

在通过管壁的恒定热流下，有

$$t_r = t_1 - \frac{t_1 - t_2}{\ln \dfrac{r_2}{r_1}} \ln \frac{r}{r_1} \qquad (4-9)$$

式中，t_2、t_1 分别为喷嘴壳体外半径处和内半径处的过剩温度。

把式（4-9）代入式（4-8）中并进行积分，得到 $\dfrac{\Delta r}{r}$ 计算表达式：

$$\frac{\Delta r}{r} = \alpha \cdot t_1 \left\{ 1 + \left(1 - \frac{t_2}{t_1} \right) \left[\frac{1}{2\ln \dfrac{r_2}{r_1}} - \frac{1}{1 - \left(\dfrac{r_1}{r_2} \right)^2} \right] \right\} \qquad (4-10)$$

温度 t_1 和 t_2 根据喷嘴冷却计算结果确定，K_1 利用关系式（4-10）由式（4-5）确定。

在 $K_1 = K_3 = 1$ 情况下，由式（4-3）可得

$$\frac{T_1}{K_2} = T_2 \left(\frac{P_1}{P_2} \right)^2 K_T = C \qquad (4-11)$$

对于每一试验时刻，式（4-11）右边是已知的常量 C。

$$K_2 = \frac{R_2}{R_1} \frac{n_1 \left(\dfrac{2}{n_1 + 1} \right)^{\frac{n_1+1}{n_1-1}}}{n_2 \left(\dfrac{2}{n_2 + 1} \right)^{\frac{n_2+1}{n_2-1}}} \qquad (4-12)$$

低温下工质组分 (R_2, N_2) 已设定。对于已知的喷嘴前压力 P_1，通过热力学计算确定关系式 $R = R(T)$ 和 $n = n(T)$。然后在设定压力 P_1 下用逐步近似法可以确定温度 T_1 和与它相应的工质组分，使得 $\dfrac{T_1}{K_2}$ 等于 C。用这个方法

得到的温度 T_1 没有考虑工质经过第一喷嘴流动过程中的组分变化,因此应该进行相应的修正。可是计算表明,对于ИГР反应堆内燃料组件试验的代表性工况,这个修正比 K_2 小一个数量级。

对于所采用模拟燃料组件的喷嘴结构和试验条件,$K_3 = 1.01$。

用气体动力温度计测量的温度 T_1,其误差由下列两部分叠加:

$$\delta T_1 = \delta T_{1\text{э}} + \delta T_{1p} \tag{4-13}$$

$\delta T_{1\text{э}}$ 为由试验参数(P_1, P_2, T_2)测量准确度以及每个成品"冷"标定的质量和数量决定的误差,它的表达式为

$$\delta T_{1\text{э}} = \delta T_2 + 2\delta P_1 + 2\delta P_2 + \delta K_T \tag{4-14}$$

δT_{1p} 为与工质组分、喷嘴温度变形以及喷嘴内热交换计算方法的不准确性相关的温度 T_1 的误差,它的表达式为

$$\delta T_{1p} = \delta K_1 + \delta K_2 + \delta K_3 \tag{4-15}$$

对于 δK_T,得到下列表达式:

$$\delta K_T = \delta T_1 + \delta T_2 + 2\delta P_1 + 2\delta P_2 \tag{4-16}$$

在式(4-16)中,P_1、T_1、P_2、T_2 分别为第一喷嘴前和第二喷嘴前气体动力温度计"冷"标定时的工质参数。如果在第一喷嘴前和第二喷嘴前压力测量的准确度达到 0.2%,工质温度测量准确度达到 0.1%,那么在一次测量中预期的误差 δK_T 为 1%。对于每个成品,要在三种试验工况下进行 6 次测量,将结果整理后确定 K_T 值。许多模拟燃料组件的均方误差为 0.3%。在ИГР反应堆内的研究中,工质压力 P_2 和 P_1 的测量准确度为 0.2%,而第二喷嘴前工质温度的准确度达 0.1%,所以 $\delta T_{1\text{э}} = 1.2\%$。

δT_{1p} 的误差取决于参数(T_1, P_1)和工质类型。对于ИГР反应堆内模拟燃料组件的一次试验,$K_1 = 1.017, K_2 = 0.925\,9, K_3 = 1.01$。如果我们在计算喷嘴变形时发生错误,比方说误差达 20%,那么 $\delta K_1 = 0.33\%$。在这种情况下 $\delta K_3 = 0.2\%$。最后,如果 $\delta K_2 = 1.5\%$,那么 $\delta K_{1p} = 2\%$。这样,用气体动力温度计测量温度 T_1 的误差为 $3\% \sim 4\%$。

改善试验过程中测量水平和提高计算方法准确度,就可以提高测验准确度。总体来讲,在ИГР反应堆内进行的第一批试验证实了上述的堆芯结构,以及燃料组件内氢(或添加少量甲烷的氢)可加热到 $3\,000 \sim 3\,100$ K 的计算结

果和实验推论。对于燃料组件的其他结构、另一些工作条件和工况,需做进一步试验使这个结论更加具体化。

4.3　ИВГ 反应堆内堆芯燃料组件和其他组件的试验

回路试验后,核火箭发动机燃料组件演练按顺序进行的下一个阶段是在稳定作用的反应堆内进行整组燃料组件的实物试验。作为这样的装置,Курчатов 原子能研究所于 1965 年建造了台架式实验反应堆 ИВГ‑1。该反应堆除了演练各种尺寸核火箭发动机堆芯的燃料组件和单元外,还用来实施中等功率(推力为 200~400 kN)台架式核火箭发动机原型的功能。这种综合性允许平行解决核火箭发动机不同发展方向所固有的问题,大大节省了时间和费用。

ИВГ‑1 装置(见图 4‑13 和 4‑14)是以水作为慢化剂、物理上有无穷大铍反射层的非均匀气冷反应堆。它的结构由固定的和可更换的两部分组成。固定部分包括带顶盖的反应堆壳体、反射层、功率控制鼓、生物屏蔽组合件和围筒。堆芯可更换部分包括带 30 个工艺管和中央孔道的中央组装件。所研究的核火箭发动机燃料组件既可以作为工艺管的组成,又可放在中央孔道内。由于中央孔道周围有铍慢化剂,可以保证使按截面平均的热中子注量率大约增加一倍。这使得在加强载荷下能够对安装在中央孔道内的燃料组件进行试验(直到被破坏)[4]。

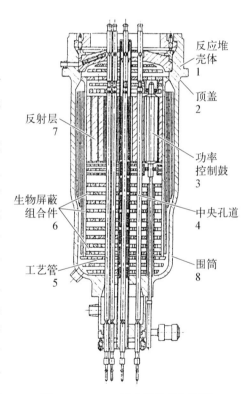

图 4‑13　ИВГ 反应堆的纵剖面图

在核火箭发动机台架原型中用水(核物理性质接近氢化锆)替代氢化锆慢化剂扩大了反应堆实验能力,可以更换结构未定型的组合件,增加反应堆运行可靠性。

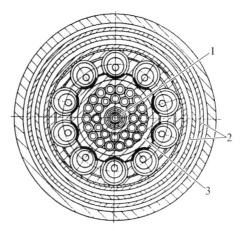

1—中央子道；2—围筒；3—中央组装件（堆芯可更换部分）。

图 4 - 14 ИВГ 反应堆的横剖面图

在燃料组件试验开始之前，研究者对 ИВГ 反应堆进行了物理运行(1972年)，然后是功率运行(1975年)，证实其中子物理特性和热工特性的计算数据是正确的。

此后，1976年反应堆又运行了两次(ИП-1 和 ИП-2)，除了研究反应堆参数之外，开始解决内容十分广泛的研究课题。在 ИП-2 运行时，在中央孔道内首次进行了额定工况下推力接近 36 kN 的核火箭发动机燃料组件的试验。在 ИП-2 运行过程中，主要参数变化曲线如图 4-15 所示。

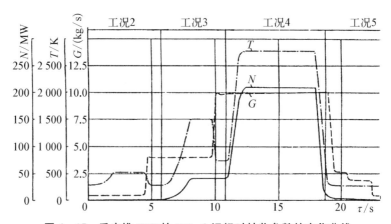

图 4 - 15 反应堆 ИВГ 的 ИП-2 运行时某些参数的变化曲线

后来，反应堆被改建，堆芯过渡到闭式水冷(它的代号为 ИВГ-1M)。反应堆 ИВГ-1M 的设计特性如表 4-1 所示。

表 4-1

参　　数	数　　值
额定热功率/MW	72
最大热中子注量率/$cm^{-2} \cdot s^{-1}$	5×10^{14}
回路通道尺寸/mm 　　内径 　　堆芯高度	164 800
反应堆连续工作持续时间(根据各台架系统的限制)/h	2

1975—1988 年间 ИВГ 反应堆总共运行了 30 次,试验了 4 个试验堆芯和 200 多个核火箭发动机的气冷燃料组件。

在 ИВГ 反应堆内的燃料组件试验实际上完全消除了在 РВД 研究中特有的时间限制问题。在这些工作过程中,可以研究前阶段原则上无法复现的许多过程,如材料蠕变、腐蚀与侵蚀现象、辐照积分剂量等对燃料组件特性的影响。在功率和温度载荷、中子注量和工作时间、过渡工况下动态效应等接近额定值的条件下,科学家对这些过程进行了研究。

当分析 ИВГ 反应堆内核火箭发动机燃料元件和燃料组件的试验结果时,研究者还证实了在反应堆研究前阶段得出的结论:由于制造燃料元件使用的脆性碳化物材料性质极不稳定,必须放弃传统的强度和耐热强度理论,转而用概率法预测燃料元件的工作能力[5]。与此同时,反应堆试验表明,在大多数情况下试验过程中可以观测到陶瓷燃料元件表面的贯穿裂纹,由于装入框架燃料束的结构特性,它并没有改变燃料组件的水力特性和动态特性。当然,最终结论需要用更多统计资料来证实。在 1989 年苏联研发核火箭发动机计划结束之前,研究者没有成功地获得那样的统计资料。

然而,在 ИВГ 反应堆上进行的全部研究能证实在前面一些阶段选择的燃料元件和燃料组件结构材料是正确的;证实在技术任务书确定范围内研发的核火箭发动机燃料组件的结构在氢工质内的工作能力;研究核火箭发动机堆芯的燃料组件和其他单元的物理特性和热工特性;研究核火箭发动机的燃料元件和燃料组件的动力学特性;演练准备和进行反应堆试验的方法和工艺,以及运行试验对象后研究。

在 ИВГ 反应堆内成功进行燃料组件试验允许着手实施演练的下一阶段,即核火箭发动机反应堆的独立试验。

4.4 核火箭发动机反应堆台架原型试验

推力为 36 kN 的核火箭发动机反应堆台架演练是作为专门设计的装置 11Б91‐ИР‐100（ИРГИТ）的组成部分进行的。该装置除了反应堆外，还包括保证辐射防护功能的工艺支架以及将试验对象与"贝加尔"试验综合体第二 А 工位的设备和台架系统对接。试验包括反应堆物理运行、工作通道的冷气体动力调节、可控物理运行、冷水力试验、功率运行、点火试验、运行后研究等阶段。下面研讨这些阶段的内容。

4.4.1 物理运行

这个试验阶段分两步进行，第一步在物理动力研究院的"箭"台架上进行[6]，第二步在"贝加尔‐1"试验台架综合体上进行[7]。

反应堆物理运行的任务包括加装反应堆临界质量并将它引入临界状态，测定控制、调节和保护系统（СУРЗ，下同）工作机构的效率，测量反应堆次临界度和反应性裕度，测定沿燃料组件长度和半径以及在各个燃料组件内的释热分布函数；测量反应堆表面及其附近的中子流和 γ 射线流的谱特性，以绝对功率单位对反应堆测量系统和控制机构进行定标，将反应堆实验的特性与计算的中子物理特性进行比较。

在物理运行过程中，反应堆的功率水平提升到 250～300 W（在完成某些任务时功率为 1～5 kW），也就是在这种情况下可以用测量手段可靠监控装置内外所有中子物理参数，而反应堆结构又不会升温，不需要进行冷却。

为了测量核火箭发动机反应堆物理运行时的中子物理参数，除了台架上的堆外探测器之外，还用了 7 个可拆卸的、装备大量堆内探测器的物理测量安瓿（类似首次在 ИГР 堆内试验燃料组件时用的 АФИ）。

装在反射层内的 12 个旋转鼓是反应堆 СУРЗ 系统的工作机构，在每个旋转鼓侧面夹角为 120°的扇形体内装有碳化硼中子吸收单元。转鼓能够从"+K"位置旋转 180°到"−K"位置，在"+K"位置吸收单元离堆芯最远；在"−K"位置离堆芯最近。鼓转动用单个控制或整组控制的电气传动装置加以保证。此外，还可以断电并借助机械弹簧使鼓应急转到"−K"位置。鼓向"+K"方向转动的速度为 8°/s，向"−K"方向的转速为 16°/s，应急甩负荷时间为 0.3～0.4 s，符合保证反应堆安全试验和安全运行的规范要求。

在安装燃料组件过程中,反应堆临界度用反应堆物理学中著名的倒计数法监控,保证可靠地遵守核安全规范。反应堆最小临界装载为 33.4 个燃料组件,剩余的 3.6 个燃料组件(反应堆内预定安装 37 个燃料组件)保证控制反应堆、补偿反应性温度效应、裂变材料燃耗、堆芯结渣以及裂变产物中毒等所需的反应性裕度。

测出的每个控制鼓的效率为 $(1.70 \pm 0.05)\beta_{\text{eff}}$[①]。所有鼓组合的总效率(由于相互干扰影响,总效率要比单个鼓的效率与其数量的乘积小)为 $(16.6 \pm 0.9)\beta_{\text{eff}}$。

第一个反应堆样机 11Б91 - ИР - 100 的反应性裕度(在堆芯未升温和其中没有工质情况下)为 $(4.6 \pm 0.6)\beta_{\text{eff}}$,而当所有鼓转到"-K"位置时反应堆次临界度为 $-(12.0 \pm 1.1)\beta_{\text{eff}}$。当三个应急保护鼓进入"+K"位置时,次临界度为 $-8.4\ \beta_{\text{eff}}$。所有测出的值都极接近计算值,这使得随后反应堆必要的可控性以及试验和工艺运输操作时的核安全得到保障。

以相对单位测出的沿反应堆轴向的释热分布(对于所有燃料组件)如图 4-16 所示,它与控制鼓的角向位置无关。至于沿反应堆半径的释热分布,则不仅取决于控制鼓的位置,而且对每个燃料组件的材料组成也很敏感。当堆芯升温和装入工质后反应堆的反应性要增加 $1.17\ \beta_{\text{eff}}$,考虑到这一点,径向不均匀系数约为 1.12,这与设计值吻合得很好。

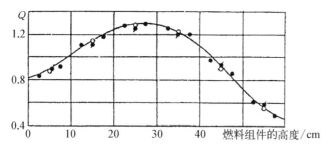

图 4-16　控制鼓转不同角度时沿反应堆 11Б91 - ИР - 100 (ИРГИТ)轴的释热分布(在物理运行过程中测出)

在标定测量系统过程中,研究者测量了堆芯中央以及反应堆壳体侧面的中子注量率。如预料的那样,在堆芯中央的快中子注量率最大,对于每瓦功率为 $3.5 \times 10^6\ \text{cm}^{-2} \cdot \text{s}^{-1}$。反应堆侧表面和端表面的中子谱测量结果如

---

① β_{eff} 为中子平衡中总缓发中子有效份额,在研究反应堆内 $\beta_{\text{eff}} = 0.007\,48$。

图 4 - 17 所示。图上还标出了反应堆侧表面的 γ 射线谱。图上所有数据都是按 1 瓦功率归一化的。

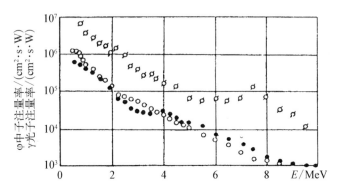

●为侧表面中子注量率；○为端表面中子注量率；∅为侧表面 γ 射线注量率。

图 4 - 17　反应堆物理运行过程中测定的 γ 射线谱和快中子谱

这样，反应堆的物理运行证实创建它时所用的结构方案是正确的，这就可以开始下一阶段 11Б91 - ИР - 100（ИРГИТ）装置的准备点火试验。

4.4.2　反应堆工作管系的冷气体动态调节

落实这个阶段的方法已在第 3 章中研讨过。正如指出的那样，在无法消除的、被过程物理造成的沿反应堆堆芯截面不均匀释热的条件下，获得发动机最大比冲的必要性要求对装置工质通道特性进行调节控制。此外，还要注意到，由于各个燃料组件独有的工艺特性（铀 - 235 浓度值、过流动部分的水力阻力、保温件的热阻等存在差异），释热分布还会有附加畸变。调平这些差别的自然方法，即令每个燃料组件内工质加热温度达到最大值的方法，是使氢流量在各燃料组件内做相应的重新分配。实际实现这种重新分配是反应堆工作通道气体动态调节的本质。

11Б91 - ИР - 100 装置冷却流程是一个复杂配置的并联和串联通道的分叉网络。我们记得，在试验台架演练阶段，反应堆被两个独立的工质流冷却（37 个燃料组件的组合件与壳体、反射层、慢化剂分开），这增加了实物试验的机动性，即能够在运行间歇期更换一组或者所有燃料组件，解开热平衡等。装置特性之一是其中具有大量窄缝通道，由于它们的水力特性实验数据不足，其中的流动很难计算。因此研究者专门建造了装置各个部件的水力模型，研究了其中通道和调节件的特性，其结果成为调节装置通道的基础。在这种情况下,反应堆流程分成几个区段(慢化剂、反射层、反应堆壳体、装置工艺托架、燃料组件和工艺管等冷却通道),这些区段内的过程在考虑边界条件的具体模型中复现。

用具体模型得到的实验数据在装置综合水力模型中衔接,在宽广的 Re 数和 Ma 数范围内的研究过程中,研究者更准确地测定了圆管、带肋管和窄缝通道的水力阻力系数,测定了流程关键点的速度场及按其个别单元的流量分配,测定了装在过流部分的调节节流件的特性。

上述工作之后,研究者在为此专门建造的台架上进行了装置综合水力研究。在冲洗管系过程中测量通过窄缝通道系统的气体流量、气体温度,以及为了确定质量流密度选定各点的全压和静压。这些研究能够在后来通过计算途径复现装置各个单元过程的流体动力图像和热工图像以及所有部件载荷的受力图。

反应堆工作通道气体动态调节和综合气体动力试验工作是 11Б91‐ИР‐100 装置从苏联欧洲部分运到"贝加尔"试验台架综合体之前的最后研究阶段。

4.4.3　可监控的物理运行(КФП)

反应堆 11Б91‐ИР‐100 以拆卸形式运到"贝加尔"试验台架综合体,因此,可监控物理运行(КФП)的任务之一是弄清拆卸、运输及组装对反应堆中子物理特性的影响。为了弄清这些问题,КФП 计划规定要做下列工作:

(1)用正式成套燃料组件进行反应堆装料;

(2)测定反应性平衡,更准确测定控制鼓的特性;

(3)监测沿堆芯高度和半径的释热分布;

(4)以绝对功率单位对 СУРЗ 测量通道进行刻度;

(5)确定反应性密度系数(反应堆充注工质条件下);

(6)反应堆从用临时 СУРЗ 控制转为用正式台架 СУРЗ 控制;

(7)辐射研究;

(8)制订好功率运行工艺规程。

1977 年 9 月 17 日,"贝加尔"工程装置第一座反应堆 11Б91‐ИР‐100 达到临界状态。

在这种情况下,反应堆内铀‐235 的总装量为 7 kg,控制鼓位置的配置(考虑到 3 个应急保护鼓进入位置"＋К")实际上完全与预期的相符,这证实在进行工艺运输操作过程中反应堆中子物理特性没有变化。借助同类反应堆

"Санар"和 ПИР‐2M 测定的反应性裕度为$(4.6\pm0.2)\beta_{eff}$,而次临界度为$-12\beta_{eff}$,也完全与先前测定值相吻合。单个鼓的效率($1.68\beta_{eff}$)和整组鼓的效率与先前测得的值相比也没有改变。

释热分布的监测(根据堆芯不同点裂变产物活度予以测定)表明:

(1)在中央孔道、第一圈、第二圈和外圈其他孔道内的相对释热分别为0.89、1.05、1.11 和 0.92;

(2)在靠近进入位置"+K"的应急保护鼓的外圈孔道内释热比同一圈其他孔道内释热高 3%;

(3)释热的最大不均匀系数为 1.37;

(4)径向不均匀系数为 1.11;

(6)沿燃料组件截面释热周向不均匀性不超过 14%。

为了用单位绝对功率对 СУРЗ 测量通道进行刻度,利用了下列几种方法:

(1)以测量金箔活度为基础的 $\beta\text{-}\gamma$ 符合法;

(2)测定同位素 Ba‐140 核数的放射化学方法;

(3)借助专用分析仪 ИАМ‐2 分析电离室电流统计涨落方法;

(4)根据半导体探测器测得的 γ 射线强度确定燃料元件内各种裂变产物绝对含量的能谱法。

在启动电离室(用来监控运行开始期间的过渡过程)和工作电离室的固定位置,刻度比值相应为 10^{-7} A/W 和 10^{-12} A/W。

用氢或氮填充堆芯腔室达到设定压力来研究反应性密度效应,结果表明,压力为 2 MPa 时氮的总效应为 $-0.27\beta_{eff}$,氢的总效应为 $0.39\beta_{eff}$。在这种情况下,只充填燃料组件时的份额分别为 $-0.20\beta_{eff}$ 和 $0.32\beta_{eff}$。

可监控物理运行取得了正面结果,从而就可以转入反应堆试验下一阶段。

4.4.4 冷水力试验

为反应堆拆卸—运输—组装工艺过程配置运行参数测量手段,都可能改变装置某些单元的状态(不严重的机械损伤、某些冷却通道的尺寸变化、某些部件接合处产生局部水力阻力或出现变化等),这扰乱了计算得到的反应堆热工载荷图像,出现局部结构过热。作为反应堆进入工作功率水平前的最后一项监控操作,冷水力试验用来提供有关这些问题的信息。

为了安全和节省费用,冷水力试验利用模拟工质(氦)进行。这些试验方法的基础(在第 3 章研讨过)是测定装置各种冷却通道的水力阻力系数 ξ,并把这些系数同先前在冷气体动态调节过程中测定的值进行比较。

利用伯努利方程 $\left(\Delta p = \xi \dfrac{\gamma W^2}{2g} \dfrac{1}{d} + \xi_\mathrm{M} \dfrac{\gamma W^2}{2g} + \dfrac{\gamma W \Delta W}{g}\right)$、状态方程 $\left(\dfrac{p}{\gamma} = RT\right)$ 和连续性方程 $(G = \gamma WF)$，并引入折算水力阻力系数值 $\xi^* = \dfrac{\xi}{F^2}$（F 为通道过流截面面积），可以获得

$$\xi^* = \frac{\Delta p(2p_\mathrm{BX} - \Delta p)}{G^2 RT}$$

式中，Δp 为通道被研究段的压力损失；p_BX 为通道进口气体压力；G 为工质流量；R 为气体常数；T 为温度。

测定工作管系必要点在各种工况下（在计算的 Re 数范围内）的 Δp、p_BX、G 和 T 值，就可以获得反应堆各个单元的关系式 $\xi^* = f(Re)$，并可以把这些关系式同先前在气体动态调节过程中得到的关系式相比较。

为了更详细研究反应堆的流体力学图像（因此还有热工图像），在进行冷水力试验之前，在 11Б91 - ИР - 100 装置的一些补充点上装备了压力测量手段。

冷水力试验的整套器械是监控工作管系状态非常有效的手段，不仅在点火试验前（仔细分析所有发现的、与先前获得的不吻合的水力阻力系数，然后有效地消除不吻合的原因），而且在点火运行间歇期都可以监控。在研究核火箭发动机反应堆的所有阶段，冷水力试验都是基本的监控方法，它能够（当然，要与其他方法相结合）给出有依据的结论，并对带有具体成品的下一阶段工作内容提出建议。

4.4.5　功率运行

功率运行（区别于物理运行）是指核火箭发动机反应堆首次达到一定的功率水平，能加热反应堆结构，并在燃料组件内把工质加热到接近额定温度（或者稍低于这个温度）。

苏联第一个核火箭发动机反应堆（11Б91 - ИР - 100 装置）的功率运行是在 1978 年 3 月 27 日进行的[8]。它的研究计划规定：

（1）综合研究反应堆工作能力，测定它的中子物理特性和热工水力特性；

（2）综合检验试验台架综合体工艺设备和系统的功能；

（3）演练核火箭发动机反应堆点火试验的方法和工艺；

（4）研究试验台架综合体地域内外的辐射状况参数。

核火箭发动机第一座反应堆功率运行计划是按下列顺序实施的（后来这个稍做改进的工艺成为试验其他反应堆样机时的范本）。

在功率运行之前大约有三天的准备期（连续倒班工作），在此过程中进行反应堆试验、台架系统试验以及外部保障服务[电力、运输、医疗、气象、近处和远处（最远处离试验台架几百公里）辐射监测等]等准备工作。

从准备期过渡到运行期以及全面检查了保障运行的系统和服务的准备状态之后，反应堆先进入最低可监控功率水平（约为 0.3 kW）。研究者开始用氮吹洗反应堆燃料组件和其他工作通道，并用小流量的水冲洗反应堆附近试验台架设备的冷却管系。经过 40～50 min，在顺序检查所有综合体的功能都正常之后，供水系统进入额定工况，接通专门的射流装置，保证点燃反应堆出口排放氢气流（防止氢气团在大气中爆炸）的专用射流装置，将小流量氢供给反应堆的燃料组件通道和冷却管系（壳体、反射层、慢化剂），随后将反应堆功率增加（剧增时间为 40～70 s）到发射水平（约为 700 kW）。

在达到稳定水平后（在这种情况下燃料组件出口工质温度为 500～600 K），所有通道的氢流量都增加到额定值，30～40 s 后将反应堆功率提高到设定的工作值。

在额定功率下反应堆工作的持续时间取决于试验计划，在核火箭发动机第一座反应堆功率运行中它大约为 70 s。

在达到设定额定工况的持续时间后，反应堆功率（自动地或者在操纵员操作下）开始平稳下降，然后（大约下降 20 s 后）工质流量大约减少至 $\frac{1}{3}$，再经过 3 min 反应堆开始用氮降温（氮流量约为 0.8 kg/s），持续约 5 h。

反应堆第一次运行时达到的热功率（它的值用几个独立方法测定）为 (24±3)MW。表 4-2 为核火箭发动机第一座反应堆功率运行中的一些其他参数。

表 4-2 核火箭发动机第一座反应堆功率运行参数

参　　数	计算值	实现值
通过 37 个 TBC 的氢流量/(kg/s)	0.95	1.15
通过反应堆壳体、反射层、慢化剂的氢流量/(kg/s)	1.65	1.69
燃料组件出口氢温度/K	1 500	1 510～1 750
反射层出口氢温度/K	470	365

研究者在功率运行过程中获得大量内容丰富的信息,其分析结果是确定研究计划的基础。核火箭发动机第一座反应堆功率运行的数据证实,研发 11Б91-ИР-100 装置时所采用的结构方案是正确的,证明了试验台架综合体所有系统和保障服务系统都正常发挥功能,这就为开始准备反应堆和试验台架系统之后的工作阶段奠定了基础。

4.4.6　点火试验

点火试验是核火箭发动机反应堆演练计划的精髓,是几百位专家努力多年的主要目标;是在切实可行的实践中揭示极其复杂试验台架综合体主要功能的实践,财政拨款具体用于它的建造、非标准设备制造、独特试验台架系统的安装调试、人才培训以及编纂多卷组织-技术文件的过程。它是对参与试验的几十个机构间相互协作关系的一次检验,解决了与技术工作和人际关系相关的上千个大大小小问题。

组织筹备第一次点火试验的核心文件是《"贝加尔-1"试验台架综合体上 11Б91-ИР-100 装置第一批试验计划》。作为主要工作目标,该计划确定了要综合检验反应堆及其各部件的工作能力、检验设计反应堆时采用的结构方案和工艺方案的正确性。在进行点火试验过程中要解决下列问题:

(1) 研究反应堆单元的热物理特性和水力特性(确定慢化剂、反射层、燃料组件内的温度场和压力分布,研究启动、停堆、降温等过程,测定试验后燃料组件、其他组件与各系统的状态);

(2) 研究反应堆中子物理特性(反应性裕度、反应性的温度效应、功率效应和密度效应、反应堆和控制系统执行机构的动力学特性);

(3) 测定从燃料组件中带出的铀和裂变产物的量,研究辐射屏蔽的效率,以及试验台架综合体区域内外辐射状况;

(4) 研究试验台架综合体设备和系统的工作,包括研究借助专门研制的方法和仪器(声发射、热中子探测器、反应堆辐射谱分析等)测量与诊断反应堆状态的工作。

核火箭发动机反应堆显著的特点是超高的比动力参数和动力学性质。例如,反应堆体积释热率 N/V_{a3} 为 $(1\sim5)\times10^3$ MW/m^3(N 为热功率;V_{a3} 为堆芯体积);受热工质整体平均温度 T 为 3 000 K;质量流密度 ρW 为 150~300 kg/(m^3·s)(ρ 为密度,W 为速度)。在接近极限工况的反应堆试验过程中,在这方面没有排除反应堆个别单元和部件失效的可能性。因此,点火试验重要任务之一是搞清在运行间歇期间维修装置的可能性。

应当指出,这些课题正好已在第一次点火试验过程中解决。例如,在第二次运行前(通过重焊一个焊缝)消除了反应堆壳体出现的不密封问题,修整好控制系统执行机构(添装了控制鼓旋转角度限制器)和测量系统(更换某些传感器和信号转换器)。为这些工作专门研发的工艺和设备保证了工作顺利进行,不用从试验台架上拆下反应堆,工作人员受到的辐射最小(在2~4倍日个人剂量范围内,比对这类工作规定的标准低了若干倍)。

研究者对第一个装置样机 11Б91 - ИР - 100 进行了两次点火试验:第一次是 1978 年 7 月 3 日进行的 ОИ - 1,第二次是 1978 年 8 月 11 日进行的 ОИ - 2。

在每次点火试验前,除了规章规定的在试验台架综合体各系统上的工艺工作外,还要对所研究装置状态进行详细周密的考查,包括可监控物理运行(КФП);冷水力试验(ХГДИ);以氮为工质的冷运行(ХПА);以氢为工质的冷运行(ХПВ)。最后两项工作(ХПА 和 ХПВ)的目的是获得关于试验台架各系统、反应堆及工作人员对点火试验准备工作的综合认知。

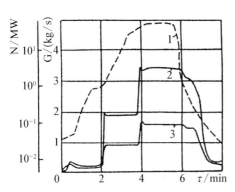

1—反应堆功率;2—冷却壳体、反射层、慢化剂的工质流量;3—通过燃料组件的工质流量。

图 4 - 18 ОИ - 1 运行时 11Б91 - ИР - 100 反应堆试验主要参数的变化曲线

ОИ - 1 运行时主要参数变化曲线如图 4 - 18 所示。对于点火试验,制订的研究方法规定将反应堆多级引入额定工况。例如,在 ОИ - 1 运行过程中,反应堆被逐步引入可监控功率水平(300 W)、中间功率水平(40 kW)、发射功率水平(0.7 MW)、稳定功率水平(24 MW,即先前在功率运行过程中实现的功率水平),最后是计划中设定的额定功率水平 33 MW。这些工况中有一些反映在图 4 - 18 中。在额定功率水平上总的持续工作时间约为 90 s,它只受试验台架容器内氢贮量的限制。在额定工况结束后,反应堆功率平稳下降,然后是有计划地降温。

ОИ - 1 运行了 38 天后,研究者进行了 ОИ - 2 试验,在两次运行间歇期,进行了装置状态的综合检查,上述装置的维修,试验台架各系统按操作规程的工作以及下列运行前研究,如可监控物理运行、冷水力试验、以氮为工质的冷运行以及以氢为工质的冷运行。

ОИ-2 运行时的参数变化曲线如图 4-19 所示。在试验过程中,研究者实施了没有规定在中间稳定工况下让功率稳定的计划,这就缩短了过渡过程的时间,减少了工质损耗。额定工况($N=42$ MW)持续时间约为 90 s(受工质贮量限制),然后按计划降低反应堆功率和温度。

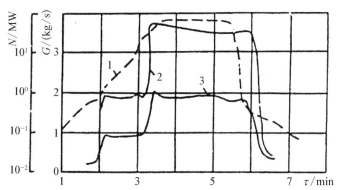

1—反应堆功率;2—冷却壳体、反射层、慢化剂的工质流量;3—通过燃料组件的工质流量。

图 4-19　ОИ-2 运行时 11Б91-ИР-100 反应堆试验主要参数的变化曲线

研究者在运行 ОИ-2 后进行了一整套工作,包括检查反应堆密封性、鉴定各个流动通道的水力特性、检查反应堆临界状态、借助电视诊断装置检视所有内腔和通道、对一些最重要焊缝进行探伤、检查控制鼓的功能等。这些工作表明,反应堆处在令人满意的状态,能够继续在更高强度工况下进行试验。然而,考虑到进行工作后所获得的反应堆材料和结构方面的信息是独一无二的,适于对其可能的变化做出深度评估,因此研究者决定运行 ОИ-2 后将第一个装置 11Б91-ИР-100 从试验台架上拆下,将它解体、探伤并详细研究,同时开始准备第二个装置样机的试验。

表 4-3 中列出的是核火箭发动机第一个反应堆样机功率运行和点火试验时额定工况下的一些参数[8]。

表 4-3　核火箭发动机第一个反应堆样机功率运行和点火实验时额定工况下的参数

参　　数	功率运行	ОИ-1	ОИ-2
功率/MW	24	33	42
额定工况持续时间/s	70	93	90

（续表）

参　　数	功率运行	ОИ－1	ОИ－2
通过壳体、反射层、慢化剂的工质流量/(kg/s) 通过燃料组件的工质流量/(kg/s)	1.72 1.18	3.23 1.46	3.51 2.01
燃料组件出口工质平均温度/K	1 670	2 630	2 600
装置壳体进口工质压力/MPa 燃料组件进口工质压力/MPa 燃料组件出口工质压力/MPa	6.04 1.9 1.1	9.46 2.2 1.2	10.65 2.4 1.3
慢化剂组合件平均温度/K 反射层组合件平均温度/K 装置壳体(外面)平均温度/K	405 356 315	397 381 320	398 371 325
装置工艺支架冷却水流量/(kg/s)	8	8.3	8.3

接下来，按照上述的工艺和研究方法，研究者在"贝加尔"试验台架综合体上还进行了2号和3号两个核火箭发动机反应堆样机的实物试验。例如，在1981年12月25日进行2号装置试验过程中达到了下列指标：额定工况功率为63 MW(额定工况持续时间为38 s)；通过燃料组件的工质流量为1.8 kg/s，通过壳体、反射层、慢化剂的工质流量为3.3 kg/s；燃料组件出口工质温度为2 500 K；工质在装置壳体进口的压力为12.5 MPa，在燃料组件进口的压力为3.3 MPa，在燃料组件出口的压力为1.4 MPa；慢化剂组合件材料的平均温度为530 K，反射层组合件的平均温度为420 K，装置壳体(外部)平均温度为310 K。

对试验结果所做的分析及运行后的综合研究表明，包括燃料组件在内的反应堆主要部件成功地经受住考验，并且在试验结束后处于令人满意的状态。试验发现计算的热物理特性和中子物理特性与实验非常吻合，大体上证实设计反应堆时采用的结构方案、工艺方案及材料方案是正确的。

与此同时，在第一批试验过程中，研究者搞清了发动机有些部件和系统工作中的一些缺陷：由于在运行时反应堆达到的功率值比较低，没能完成对热应力的研究，因此没能确定慢化剂组合件工作能力的极限，对于反应堆所采用的温度测量方案没有获得足够的信息。

研究者在"贝加尔"试验台架综合体上进行的火箭发动机试验实践中，首次研发和实施了全新的操作工艺，该工艺考虑了辐射安全和核安全条件以及必须在试验台架上直接进行带反应堆的复杂工作循环，即从组装前开始到试验后装置高活性构件的解体以及对物体的探伤结束。研发和实施的保证辐射安全、核安全、防火及防爆的组织-技术措施允许无故障地进行第一批核火箭发动机反应堆试验,从而证明设计试验台架综合体时所用的技术方案是正确的。

4.5　核火箭发动机实物试验时的辐射研究

辐射作用是核火箭发动机在地面演练和运行过程中产生的最不利问题之一。燃料组件、反应堆和发动机本身必须在强度极高、濒临发生破坏事故的工况下进行试验,这给试验方法、防护手段的可靠性以及工作人员业务能力提出很高的要求。保证工作人员和所有试验台架设备的辐射防护,必须在所有工作阶段都要高度关注,从选择试验台架综合体厂址(从建造核试验场经济利用出发,征用的土地应位于荒无人烟的地域)、设计(地下布满了由人行地道和交通隧道连接的构筑物,可靠的生物屏蔽、遥控设备等)、建造(使用整块重钢筋混凝土、特种金属等)开始,到制订详细的工作规程和工艺、人员培训以及对所有参加试验人员遵守辐射安全职责条例和规章要求,都进行全天监控。

在这当中,对实物试验时出现的辐射状况参数进行实验研究具有重要意义。无论是在试验台架综合体所在地域,还是在远离它的地域(有时达几百公里),这样的研究每次试验运行时都进行。考虑到在二十世纪七八十年代核火箭发动机实物试验(不包括在脉冲石墨反应堆上进行的燃料组件试验)采用的是开式排放,即把放射性工质直接排入大气,因此辐射研究涉及范围很广,主要包括:

(1)研究在技术区地域内照射剂量的分布及 γ 辐射剂量率;

(2)测定中子注量和能谱,评估被中子活化的结构材料和土壤对运行后辐射状况的影响;

(3)测量技术区和试验台架设备地域 β 放射性污染水平;

(4)研究反应堆运行和降温期间铀裂变产物进入工质的规律,包括研究在排放射流中这些产物的同位素组成;

(5)测量技术区地域以及沿排放烟云扩散方向离它不同距离地域大气近地层内放射性产物的浓度;

(6)评价放射性径迹地区边界,评价沉降气溶胶的散布情况和同位素

组成;

(7) 测量在运行各种工艺操作后下班试验人员吸收 γ 射线的个人剂量,对完善操作工艺提出建议以降低所受剂量值。

此外,科学家还研究了试验区气象条件。总体讲气象条件对进行工作是有利的,可是某些大气现象(近地逆温、温度-气压锋面过境、暴风雪和沙尘暴、吹往远处居民点的不利风向等)有时影响试验日程,使运行耽搁几小时或几天。根据获得的气象信息以及研制的(理论和实践验证的)从排放流带走放射性产物的模型,科学家研制了适于每次运行的预测辐射状况方法,选定为进行试验许可的方位扇形角(根据风向选择)。

表 4-4[9]为由反应堆 ИВГ-1 试验决定的各地辐射状况的预测参数。

表 4-4 反应堆 ИВГ-1 试验决定的各地辐射状况的预测参数

$L^{①}$/km	$N = 180$ MW; $\tau_P = 300$ s	
	$Д_{ОБЛ}^{②}/ПД^{③}$	$П_{ИНГ}^{④}/ПГП^{⑤}$
3	0.44	2.4
5	0.24	1.4
10	0.06	0.4
20	0.02	0.1
50	0.002	0.06

① L 为试验台架到该地的距离;
② $Д_{ОБЛ}$ 为放射性烟云通过时外照射剂量;
③ $ПД$ 为限制居民区(B 级)最大年照射剂量,等于 5 mSv(0.5 生物当量伦琴);
④ $П_{ИНГ}$ 为在放射性烟云通过期间通过呼吸器官进入人体的裂变产物的活度;
⑤ $ПГП$ 为裂变物质通过呼吸器官的最大年摄入量(根据 1988 年国际辐射防护委员会建议,它为 1 mSv)。

在编制预报时,研究者考虑了在核火箭发动机反应堆试验过程中带出的绝大多数裂变产物被工质射流提升到 200~500 m 高度,再被风吹到技术区之外。放射性烟云与土地的接触通常发生在距排放点 3~5 km 处。在接触区记录到放射性物质在贴地大气层中的最大浓度值和沉降到土壤中的最大密度值。然后在距试验区约 50 km 处,即试验场边缘地带,记录到空气和土壤的污染水平降低到本底值。

可是,放射性产物不仅在运行时会带入大气,而且在反应堆降温[10]和运行后流体力学试验过程中也会发生这种情况。这时放射性产物带出量比反应堆运行时的小得多,但具有自己的特点,即从"萎缩的"冷排放射流中带走产物的浓度很低。这些特性导致放射性物质主要降落在试验台架综合体技术区内离反应堆相当近的地方。观测到的污染量值如表 4-5 所示。

表 4-5　观测到的污染量

特　征	测量地区	
	技 术 区	邻 近 区
β 粒子污染密度/[1/(cm^2·min)]	$10^5 \sim 10^6$	10^1
空气中放射性产物的浓度/(Ci/L)	10^{-8}	10^{-10}
γ 辐射水平/(mSv/y)	0.1	0.5

应当指出,根据现行标准,工作人员经常逗留房间的 β 放射性污染容许水平为 2×10^3 β 粒子/(cm^2·min),而对于定期光顾的房间为 8×10^3 β 粒子/(cm^2·min)。居民的容许辐照剂量为 1 mSv/y。甚至在居民不会逗留的技术区,辐照剂量也不超过容许标准的 10%,而在远处,尤其是在试验场地域范围以外,辐照剂量不大于标准值的 $1\% \sim 2\%$。

反应堆运行后空气和表面放射性污染水平很低,在露天场地上工作的工作人员只需要使用轻便的个人防护手段,如用防毒面具"Лепесток-200"进行防护。尤其是反应堆降温或者冷水力试验结束后,技术区地域污染水平快速下降,经过一天,几乎到处都可以进行无限制的工作。实际上工作人员个人 γ 辐照剂量总是大大低于极限标准(5 生物伦琴当量/年),只有在个别情况下(参加检修工作和其他一次性操作)达到 $1 \sim 2$ 生物伦琴当量/年。在运行间歇期 γ 辐照集体剂量也不高,不超过 $25 \sim 30$ 人·生物伦琴当量/年。

核火箭发动机反应堆(11Б91-ИР-100 装置)试验时出现的辐射环境与反应堆 ИВГ 运行时出现的不同。其原因既包括试验工况不同,还包括在试验时核火箭发动机反应堆坐落在试验壳体顶盖水平之上,只有在距侧表面约 0.5 m 处有 0.5 m 厚的水层包围着。

图 4-20 所示为第一个装置样机 11Б91-ИР-100 试验时测出的距反应堆不同距离处 γ 辐射照射剂量率。由于试验时反应堆配置特点,可以认为,在距离反应堆 1 km 处 γ 辐射照射剂量率的主要部分(90%)来自反应堆,只有 10% 是沿着风向运动的放射性烟云辐射。在大约 2 km 处,这两种辐射源的贡献基本持平,更远处反应堆辐射剂量在总 γ 辐射剂量中所占份

额很小。

核火箭发动机的反应堆试验时照射剂量率最大值分别为：技术区边界处（离反应堆 300 m）为 300 R/h，在 3 km 处为 4 mR/h，5 km 处为 0.03 mR/h，70 km 处（在 250 m 高空用专门装备飞机的仪表测量）为 20 μR/h。在距 70 km 处放射性烟云宽度为 2.5 km，长度约为 10 km。

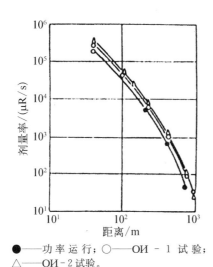

●——功率运行；○——ОИ‑1 试验；
△——ОИ‑2 试验。

图 4‑20　反应堆 11Б91‑ИР‑100 试验时距试验台架不同距离处 γ 辐射的照射剂量率

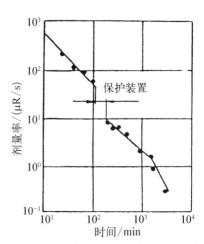

图 4‑21　运行后在反应堆端面（功率运行）和距反应堆端面 0.5 m 处（ОИ‑2 试验）γ 辐射照射剂量率的变化

运行停止后 γ 辐射照射剂量率的变化如图 4‑21 所示。可以看出，停堆约 2 h 后装设的大块生物屏蔽组合件将剂量率降低大约 2/3，这证明试验台架金属结构和钢筋混凝土的感生活度对总剂量有较大贡献。在形成运行后的辐射环境中，反应堆直接辐照的作用不大。这样，在装设生物屏蔽后，距离为 100 m 处的 γ 辐射的强度减少了 1/6。

紧靠反应堆表面处 γ 辐射剂量率在很长时间内都很高。取得的测量结果（功率运行后经过 40 天反应堆表面的剂量率为 1 R/h）是用作制订研究在第一台反应堆样机上进行上述预防性检修工作工艺的原始资料。

技术区地域放射性污染的最大贡献是碘‑133、碘‑134、碘‑135、锶‑92、锆‑97 等同位素以及活化土壤和尘埃的沉降，还包括后来的随风迁移。技术区地域最迅猛的污染发生在反应堆降温过程的前 1 h。距离试验点约 4 km 处的放射性痕迹主要也由降温周期决定。这就为将来提出采用闭式排放，使反应堆降温和运行后冷水力试验尽可能地少给出了依据。

在运行 10 h 后,沉降到痕迹的放射性产物总量为 2.5 mCi,约为带入大气的放射性气溶胶总量的 0.03%。这意味着,大部分放射性产物被风吹到远处。由于最初的烟云被大团空气大大冲淡,且衰变使最初的和中间的放射性产物活度降低,烟云团漂过地区居民受到的额外照射同自然辐射本底相比小到可以忽略不计。

4.6 核火箭发动机反应堆堆外部件的试验

除了反应堆以外,核火箭发动机有几个重要的必须进行独立演练和综合演练的部件和系统。其中最主要的是涡轮泵组、控制和调节系统成套设备及喷嘴。为了把这些系统(不包括反应堆)综合演练到必要的可靠程度,核火箭发动机研发计划规定要做所谓的"冷"发动机 11Б91X(见图 4-22)试验[11],该发动机结构最大限度地复现了实物发动机,但在其构成中不含核反

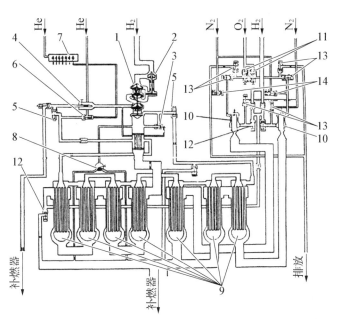

1—涡轮泵组;2—增压前置泵;3—旁通管节流阀;4—主管道节流阀;5、6—气动控制阀;7—电-气动阀组合件;8—有倾角的航天器控制系统节流阀;9—热交换器;10—气体发生器;11—流量调节器;12、13—气动阀;14—电-气动阀。

图 4-22 与氢加热台架装置组合的"冷"发动机 11Б91X 的气动液压示意图

应堆。在发动机11Б91X构成中用热交换器部件(在热工性能和气体动力性能方面)模拟核反应堆,通过点燃气体发生器中的氢氧燃料保证热交换器的动力。

为了试验发动机11Б91X,化学机械科学研究所在莫斯科郊区建造了专用试验台架,保证发动机必需的液氢流量(4 kg/s)以及向热交换器组合件供热能的氢氧系统。

这些试验要解决的主要课题如下:

(1)在额定工况和其他工况下演练发动机的成套设备结构;

(2)取得发动机过流通道的水力特性;

(3)发动机能量平衡的实验协调;

(4)研究发动机启动和停运问题;

(5)发动机调节系统效率的优化和测定,包括研究它的动力学、规模及内部反馈特性;

(6)评估发动机调试准确度;

(7)超过由设计任务书规定的发动机主要部件无故障工作的时间。

为了完成这些任务,化学自动化设计局制造了(在前一个样机缺陷检查后重新制造)不少于65台的11Б91X发动机,用液氢进行了160多次发动机试验。在一台发动机上最长的无故障工作时间为13 360 s,超过设定寿命2倍以上。

作为冷发动机11Б91X组成的核火箭发动机成套设备演练的某些数据如表4-6所示[11]。

表4-6　冷发动机11Б91X的某些数据

工 作 特 征		年份/年									
		1968	1969	1970	1971	1972	1973	1974	1975	1976	1977
独立演练	涡轮泵组试验次数	9	8	15	21	8	16	16	20	10	6
	成套设备试验次数	5	4	2	5	4	6	6	6	2	1
作为冷发动机组成的成套设备综合演练	试验次数	—	—	9	14	15	23	23	36	30	12
	试验的发动机数量	—	—	5	4	3	8	11	18	14	4
	无故障工作时间/s	—	—	1 250	3 400	2 000	8 100	15 800	31 615	35 572	11 673

（续表）

工作特征		年份/年									
		1968	1969	1970	1971	1972	1973	1974	1975	1976	1977
作为冷发动机组成的成套设备综合演练	每台发动机平均无故障工作时间/s	—	—	250	850	660	100	1 440	1 790	2 538	2 918
	一台发动机最长工作时间/s	—	—	493	1 068	958	2 086	3 035	3 388	13 360	12 298

在这些试验过程中,研究者测定了主泵和增压前置泵(带水轮机传动装置)的水力特性 $H = f(Q, n)$(H 为泵扬程;Q 为工质流量;n 为转子转速)、气轮机的气体动力学特性 $\eta_T = f\left(\dfrac{U}{C_{a\partial}}\right)$($\eta_T$ 为气轮机效率;$\dfrac{U}{C_{a\partial}}$ 为转子的折算转速)以及泵和气轮机的效率。在所进行的试验中,主泵效率 η_H 为 0.65～0.67,增压前置泵效率 $\eta_{БH}$ 为 0.33～0.35,气轮机效率 η_T 为 0.60～0.63(气轮机在额定工况下转速 n 为 66 000 r/min)。

在试验过程中,研究者优化了调节节流阀的特性(移置速率),以保证气轮机前工质温度恒定、泵出口处具有设定氢压力、发动机在所有工况下工作稳定,测定了控制系统阀门动作的可靠性。

在"冷"发动机试验时要特别注意研究核火箭发动机的启动过程。用低沸点($T_{кp} = 33$ K,$p_{кp} = 1.28$ MPa)的氢作为工质导致必须在第一时刻(在成品管系中达到临界压力之前)就要研究两相流动。超过临界压力下没有沸腾的液氢将变成气态。

正如研发超低温液体火箭发动机的经验所表明的,在启动前必须冷冻涡轮泵组和泵前主管道。用这样的方法使核火箭发动机的启动比较安全并可预测。

图 4-23 所示为在发动机启动最初几秒一些参数变化的计算曲线(连续曲线)和实验曲线(虚线)。

实验中"冷"发动机进口氢温度 $T_{вx}$ 为 22.1～22.8 K,氢压力 $P_{вx}$ 为 0.47～0.49 MPa。在试验台架气体发生器不工作情况下(反应堆尚未进入功率运行工况),发动机依赖热交换器组合件内积蓄的热量进入预备级工况($n = 40 \times 10^3 ～ 48 \times 10^3$ r/min)。气体发生器开启后经过大约 7 s,涡轮泵转子转速达到额定值(在实物发动机上这期间相当于反应堆从发射功率水平转向额定值)。

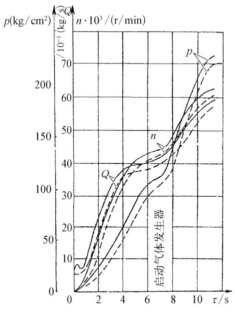

图 4 - 23 "冷"发动机 **11Б91X** 的试验曲线
（启动后最初几秒）

研究发动机冷冻过程（被冷却的、用聚氨酯泡沫塑料绝缘层覆盖的成套设备总质量为 80 kg）得到下列结果：冷冻持续时间约为 130 s；冷冻时液氢损耗约为 35 kg。

在"冷"发动机 11Б91X 试验过程中，反应堆堆外部件和成套设备的演练及发动机启动开始阶段的研究为把这些单元与进行实物试验的反应堆联结起来，向用液氢做核火箭发动机实物试验过渡奠定了基础。但是，如上所述，由于苏联在 20 世纪 80 年代末做出了停止试验结构设计工作的决定，这个创建核火箭发动机的最终阶段没有实施。

4.7 核火箭发动机和核发电装置运行时的辐射安全及核安全保证

通过地面条件下所有演练阶段并被认为适合用作航天器组成的核动力发动机或者核发电装置还必须配套一些设施，这些设施与装置的主要功能没有直接关系，但起到重要作用，即保证这些核工程在所有运行阶段的使用安全：从制造厂组装到它在空间弹道或空间轨道上完成任务之后转入辐射安全状态。之所以对核火箭发动机和核发电装置辐射安全保证手段的可靠性提出很高要求，是因为这些装置在假想事故下辐射效应可能达到较高水平，辐射影响的范围也相当广，小到对少数人产生不大的辐照，大到对世界各国居民产生显著影响。

根据如今被广泛认知的构想，核火箭发动机和核发电装置只有把航天器送入人造地球卫星支承轨道后才能达到发电和更高的功率水平。当然，在这个时刻之前出现辐射危险情景的概率也不是零。这里说的是在地面上失败的运输操作或运载火箭发射后的事故，此时的情况是，由于这类碰撞，还没有在高功率下工作的(意味着尚未活化的)反应堆可能落入成为中子有效慢化剂和反射层的介质里(这种介质首先是自然水体或者人工水库中的水)。虽然理论上无法排除这种可能性,但是预防这种情景的所有手段在技术上并不复杂,且足够可靠(主要概念是,在任何假想的变化现象下都应绝对保证反应堆的次临界度)。

对核火箭发动机和核发电装置辐射安全保证问题的主要注意力应放在另外一个方向上,即在带有正在工作的(或者工作完的)核装置的航天器以及其按计划完成功能后在未经许可(由于事故)从人造地球卫星轨道上脱离时,如何保证地球居民的安全。

图 4-24 所示为以功率 100 kW 工作了 1 年和 10 年的反应堆产生的 γ 辐射剂量率水平和反应堆停运后的辐射水平与经历时间的关系[12]。在最初几十、几百年里反应堆的辐射功率很大,即使核火箭发动机或者核发电装置的碎片在地球上的大面积地域(水域)全面散落,居民的内外照射剂量与同自然辐射本底相比较时也可以察觉。而且在核装置或其碎片集中坠落在居民区时这种担心并不是多余的。这类事故已经发生:1965 年,美国"Транзит"卫星放射性同位素发生器 SNAP-9A 发生故障,它的燃料亚微米大小的钚-238 粒子全面散落在大气层里;1969 年,美国带有放射性同位素发生器 SNAP-19 的"Нимбус"卫星坠落入大西洋;1978

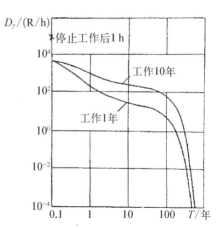

图 4-24　在热功率 100 kW 下工作了 1 年和 10 年的反应堆 γ 辐射剂量率与停运后与经历时间的关系

年,苏联卫星"宇宙-954"不可控地返回地面时,它的核发电装置残片落到加拿大无人区域,引起国际纠纷。

这些引起社会广泛反响的核事故促使国际上制订一致认同的应用空间核动力装置和保证它们辐射安全的原则。

解决这个问题的主要方向之一是选择工作轨道(或者是支撑轨道)。正如所进行的(理论和实验)研究表明的,对于地球居民这些航天器实际安全的轨道高度为 800 km 或更高。在这些高度上航天物体可以非能动存在几百年,足够把用废的设备或者装备核装置的事故航天器的放射性降到辐射安全水平。

此外,适宜应用核火箭发动机和核发电装置解决的许多任务要求较低的轨道。看来,确定许可轨道高度下限的判据可能是这样的位置,即它规定在这个轨道上非能动存在的时间应该足够长,以便在必要情况下,甚至在随航保障系统故障情况下也能够将对象从该轨道"领走"到更高轨道。这样,航天器在400 km高的轨道上非能动存在时间超过一年,当前可以认为这个期限对于发生事故的对象准备"领走"到防止事故发生的更高轨道时间是足够的(大概是起码的时间)。因此,400~800 km和更高的距离是合适的近地轨道高度范围,在此范围内装备核火箭发动机和核发电装置的航天器能够长时间工作或者开始进入更高更远轨道之前的工作。作为保证这些航天器的辐射安全的主要手段,当前公认的是所谓的"领走"系统,它必须保证把发生事故的或者按计划停止发挥功能的航天器从工作轨道高度提升到800 km以上,将它转入"安全轨道"。建立这种系统的总费用估计约为被"领走"装置费用的15%(当为此目的利用核火箭发动机的剩余工质时,这些费用可以减少)。

乍一看,装备核火箭发动机(或核发电装置)的航天器机上装了"领走"系统似乎解决了保证辐射安全的所有主要问题。但问题在于这类系统(当然包括随机的和地面控制手段)的可靠性要完善和演练到何种程度,而且它们通常不止一个。既然注意到哪怕小概率偶发事故都应该保护地球居民是具有极其重要意义的,所以在必须遵守的规则中规定,除了主要的"领走"系统外,这些装置还应装上备用的辐射安全保证系统。

因此,科学家研究了以不同技术建议为基础的一些装置。其中之一是预先规定(是在主系统发生故障情况下)核火箭发动机和核发电装置在地球大气层内可控或不可控降落过程中把反应堆及其残片气动破碎成容许尺寸的粒子。这个方法的优点是高度可靠(对于不可控降落,不需要推进装置、稳定和定向系统以及地面控制),此外,它只需要很少的补充费用。

研究表明,将核火箭发动机反应堆结构气动破碎形成粒子的尺寸符合要求(约为70~120 μm)在原则上是可能的。可是,要求对与实际实施这个方法相关的许多问题进行补充研究。

在研讨的保证辐射安全的其他备用系统中,值得注意的有两个。第一个系统规定用装填化学炸药产生蓄能爆炸(在气动破碎之前)先破坏反应堆。在核火箭发动机反应堆模型上进行的研究表明[13],当装在辐射防护组合件外炸药质量与被破坏堆芯质量比为 1∶5 时,形成的粒子中有 95％ 的尺寸小于 $100\ \mu m$(见图 4 - 25)。随后使大气中气动破坏形成的粒子严格达到要求。

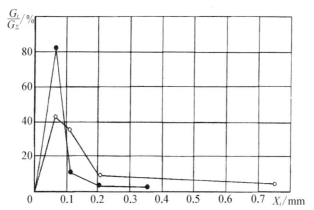

●—炸药质量(G_3)与模型质量(G_M)之比为 0.22 时获得的结果;○—$G_3/G_M=0.182$ 时获得的结果。

图 4 - 25　用化学炸药蓄能炸毁核火箭发动机模型时形成的粒子尺寸分布曲线

最后,还有一个反应堆解体方法,即用化学药剂破坏反应堆的结构。这个方法的优点是可以使形成的粒子实际上达到分子水平,缺点是航天器在整个运行期间必须装有大量强腐蚀性液体(为了销毁 1 kg 反应堆待溶物质需要 3～4 kg 盐酸、硫酸及磷酸的混合液),且溶解过程十分缓慢(耗费的时间高达若干小时)。但是,在某些特殊情况下,化学解体法会引起研究者的兴趣。

在一些假想适用的(但很少研究)辐射安全保证系统的备用方法中,还要提到一个方法,就是令反应堆功率剧增到最高水平,利用它本身的释热破坏堆芯。在这种情况下,反应堆燃料组件和其他单元在几秒钟内就熔化并部分蒸发,然后再遭受气动破坏,在大气上层扩散。可是,在这种情况下,只能用具体样品进行实验从而研究形成残片的尺寸及其下一步的性状。

简言之,核火箭发动机和核发电装置在太空完成任务后辐射安全保证方法的本质就是这样。这里要重复一下,保证辐射安全的主要手段依赖把带核能源的航天器"领走"到高轨道的系统,正因为如此,应该特别注意把这个系统演练到最高的可靠水平。

参考文献[①]

［1］ Демянко Ю. Г. , Зайцев В. А. , Лаппо В. В. , Терехов Е. П. , Федотов Р. А.
Стендовая база для натурных испытаний ЯРД. Состояние и перспективы
развития. — Статья в сб. 《Ракетные двигатели и энергетические установки》. Серия
Ⅳ/НИИТП, 1973.

［2］ Курчатов И. В. , Доллежаль Н. А. и др. Импульсный графитовый реактор ИГР. —
Атомная энергия, 1964, т. 17, вып. 6.

［3］ Акопов Р. Б. , Демянко Ю. Г. , Зайцев В. А. , Лазарев А. М. , Лаппо В. В. и др.
Стендовый комплекс для натурных испытаний реактора двигателя 11Б91 на
газообразном водороде. — Статья в сб. 《 Ракетные двигатели и энергетические
установки》. Серия Ⅳ/НИИТП, 1981.

［4］ Калганов К. Д. , Сметанников В. П. , Уласевич В. К. , Дьяков Е. К. и др. Место
реактора ИВГ‐1 в перспективной программе создания ЯРД для марсианской
экспедиции. — Доклад на третьей отраслевой конференции 《Ядерная энергетика в
космосе. Ядерные ракетные двигатели》. Доклады, ч. Ⅱ. Подольск, 1993.

［5］ Муравин Е. Л. , Федик И. И. Статистическая модель термомеханической
повреждаемости стержневых ТВС из хрупких материалов. — Доклад на третьей
отраслевой конференции 《Ядерная энергетика в космосе. Ядерные ракетные
двигатели》. Доклады, ч. Ⅱ. Подольск, 1993.

［6］ Дегтярева А. Л. , Захаркин И. И. , Ионкин В. И. , Коновалов В. А. и др.
Проблемы нейтронной физики и ядерной безопасности реактора ЯРД минимальных
размеров. — Доклад на третьей отраслевой конференции 《Ядерная энергетика в
космосе. Ядерные ракетные двигатели》. Доклады, ч. Ⅱ. Подольск, 1993.

［7］ Беляков В. В. , Горбатых А. И. , Зеленский Д. И. , Котов В. М. и др. Физические
исследования активных зон прототипов реакторов ЯРД на стендовом комплексе
《Байкал‐1》. — Доклад на третьей отраслевой конференции 《Ядерная энергетика в
космосе. Ядерные ракетные двигатели》. Доклады, ч. Ⅰ. Подольск, 1993.

［8］ Захаркин И. И. , Ионкин В. И. , Коновалов В. А. , Матков А. Г. и др. Разработка
ЯРД на основе реактора минимальных размеров ИРГИТ. Энергетические испытания
опытного образца ядерного реактора. — Доклад на третьей отраслевой конференции
《Ядерная энергетика в космосе. Ядерные ракетные двигатели》. Доклады, ч. Ⅱ.
Подольск, 1993.

［9］ Гаврилин Ю. И. , Дериглазов В. И. , Маргулис У. Я. , Хрущ В. Т. и др.
Осуществление радиационной безопасности населения на территориях вокруг
стендового комплекса высокотемпературных газоохлаждаемых реакторов. — Доклад
на третьей отраслевой конференции 《 Ядерная энергетика в космосе. Ядерные

---

① 原文中共12条参考文献,并引用了第3章[2]号文献,为方便阅读,已将第3章[2]列入本章参
考文献,按照本章引用顺序列为[2]号,并对本章正文中文献引用标注与参考文献列表中其他文献的标
号进行了适当的修改。

ракетные двигатели». Доклады, ч. Ⅲ. Подольск, 1993.

[10] Гаврилин Ю. И., Дериглазов В. И., Хрущ В. Т., Дьяков Е. К. и др. Особенности радиоактивных выбросов в заключительные периоды расхолаживания исследовательских высокотемпературных газоохлаждаемых реакторов с открытым выхлопом. — Доклад на третьей отраслевой конференции «Ядерная энергетика в космосе. Ядерные ракетные двигатели». Доклады, ч. Ⅲ. Подольск, 1993.

[11] Белогуров А. И., Григоренко Л. Н., Мамонтов Ю. И. Комплексное исследование агрегатов ЯРД в условиях, близких к натурным. — Доклад на третьей отраслевой конференции «Ядерная энергетика в космосе. Ядерные ракетные двигатели». Доклады, ч. Ⅱ. Подольск, 1993.

[12] Лихушин В. Я., Еременко А. А., Гафаров А. А. К проблеме обеспечения радиационной безопасности населения Земли при применении ядерных двигательных и энергетических установок в космической технике. — Статья в сб. «Ракетные двигатели и энергетические установки». Серия Ⅳ/НИИТП, 1973.

[13] Байдаков С. Г., Косов А. В., Трескин Ю. А., Томашевич И. И. Обеспечение радиационной безопасности с помощью кумулятивных зарядов ВВ при использовании ядерных источников энергии космического назначения. — Статья в сб. «Ракетные двигатели и энергетические установки». Серия Ⅳ/НИИТП, 1979.

第5章

装备气相反应堆的核火箭
发动机和核发电装置

20 世纪 50 年代,作为火箭发动机和动力装置的能源,研究者开始研讨这样一种反应堆,即核裂变物质为气态形式,或为铀等离子体形式,或为在工作温度范围内是气态的铀化合物形式。在后一种情况下,研究者对六氟化铀进行了研究。[①]

5.1 装备气相反应堆的核火箭发动机和核发电装置的特征及与其研发相关的科学问题

热工过程科学研究所(现称为 Кeлдыш 研究中心)从 20 世纪 50 年代中期就开始进行火箭发动机动力源的气相核反应堆研究工作[1]。发动机比冲取决于从喷嘴射出气体的加热温度和分子组分。因此,要想增大比冲,就要提高气体加热温度,并采用低分子质量的气体。有这样一种气相反应堆,其中工质被装满铀等离子体的堆芯辐射加热,这种反应堆允许将氢作为工质,原则上氢可以被加热到大大超过结构材料熔点的温度。

高温气相燃料元件可以有各种方案。它们之间的区别主要在于组织燃料元件内的流动和传热的方法[2]。援引气相腔式核反应堆某些研究结果的论文[3]给出了具有裂变物质停滞区的燃料元件示意图(见图 5 - 1)。在这个燃料元件中,铀等离子体形式的裂变物质处在腔室中央,外面被中子慢化剂和反射层包围。贴近腔室壁面运动的是另一种气体工质,它经高温等离子体辐射加热。

---

① 原为 5.1 节第一段,译者调整为本章导入语。

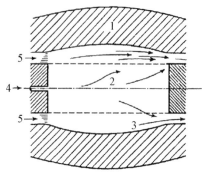

1—慢化剂、反射层；2—气相裂变物质区；
3—工质流动区；4—裂变物质损耗添加
口；5—供给工质。

**图 5-1　气相腔式核反应堆燃料
元件示意图**

保证从技术上实现气相核反应堆以及与之相应的核火箭发动机和核发电装置，要解决的主要科学问题有下列几方面。

（1）保证气相核反应堆的临界性，也就是确定能实现自持裂变反应堆的尺寸和结构材料、气相燃料元件内铀-235的浓度以及与此浓度相应的工作压力。

（2）在重力作用和工质环绕燃料元件中央区流动条件下，裂变物质能维持在该中央区内，也就是从反应堆带走的裂变物质最少。要想解决这个问题，就要研究两股不同密度的气体交混射流，包括研究这些气流的流体动力稳定性和湍流度以及抑制充分发展湍流的方法，例如，磁场对电离气体流的影响。

（3）取得在有代表性的压力和温度下气相燃料元件中工质的热物理（热力学的、光学的、输运的）性质的可靠数据。

（4）考虑体积释热和（必要时）磁场对声振动的作用时，燃料元件内工作过程的热声稳定性。

当然，那些在研制气相燃料元件时可能出现的所有特殊和复杂问题并未列举穷尽，但对于各种燃料元件方案来讲它们是最具代表性的。

当反应堆内被加热的工质流过超声速喷嘴时，比冲主要取决于气体比焓。当裂变物质的热靠辐射传给工质时，尽管根据耐热强度条件容许的结构材料温度并不直接限制工质加热温度，但它多少还影响气相反应堆内工质的极限加热值。这个影响是由于反应堆结构中一些固体单元内（当中子慢化和吸收 γ 辐射时）释放出部分裂变反应能量。当用主工质排走这些单元内释出的热量时（回热冷却），气相燃料元件进口的工质比焓受结构材料容许温度的制约。在利用所有工质流量冷却释出反应堆热功率份额为 χ 的发动机固体单元时，气相反应堆内工质极限温升为

$$\Delta I_B \leqslant \Delta I_A / \chi$$

式中，ΔI_A 为气相核火箭发动机结构通道内工质的极限温升值；χ 值取决于气相反应堆的方案，$\chi = 0.1 \sim 0.15$（对于装备固相反应堆的核火箭发动机，$\chi =$

1)。对装备氧化铍慢化剂、反射层的气相核火箭发动机所进行的研究表明,考虑到上述这些限制,它们最大的比冲可为 2 000 s[1]。但是,如果为了排除发动机结构的热量利用另一个冷却回路,并借助散热器将热量抛向宇宙空间,则气相核火箭发动机的比冲可以大大提高。这个回路可以拥有自己的工质,也可以用主工质。

通过研究散热器排热的气相核火箭发动机方案表明,它们的比冲能达到 4 000~6 000 s[1,4]。无论在俄罗斯还是在美国,进行的理论评估表明装有散热器和辅助系统的发动机质量和比冲极限值主要取决于发动机推力值。在比较小的推力范围内(几万牛量级),比冲值随推力增大而很快增加。当推力达到 100 kN 时,比冲增长放缓,然后在推力为 200~300 kN 和反应堆腔室内压力为 100 MPa 时达到上述极限值 4 000~6 000 s。

根据文献[4]的评估,这类发动机可以用来保证火星载人考察。当把飞行续航时间限定在 60 天时,飞船在地球轨道上的总质量为 2 000 t。当飞行续航时间为 80 天时,总质量将减少一半。这样的飞行所需的发动机推力为 200 kN,发动机质量为 100~120 t,比冲超过 5 000 s。文献[1]指出,当燃料元件内气流利用磁稳定化及在上述发动机推力和质量下,可以获得超过 5 000 s 的比冲。

但在气相核火箭发动机中利用磁稳定化将产生一系列严重问题,其中主要问题如下:

(1) 在热稳定结构材料内增加了中子吸收,给保证反应堆临界性制造了新的难题;

(2) 增加了向端面反射层、喷嘴壁和燃料元件壁的热流;

(3) 当存在强磁场且它在燃料元件出口的磁力线方向与气体运动方向不吻合时,高温导电工质将从燃料元件流出。

当反应堆内工质加热到很高水平时(达到 10 000 K 或更高),用铀-235 等离子体作为裂变物质的气相反应堆能够在一个较小尺寸的组合件内获得极大的功率(几千万千瓦)。这个特性可把气相反应堆作为一个极具发展前景的发电装置的基础加以研究。工质加热到很高的温度有可能将热能直接有效转化成电能。例如,当气体温度达到 10 000 K 量级时,实际上消除了众所周知的气体导电率太低对磁气体动力发生器通道内工质膨胀程度的限制。

在 1963—1990 年间,能源机械科学联合体研发了基于开式循环和闭式循环的气相核反应堆的空间发电装置和核火箭发动机的几种方案[1,5]。文献[3]

阐述了基于气相核反应堆的地面电厂方案。

应该指出，气相反应堆还有一个可能的应用。它可以成为中子和 γ 光子的强流源，为研究物质在强 γ 辐射下和强中子注量率下[10^{16}～10^{18} $cm^{-2}\cdot s^{-1}$]的性状提供可能。美国[6-7]气相核反应堆学术讨论会上的一些报告研讨了(为了唧送)直接利用气相核反应堆辐射的气体激光，并指出这样的激光效率很高，能够开发出新的辐射频段以及新的激光调节方法。

应该指出，在气相反应堆基础上无论创建核火箭发动机还是各种发电装置，都要求进行一些综合实验研究。因此，为了创建基于气相核反应堆的(例如)地面核电厂必须要做的研究工作可能成为研发空间应用项目的重要阶段。

文献[2]阐述了气相核反应堆燃料元件的各种方案。根据组织工作过程的基本原理，燃料元件方案可以分为下列几组：完全交混的燃料元件[8]；装备把气态铀腔室与工质腔室分开的可透过辐射隔板的燃料元件[9-10]；在形成强烈涡动的反应堆堆芯内铀混合物与工质分开的燃料元件[11-12]；射流型燃料元件[2]；用磁场使气流稳定的燃料元件[2]。

正如文献[2]中所指出的，在大量可能的气相反应堆燃料元件方案中，在具有被纵向磁场稳定的裂变物质“停滞”区的燃料元件内，能在很大程度上满足维持裂变物质和有效利用核反应热能的要求(这种燃料元件内的流动见图 5-1)。

Келдыш 科学中心和其他机构为确定气相核反应堆的形状和可能参数所进行的研究中研究了许多范围很广的问题。应该强调指出，在这个计划框架内进行的研究引起了科学家很大的兴趣，在进行过程中获得的基础科学成果可以用于其他技术领域的研发工作。

在创建气相核反应堆计划框架内进行的科学研究方向中，我们认为最重要的有下列几个：腔式反应堆的中子物理学；不同速度和密度的气流交混；磁场对导电介质流动的影响；体积释热介质的热声稳定性；考虑被等离子体内高电子浓度决定的非理想状态工作介质的热物理性质。

下面阐述在所列举的研究方向上取得的主要成果。

5.2 气相反应堆的中子物理学

5.2.1 气相反应堆的物理方案

在气相核反应堆中，堆芯所有裂变物质或者其很大部分在高温高压下处于气态。气态裂变物质被工质和中子慢化剂包围。由裂变物质、工质和慢化剂组成的系统形成气相燃料元件。反应堆可以由几个按一定规则置于大块慢化剂内的燃料元件组成。燃料元件和慢化剂系统外面通常被中子反射层包围。反射层的用途有三个：一是减少中子泄漏，从而减小反应堆堆芯临界尺寸；二是提高位于堆芯外圈的燃料元件的释热；三是使沿反应堆半径方向的释热变得平均。

气相反应堆的可能方案之一是单个燃料元件的方案，也就是只含有一个大尺寸的燃料元件。在这种情况下，位于装有裂变物质和工质的腔室外面的中子慢化剂同时也是中子反射层。这类反应堆称为腔室反应堆或者带有外部慢化剂和反射层的反应堆[13-14]。这类反应堆具有圆柱形对称性，可以在二维概念下进行研究，而多个燃料元件系统显然需要对其进行三维研究。外部慢化反射层的外面被承力的钢质外壳包围。

在铀核裂变过程中形成的快中子离开燃料元件腔室，落在慢化剂中或者慢化反射层中。腔室被快中子穿透是由于高温下气体（无论是铀还是工质氢）的密度很低。中子在慢化剂中失去能量并热化，形成平衡热中子谱。这些中子的一部分返回腔室，引起新的核裂变，形成补充的中子，释放出能量。如果核裂变反应时形成的中子中大约 40%～50% 被铀俘获，那么反应堆就可以维持临界状态。这取决于铀内一次俘获产生的中子数 υ_{eff}：对于铀-235，$\upsilon_{eff}=$ 1.98～2.08；对于铀-233，$\upsilon_{eff}=2.2～2.3$。

中子与铀核作用的截面取决于慢化剂温度，还取决于腔室内工质的温度和密度，尤其是工质为氢时。由于氢核本身在高温下的移动性，中子在热氢核上的散射概率以及由此引起的氢层光密度的提高，使低原子质量的氢有利于在碰撞时有更强的能量交换。由于中子通过热氢层将使中子部分再热化（也就是提高温度），中子谱将畸变，向更高的能量方向移动[14]。这样，腔室型气相核反应堆的特性是介质光密度在体积内（对于中子来讲）急剧改变，热中子谱在体积内变动。这些特性要求研发专门的方法和程序，以分析和计算这类反应堆的临界状态。

5.2.2　反应堆的主要材料

1）裂变物质

在单个燃料元件气相反应堆内，热中子导致铀核裂变的区域与将中子慢化到热能的区域在空间上是分开的。这导致从慢化剂-反射层返回腔室的中子数随中央铀区物理性质的变化很弱,在估算裂变物质数量时可以忽略它。因此,一个从慢化剂返回中央铀区的热中子产生的裂变谱次级中子数可以成为选择裂变物质时的评价标准。这个值取决于中央区内中子俘获概率与 υ_{eff} 的乘积。在这种情况下,铀-233 将有最好的临界参数,因为它的 υ_{eff} 比铀-235 和钚-239 的都大(对于钚-239,$\upsilon_{eff}=1.8\sim2.08$)。

结果,铀-233 单个燃料元件反应堆增殖系数可能比铀-235 堆高约 10%,这使反应堆内铀的临界装载降低 1/2~1/3。

铀-233 还有一个优点,就是在利用它时可以根据钍循环在热中子反应堆内实现燃料增殖过程(在这个循环中,钍是钍与中子反应时重新形成铀-233 核的源)。这样,根据临界核浓度或者临界装载、反应堆尺寸和在高工作温度下中子相互作用截面的稳定性等一系列重要参数,得知铀-233 是气相反应堆单个燃料元件和少量燃料元件方案最可取的裂变物质[14-15]。但是,这种同位素的工业化生产并不发达,下面我们将研讨工业化生产的铀同位素——铀-235。

2)慢化剂

正如已经指出的那样,单个燃料元件和少量燃料元件反应堆的主要特性是中子在外部慢化剂内慢化,在燃料元件内围绕中央铀区具有装热工质的腔室。这使反射层内热中子的价值降低(相对于堆芯内的裂变),使在慢化剂材料内的中子吸收和中子从反应堆的泄漏等过程的作用相对提高。在净慢化剂(如铍慢化剂)内被吸收的中子损失可能约有 20%。因此在单个燃料元件反应堆内不得不使用高效慢化剂,把其体识内(吸收中子的)的结构材料量降到最低。

对慢化剂材料的要求可定性表达为慢化剂应该快速把中子慢化至热能约为 0.025 eV,以便不让它深深渗入反射层;对于所采用的反应堆几何构形,长时间处在慢化剂-反射层内的慢化中子(热中子)在返回铀中央区之前的吸收十分弱。中子在慢化剂内某点顺序碰撞后重新回到铀区的概率取决于从该点可见到这个区的立体角以及到达铀区路径上不发生碰撞的概率。这些概率的乘积随着中子贯穿入慢化剂的深度而急剧降低。最好的慢化剂是保证腔室边缘热中子注量率能最大限度地积聚。参考文献[13-14]证明,单个燃料元件反应堆最好的慢化剂材料是铍、氧化铍和重水。这些材料所能产生的慢化作用使具有热能且能返回到裂变物质腔室的中子数量最多(按从腔室进入慢化剂的一个裂变谱的快中子计算)。对于铍来讲,增大反应堆增殖系数 k_{eff} 的重要因素是快中子与铍核发生 (n,2n) 反应的概率不是零。这个过程把反应堆的 k_{eff} 增加 $0\sim10\%$。重水在层厚度超过 50 cm 情况下在临界参数方面是有优越性的。在较小层厚度的情况下,由于反应堆的中子泄漏增加,它的优点将丧失。

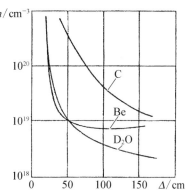

图 5-2 所示为铀-235 核临界浓度随外部慢化剂(铍、重水、石墨)厚度的变化。铍层厚度超过 50 cm 就达到极限,意味着离开腔室边界上述距离的中子,由于铍本身被吸收的概率很高,实际上不可能返回,即不可能在堆芯内引起裂变。对于重水和石墨来说,把厚度增加到 150 cm 或更多时,铀-235 的临界浓度继续下降。在这种情况下,中子的价值随反射层厚度降低得比慢化剂铍的情况下降得慢。

图 5-2　慢化剂厚度对铀-235 核临界浓度的影响(腔室半径为 62 cm)

可以使用复合的慢化剂。根据参考文献[14],将少量氢或含氢物质置于慢化剂和腔室边界处可以对 k_{eff} 做出正面贡献。提高腔室附近的慢化能力导致热中子注量率最大值向腔室边界移动,也就是向中子价值较高的区域移动,结果使进入腔室的热中子注量率增大。可是,边界处氢量增大到超过最佳值会使有害的中子吸收效应占优势,从而使返回腔室的中子注量率开始下降。

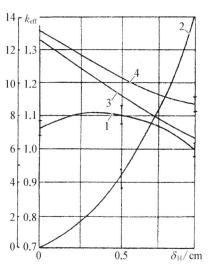

1—$k_{eff}=f(\delta_H)$;2—氢层内中子吸收;3—(n,2n)反应的贡献;4—反射层内的中子吸收和泄漏。

图 5-3　贴近气相燃料元件壁的氢层厚度(δ_H)对反应堆临界状态和中子俘获的影响

参考文献[14]研究了存在的薄层氢对反应堆临界参数的影响。在计算方案中反应堆由被铍慢化剂包围的五个燃料元件构成。作为一些相互竞争的过程,科学家研讨了氢层内的中子吸收、铍内的 (n,2n) 反应以及铍内的中子吸收和泄漏。计算用蒙特卡罗法完成,结果如图 5-3 所示。可以看出,慢化剂效率的提高被氢层内的中子吸收以及铍内 (n,2n) 反应的屏蔽所抵消。结果表明,堆增殖系数 k_{eff}

在氢层厚度为 0.2～0.5 cm、氢核密度 n_H 为 0.067×10^{24} cm^{-3} 时具有最佳值。在氢层厚度更大的情况下，由于中子吸收，反应堆的 k_{eff} 开始减小。由于氢核吸收中子，因此用含氢物质（包括轻水）作为慢化剂的主要材料是不允许的。在离含铀腔室远的慢化剂部分（反应堆外边界附近）可以使用石墨。与氢和铍相比，石墨慢化特性较差，但热中子吸收截面很小。对于慢化剂外围部分来说，这一点比它的慢化能力更为重要。可是，高温下反应堆用的石墨在氢中腐蚀稳定性极差，因而如果用氢来冷却，那么将被迫采用 ZrC 和 NbC 保护层，从而使石墨中子吸收截面小这个优点化为乌有。

对慢化剂结构的全面要求可以表述如下：慢化剂吸收中子应该比结构材料（甚至比锆、铝等吸收很弱的材料）尽可能小；慢化剂材料为铍；慢化剂应该用冷却剂（氢）冷却。

慢化剂内的释热取决于下列四个来源：中子慢化；吸收来自堆芯的瞬发 γ 辐射；吸收来自结构单元和慢化剂材料的俘获 γ 辐射；传给腔室壁的热流。

释热在体积中是不均匀的，因此慢化剂的冷却强度也应该是不均匀的。

燃料元件的主要结构部件位于端面反射层内和腔室壁上。在这些部件内集中了吸收中子的材料。最可取的腔壁高温材料是钼。计算表明，当钼壁厚度 δ_{Mo} 为 0.1 cm 时，k_{eff} 就要损失 14%（其中 5% 用于吸收热中子，9% 用于吸收共振中子）。对于用铁制造的腔壁，在相似条件下 k_{eff} 将降低 6%～7%。

5.2.3 反应堆计算方法

正如已经指出的那样，气相反应堆由光学特性差别很大的区域和堆芯体积内热中子谱的变化区域构成。当确定腔室内铀的各个有效截面时，热氢和变化中子谱的影响可以分开计算。计算方法取决于所选反应堆的几何构形。在解中子输运动力学方程的一次近似中，可以利用离散坐标法（S_N 方法）和特征线法。当研究二维和三维反应堆时，只有蒙特卡罗直接法是有效的。为了计算气相反应堆，研究者编制了三维几何构形的程序包[14]。这个程序包适合于单个燃料元件、由 1～31 个或更多燃料元件组成的反应堆的计算。设定的燃料元件材料组成在垂直方向和水平方向上是变化的，在不同的层中也是不同的。

应用蒙特卡罗法的基础是反应堆三维体积内中子轨迹的数学模型。反应堆有效增殖系数 k_{eff} 可以作为一代中子末产生的次级中子随机数的数学期望

值 ν 进行计算。在裂变、辐射吸收和中子注量率泄漏这三个可能的过程中,只有裂变物质在核裂变情况下 ν 值不等于零。在其余过程中 ν 值均等于零。ν 值决定裂变时产生的次级中子数 $n(E)$,它取决于裂变物质类型和引起裂变的中子能量 E。

$$n(E) = n_0 + \frac{\partial \nu}{\partial E} E \tag{5-1}$$

式中,n_0 和 $\dfrac{\partial \nu}{\partial E}$ 取决于裂变物质类型的参数。

在模拟 $(n, 2n)$ 反应时,$n = 2$。

与计算作为数学期望值 $M(n)$ 的 k_{eff} 一起,还可以算出估算方差 $D(n)$ 必需的 $M(n^2)$:

$$D(n) = M(n^2) - [M(n)]^2 \tag{5-2}$$

k_{eff} 中的标准误差根据下式估算:

$$\delta k_{\text{eff}} \leqslant \sqrt{\frac{D(n)}{N}} \tag{5-3}$$

式中,N 为中子代的数值。

中子慢化用下列两个不同机制决定能量损失的过程模拟:被具有设定的有效温度(取决于中子能量)$q(E)$ 的次级中子麦克斯韦谱描述的中子非弹性散射;在中子-核惯量中心系内带有各向同性角分布的中子弹性散射。

中子弹性散射条件下,直接在模拟散射现象时用下列形式计算由实验室坐标系决定的各向异性。

如果在实验室坐标系中用 a_0、b_0、c_0 和 v_0 表示散射前的几个方向余弦,用 a_1、b_1、c_1 和 v_1 表示散射后的同一些量,那么考虑到决定静止核内弹性散射物理机制的关系式[16-17],中子新、旧运动方向之间的联系可以用比较简单的形式得到[14]

$$\begin{pmatrix} a_1 \\ b_1 \\ c_1 \end{pmatrix} = \frac{A \begin{pmatrix} 1 \\ m \\ n \end{pmatrix} + \begin{pmatrix} a_0 \\ b_0 \\ c_0 \end{pmatrix}}{\sqrt{A^2 + 2A\eta + 1}} \tag{5-4}$$

式中，$\eta = a_0 l + b_0 m + c_0 n$，为惯量中心系内中子散射角的余弦；$l$、$m$、$n$ 为空间内各向同性方向的方向余弦；A 为散射体原子核的原子质量。

空间内中子轨迹的位置由两个角决定：一个是中子轨迹方向与竖轴 z 之间的夹角 θ，另一个是中子轨迹方向在垂直竖轴平面上的投影与平面 xOz 之间的夹角 $\alpha + \phi$。

角 ϕ 是上述方向投影上现行点的角坐标，而角 α 是该点上的方向投影与半径矢量之间的夹角。

几个角与直角坐标变量之间的关系表达为

$$a = \cos\theta$$

$$\sqrt{1 - a^2} = \sin\theta$$

$$b = \sin\theta\sin(\alpha + \phi)$$

$$c = \sin\theta\cos(\alpha + \phi) \tag{5-5}$$

考虑到关系式（5-4）和式（5-5），散射后中子新方向的角参数可以表达为

$$\cos\theta_1 = \frac{Al + \cos\theta_0}{\sqrt{A^2 + 2A\eta + 1}}$$

$$\sin\theta_1 = \sqrt{1 - \cos^2\theta_1}$$

$$\sin(\alpha + \phi)_1 = \frac{Am + \sin\theta_0\sin(\alpha + \phi)_0}{\sin\theta_1\sqrt{A^2 + 2A\eta + 1}}$$

$$\cos(\alpha + \phi)_1 = \frac{An + \sin\theta_0\cos(\alpha + \phi)_0}{\sin\theta_1\sqrt{A^2 + 2A\eta + 1}} \tag{5-6}$$

式中，$\eta = l\cos\theta_0 + \sin\theta_0[m\sin(\alpha + \phi)_0 + n\cos(\alpha + \phi)_0]$。 $\tag{5-7}$

散射后通过惯量中心系内的散射角余弦现行值按下式确定中子能量的新值：

$$E_1 = E_0(A^2 + 2A\eta + 1)/(A + 1)^2 \tag{5-8}$$

当模拟中子非弹性散射过程时，用随机方式将散射后的能量从具有有效温度的麦克斯韦分布中选出[16-17]：

$$\theta = \frac{2 \times 10^3 \sqrt{E_0}}{6.2 \sqrt{10A}} \qquad (5-9)$$

式中，E_0 为中子的原始能量(keV)。

从设定的分布中，可借助在间隔(0,1)中均匀分布的两个随机数 γ_1 和 γ_2. 选择能量随机值：

$$E_1 = \theta(E_0) \ln(\gamma_1 \gamma_2) \qquad (5-10)$$

裂变中子谱 $S(E)$ 近似表达为

$$S(E) = \frac{e^{-\frac{E}{T}}}{\sqrt{\pi} T \omega} e^{-\omega^2} \mathrm{sh}(2\omega \sqrt{E/T}) \qquad (5-11)$$

式中，ω 和 T 为裂变材料常数表中给出的谱参数。

借助下列分析表达式对谱能量随机值进行抽样：

$$E = T\left\{ \left[\alpha_1 \sqrt{\frac{[\ln \gamma_1]}{(\alpha_1^2 + \alpha_2^2)}} + \omega \right]^2 - \ln \gamma_2 \right\} \qquad (5-12)$$

式中，γ_1 和 γ_2 为间隔(0,1)中的随机数；α_1 和 α_2 为满足附加条件 $\alpha_1^2 + \alpha_2^2 = d^2 \leqslant 1$ 间隔(-1,1)中的随机数。

一般情况下，确定反应堆临界状态的任务可归结为裂变中子源密度本征函数 $f(x)$ 和下列形式积分方程本征函数(代表有效增殖系数)问题：

$$kf(x) = \int k(x, x') f(x') \mathrm{d}x' \qquad (5-13)$$

式中，x 为问题的变量集合(在一般情况下，指坐标、能量和速度方向)。

在这个任务中，裂变谱 $S(E)$ 是所要计算的裂变中子源均匀分布 $f(x)$ 的动力分量。按照坐标的中子源本征分布借助从均匀分布的一组抽样进行模拟，这些抽样是从一些初始分布中将数量不多的裂变原点加速迭代得到的。

从均匀分布中较快获得抽样是由于裂变点数量不多和迭代过程的快速收敛，后者的原因是裂变原点与次生点几何状态之间的联系很弱。这使得建立裂变点的本征分布很快，然后计算简化成根据代方法的普通流程采集中子源数统计值。计算结果为有效增殖系数 k_{eff} 和裂变中子源的本征分布，即裂变物质区内的空间释热场。中子注量率分布根据反应堆各区内不同能量中子的行程长度进行估算。相互作用截面在已知能级表格中用能量间距范围内的外推法给出。

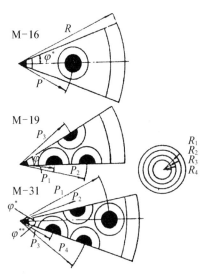

图 5 - 4　气相反应堆中子物理计算的几何模型

反应堆几何计算方案如图 5 - 4 所示。当燃料元件以设定格距置于反应堆内时，任务将简化为计算包括一个或几个燃料元件的独立扇形区。扇形区两边是 ϕ 为常数的两个角平面，角平面满足中子镜像反射的条件，该条件下模拟中子进入完全一样的毗邻扇形区。扇形区内燃料元件位置由参数 P_1、P_2、P_3、P_4 和扇形区角参数 ϕ^* 决定。研究者对中子轨迹与下列 4 种表面的交叉也做了规定(见图 5 - 4)。

（1）沿着高度方向把反应堆分成几层不同组成的多个平面（$Z=Z_i=$常数）。这些平面的数量比沿高度的区域数多 1，等于 $N+1$。

（2）ϕ 为常数的反射平面有两个。在带有 4 个环状布置燃料元件的网格中，这是 $\phi=\phi^*$ 和 $\phi=-\phi^{**}$ 的平面。

（3）将反应堆分隔为几个 $R=R_j=$ 常数的径向区圆柱表面。

（4）在燃料元件内分隔几个径向区的圆柱表面。这些圆柱的轴线相对反应堆中心轴线的移动距离 P。这些表面的数量等于燃料元件内材料区的数量。

从坐标原点 z_0、r_0、ϕ_0 沿着轨迹到相应表面的距离按下列公式计算：

$$L_{zi} = (Z_i - Z_0)/\cos\theta$$

$$L_{+\phi^*} = r_0\sin(+\phi^* - \phi_0)/\{\sin[(\alpha+\phi)_0 - \phi^*]\sin\theta_0\}$$

$$L_{-\phi^*} = r_0\sin(-\phi^* - \phi_0)/\{\sin[(\alpha+\phi)_0 + \phi^*]\sin\theta_0\}$$

$$L_{kj} = [-r_0\cos\alpha_0 \pm \sqrt{R_j^2 - r_0^2 \cdot \sin^2\alpha_0}]/\sin\theta_0$$

$$L_{rk} = [p\sin\phi_0\sin\alpha_0 - \cos\alpha_0(r_0 - p\cos\phi_0)] \pm$$
$$\sqrt{r_k^2 - [p\sin\varphi_0\cos\alpha_0 + \sin\alpha_0(r_1 - p\cos\varphi_0)]^2} \quad (5-14)$$

最后一个公式是为其轴线落在角读数为 ϕ^* 和 $-\phi^{**}$ 的平面上的燃料元件所写。对于其中心轴线相对该平面的移动角度为 $\pm\phi^*$ 的燃料元件,在计算 L_{rk} 时把公式中的 $\sin\phi_0$ 和 $\cos\phi_0$ 分别替换为 $\sin(\phi_0\pm\phi^*)$ 和 $\cos(\phi_0\pm\phi^*)$。从角表面反射情况下,在反射点计算的角 α 将改变符号[14]。

在解气相反应堆启动和稳定性问题时,在燃料元件通道内裂变物质按体积重新分布情况下,必须计及动态反应性系数。由于存在可与 δk_{eff} 相比拟的统计误差,用蒙特卡罗法很难直接计算 k_{eff} 的变化。但是,当模拟反应堆内中子基本轨迹时,存在直接估算 δk_{eff} 的方法。众所周知,增殖系数 k_{eff} 是齐次积分方程(5-13)的主要本征值。我们把它写成通用形式:

$$kf(x)=Lf(x) \tag{5-15}$$

然后根据我们感兴趣的参数求导数:

$$k'f+kf'=L'f+Lf' \tag{5-16}$$

把得到的表达式标量乘上共轭函数 $f^*(x)$,$f^*(x)$ 是相应共轭问题的解

$$Kf^*(x)=L^{'*}f^*(x) \tag{5-17}$$

结果得到

$$k'(f^*,f)+k(f^*,f')=(f^*,L'f)+(f^*,Lf') \tag{5-18}$$

利用明显的共轭函数关系式

$$(f^*,Lf')=(L^*f^*,f')=k(f^*,f') \tag{5-19}$$

我们得到

$$k'=(f^*,L'f)/(f^*,f) \tag{5-20}$$

或

$$\delta k=(f^*,\delta Lf)/(f^*,f) \tag{5-21}$$

这是流的线性泛函数微弱扰动公式。可以建立一种算法,其中除了模拟主要问题的算子 L 外,还模拟参数 ρ 变化时的扰动算子 $L+\delta L$。参数 ρ 是铀装载不变(M_g=常数)条件下的铀柱半径。给出数值 $\beta_i\leqslant 1$ 的网格,β_i 是铀柱截面积减少系数。这样减少的半径将用 $\rho_i=r_0\sqrt{\beta_i}$ 确定。为了估算影响,利用轨迹到燃料元件轴的现行最小距离 δl。对于中心燃料元件,$\delta l=r_0\sin\alpha_0$,

对于与中心轴线相对移动距离为 p 的燃料元件，$\delta l = p \cdot \sin\phi_0 \cdot \cos\alpha_0 + (r_0 - p\cos\phi_0)\sin\alpha_0$。

中子在与多个核进行依次碰撞之前的随机行程值 l 用下列方程的解确定：

$$\int_0^l \sum(\zeta)\mathrm{d}\zeta = -\ln g \qquad (5-22)$$

式中，积分沿中子轨迹进行，指依次碰撞或者从系统飞出之前的总行程。方程右边部分包括在间隔(0,1)内均匀分布的随机值的自然对数。积分用沿中子轨迹将光学长度 $\Sigma_k\Delta l_k$ 顺序叠加进行计算，直到获得的总和不超过已知值 $-\ln\gamma$。轨迹最后的光学区段由下列等式决定：

$$\Sigma_k\Delta l_k = -\ln\gamma - \sum_{j=1}^{k-1}\Sigma_j\Delta l_j \qquad (5-23)$$

式中，k 为轨迹线段编号，从该线段光学路径累加总和开始超过随机值 $-\ln\gamma$。

显然，在具有减小半径的区域内，在满足下列条件时裂变依然进行：

$$\frac{2\sqrt{r_0^2\beta_i - \delta l^2}}{\beta_i\sin\theta_0} - \Delta l_k \geqslant 0 \qquad (5-24)$$

当满足这个条件时，在具有减小半径 $\rho_i = r_0\sqrt{\beta_i}$ 和减小裂变截面 $\Sigma_{fi} = (1/\beta_i)\Sigma_f$ 的区域，裂变依然会进行。在相反情况下不发生裂变。图 5-5 所示为 k_{eff} 随铀区半径大小的变化曲线。

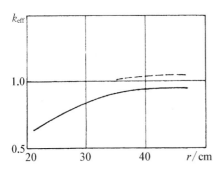

- - - -—考虑到铍内（n,2n）反应的贡献；———不考虑上述反应的贡献。

图 5-5　裂变物质数量不变条件下 k_{eff} 随铀区半径大小的变化

5.2.4　反应堆临界装置上的实验研究

在试验台架临界装置上进行实验研究是研发空间应用动力反应堆，特别是发动机腔式反应堆的必要阶段。后者取决于它们的中子物理学特性。在实践中反应堆方案的实验论证有两条途径：第一，模拟实验加计算分析；第二，在与实物具有同样尺寸和组成的反应堆试验原型台架上做实验。

最后的实验在创建具体工程项目的结束阶段必须进行。在模拟反应堆上可以十分详细地研究过程的物理学,并在此基础上制订完善的计算临界参数的方法。

已知研究单个燃料元件腔式反应堆临界参数有两个大量的工作。其一是苏联在临界试验台架"Грот"上用铍慢化剂反应堆做的实验[14];其二是美国通用电气公司与"路易斯"研究中心一道用重水慢化剂反应堆做的实验[18-20]。

苏联在"Грот"试验台架上既做了单个燃料元件反应堆的模拟实验,也做了装有 3、6、7、19 和 31 根燃料元件的反应堆模拟实验。单个燃料元件反应堆是由许多小的特形零件组装的铍棱柱体,它被密封包装,沿中轴有一个腔室,上面和下面被端面反射层包封。腔室形状近似圆柱体,借助一些悬挂在腔室内的带含铀辐照盒的组件使反应堆达到临界状态。反应堆腔室直径为 58.8 cm,高为 90 cm,反射层厚度为 44 cm。铀单元按管道截面均匀装载条件下,当铀-235 浓度为 3.1×10^{20} cm^{-3} 时达到临界状态。在这个浓度下燃料价值为

$$\eta = \frac{\Delta k/k}{\Delta G/G} = 10.7 \beta_{\text{eff}} \tag{5-25}$$

式中,$\Delta G/G$ 和 $\Delta k/k$ 分别表示腔室内铀装载的相对变化及有效增殖系数($\beta_{\text{eff}} = 0.0068$)的相对变化。

应该指出端面反射层起很大作用。实验证明,只用一个端面反射层的效率为 $11 \beta_{\text{eff}}$。为了补偿该反应性损失,要求把铀-235 浓度从 3.1×10^{20} cm^{-3} 提高到 6.3×10^{20} cm^{-3}。

为了降低临界装置造价,用石墨层替换一部分外侧铍反射层,此时的实验结果如图 5-6 和图 5-7 所示。研究者从铍层原始厚度 10 cm、15 cm 和 25 cm 开始[图 5-6 中的(a)(b)(c)]增筑了石墨反射层。图 5-7 所示为石墨层(按 k_{eff})等效厚度与铍层原始厚度的关系。当铍层原始厚度降到 20 cm 以下时,石墨添加层厚度大大增加。图 5-8 所示为反射层不同点处铍的价值。可以看出,这个参数在距腔室壁 10 cm 的反射层内具有最大值。在离腔室壁 20~25 cm 处铍的价值实际很小,外围部分可以用石墨替代。

图 5-9 所示为铀-235 核临界密度随堆芯体积与单个燃料元件反应堆腔室体积之比 $\beta = (r_1/r_2)^2$ 的变化曲线。腔室半径为 38.8 cm,高为 161 cm,管道直径为 67.6 cm。反射层为外面有石墨层的铍。β 降低到 0.4 以下将导致铀临界浓度不能容许的增大。

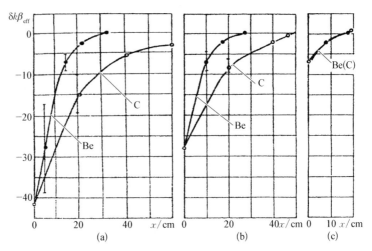

图 5-6 在不同铍层原始厚度下作为铍层和石墨层厚度函数的气相反应堆的反应性

(a) 铍层原始厚度为 10 cm；(b) 铍层原始厚度为 15 cm；(c) 铍层原始厚度为 25 cm

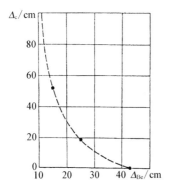

图 5-7 单个燃料元件气相反应堆中子物理计算时石墨层等效厚度随铍层原始厚度的变化

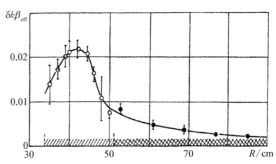

图 5-8 侧面复合(铍+石墨)反射层不同点的铍价值

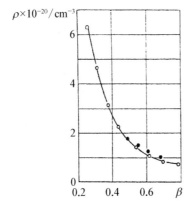

○——形状近似圆柱体的堆芯；●——形状与圆柱体显著不同的堆芯。

图 5-9 在气相反应堆燃料元件内铀-235 临界密度随堆芯体积与燃料元件腔室容积之比的变化

美国用重水做慢化剂的实验在参考文献[14,18 - 20]中有所论述。反应堆由直径为 182.9 cm,高为 121.9 cm 的圆柱形腔室组成,腔室外围各个方向都被重水罐围住。两个端面的重水层厚度为 88.9 cm,径向为 89.5 cm。在侧反射层内距离腔室壁 6.5 cm 处配置由厚度为 10.16 cm 的铍组成的环形层。科学家研究了两种类型的堆芯组成:一种是模拟由异形含 U - 235 铝片组成的堆芯,另一种是采用带有含铀气体六氟化铀(UF₆)的内圆柱罐。在换算为等效条件后,这两种方案临界装载的差别为 4%。试验证明,含铀区模拟方法的选择具有重要意义。与均匀填充堆芯相比,中子穿越堆芯片状结构会使临界装载增加 15%以上。

图 5 - 10 所示为用 UF₆ 的气相反应堆内热中子注量率分布。可以看出,端面反射层内距腔室壁 10 cm 处的热中子注量率比径向反射层内的高。此

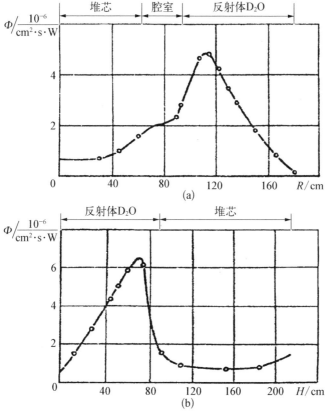

图 5 - 10 沿六氟化铀气相反应堆半径(a)和高度(b)方向的热中子注量率分布

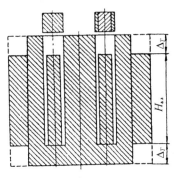

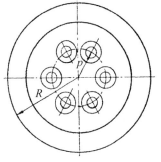

图 5-11 六个燃料元件的气相反应堆临界装置几何构形示意图

外,谱测量表明,中子谱在端面反射层内比较硬,因此在端面反射层内总中子注量率也应该更强。这个差别可用端面反射层的位置更接近铀区来解释。应该预料到,在模拟方案中含铀区内的热中子注量率比较低。这可用在模型结构中增加了薄片的铝和在此情况下铀装载多来解释。

苏联在临界试验台架上既做了单个燃料元件反应堆的实验,又做了带有铍慢化剂的多个燃料元件系统的实验。为此,研究者曾使用由特形铍零件制成的结构。反应堆高 H 为 130 cm,半径 R 为 76 cm。组装方案如图 5-11 所示。试验研究了含铀通道上方下列 4 种上端面镶嵌件的构形:① 完全用铍镶嵌件封盖的通道;② 完全敞开的通道;③ 用铍部分封盖的通道,只在工质环状区上方有铍,而在铀上方没有铍;④ 只在铀区上方放置含铁镶嵌件的通道。

实验和计算的结果如表 5-1 和图 5-12 所示。由于通道的形状与圆形截面有差别,从与其计算模型相符的观点来讲,该装置并不理想。这一点同将特形铍零件做圆的小半径有关,铍零件的用途是模拟小直径燃料元件的几何构形。临界装置上通道截面形状如图 5-13 所示。计算时通道截面替换为等效半径为 r_2 的圆形截面,r_2 被图 5-13 中的两个极端值所限定。燃料元件尺寸的减小和燃料元件数量的增加导致 r_2 从 r_{min} 靠近 r_{max}。

表 5-1 带有铍慢化剂的六个燃料元件系统的实验和计算结果

实验编号	镶嵌件类型	r_1/cm	r_2/cm	$\beta = (r_1/r_2)^2$	p/cm	R/cm	$\rho_{kp} \times 10^{-20}$/cm^{-3}	M_{kp}/kg	k_{eff}(计算)
1	1	6.6	8.8	0.56	28.0	76.0	2.0	5.77	1.01
2	1	6.6	10.9	0.365	28.0	76.0	2.2	6.34	0.92
	1	6.6	10.4	0.400	28.0	76.0	2.2	6.34	0.98
	1	6.6	10.0	0.436	28.0	76.0	2.2	6.34	1.04

（续表）

实验编号	镶嵌件类型	r_1/cm	r_2/cm	$\beta = (r_1/r_2)^2$	p/cm	R/cm	$\rho_{kp} \times 10^{-20}$/cm^{-3}	M_{kp}/kg	k_{eff}（计算）
3	4	6.6	10.9	0.365	28.0	76.0	2.6	7.50	0.94
	4	6.6	10.4	0.400	28.0	76.0	2.6	7.50	0.99
	4	6.6	10.0	0.436	28.0	76.0	2.6	7.50	1.03
4	3	6.6	10.9	0.365	28.0	76.0	2.6	7.50	0.93
	3	6.6	10.4	0.400	28.0	76.0	2.6	7.50	0.97
	3	6.6	10.0	0.436	28.0	76.0	2.6	7.50	1.02
5	2	6.6	8.8	0.56	28.0	76.0	2.6	7.50	0.998
6	2	6.6	10.9	0.365	28.0	76.0	3.4	9.8	0.84
	2	6.6	10.0	0.436	28.0	76.0	3.4	9.8	1.01
7	1	3.6	8.8	0.168	28.0	76.0	13.4	11.6	0.68
	1	4.36	9.0	0.168	28.0	76.0	13.4	11.6	0.99
8	1	6.6	10.9	0.365	28.0	64.0	2.6	7.50	0.96
	1	6.6	10.4	0.400	28.0	64.0	2.6	7.50	1.00

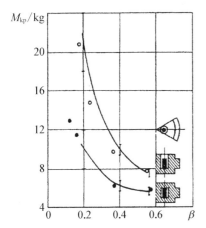

图 5 - 12　^{235}U 临界装载量与堆芯体积及气态燃料元件腔室体积的关系

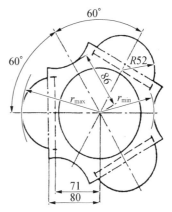

图 5 - 13　在临界组件上试验时气态燃料元件的截面形状

　　部分试验数据是在为了减少管道截面用铍半圆柱体（见图 5 - 13 中虚线外侧部）填充管道截面伸出部分的情况下获得的。在没有铍半圆柱体时，同等面积圆的半径 r_2 为 10.6 cm，而在填充铍半圆柱体情况下 r_2 为 8.5 cm。计算表明，只有在含铀-235 的圆形区占据管道截面面积相当大部分($\beta \geqslant 0.3$)的情况下,这样的替代才会产生令人满意的结果。在铀区半径小($\beta < 0.2$)时,要想使计算结果与实验结果一致,需要更仔细地模拟管道的形状(见表 5-1 中 $\beta < 0.2$ 的方案)。按等同面积模拟通道截面之所以无效,是因为它过分减少了中子从慢化剂返回通道所穿过的通道工作侧表面的面积。在保持侧表面面积时,等效通道的半径约增加10%。此外,等效参数 $\beta = (r_1/r_2)^2$ 应该高于两个面积的比值。这与离铀表面不同距离的慢化剂表面区段对铀内吸收中子数量的非线性贡献效应有关。考虑到这个效应,确定从表面进入铀区的中子份额的 β_{eff} 值也将更高。

与通道形状有关的不确定性后来在做 19 通道组装件内实验时被排除。铍砌体具有同样的尺寸($H = 132$ cm,$R = 76$ cm),但是与 6 个燃料元件的组装件不同,它没有端面反射层。燃料元件之间距为 21.6 cm 的等边三角形栅格形式置于慢化剂中。这种组装件的优点是各通道的截面绝对圆。从一个通道半径过渡到另一个通道半径借助装入厚度为 1.0 cm 的环形铍嵌入件实现。这样就可以获得 3 个通道半径即 5.43 cm、4.43 cm 和 3.43 cm 下的实验数据。当对实验结果进行计算和数学处理时,引入均匀化系数 α 来考虑燃料元件内铀区模型的块状组成,α 是对于实际的铀区块状结构,分析中子通过燃料元件内活性区所有可能飞行途径而算得的。实验和计算的结果都列在表 5-2 和图 5-14 上。铀临界装载随

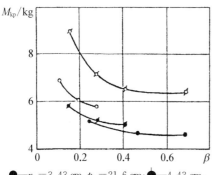

● —$r_2 = 3.43$ cm,$p_1 = 21.6$ cm; ◈ —4.43 cm,21.6 cm; ○ —5.43 cm,21.6 cm; ◐ —2.83 cm,24.8 cm。

图 5-14 19 个燃料元件的反应堆的铀-235 临界装载随堆芯体积与气相燃料元件腔室容积之比(β)的变化(p_1 为燃料元件轴与轴之间的距离)

参数 $\beta = (r_1/r_2)^2$ 的变化表明,当 $\beta < 0.25$ 时,M_{kp} 开始急剧增长。用蒙特卡罗法计算的结果与实验数据的比较令人满意:k_{eff} 值偏差不超过 $\pm 3\%$。

表 5-2 带有铍慢化剂的 19 个燃料元件系统的实验和计算结果

实验编号	M_{kp}/kg	r_1/cm	r_2/cm	$\rho_{\text{kp}} \times 10^{-20}$ /cm^{-3}	k_{eff} (计算)	α
1	5.85	2.845	5.43	0.176	0.98	0.74
2	6.07	2.335	5.43	0.292	0.99	0.79

（续表）

实验编号	M_{kp}/kg	r_1/cm	r_2/cm	$\rho_{kp} \times 10^{-20}$ $/cm^{-3}$	k_{eff} （计算）	α
3	6.91	1.67	5.43	0.787	1.02	0.96
4	5.05	2.845	4.43	0.150	1.03	0.73
5	5.15	2.335	4.43	0.240	1.02	0.77
6	5.81	1.67	4.43	0.618	1.00	0.91
7	4.63	2.845	3.43	0.135	0.99	0.72
8	4.66	2.335	3.43	0.214	1.00	0.76
9	5.20	1.67	3.43	0.542	1.01	0.89
10	7.15	2.845	5.43	0.220	1.00	0.76
11	6.51	2.845	4.43	0.198	1.01	0.75
12	6.39	2.845	3.43	0.194	1.06	0.75

注：1. 在 10～12 方案中栅格格距从 21.6 cm 增加到 24.8 cm；

2. 在考虑到堆芯均匀化系数 α 后确定铀-235 的浓度。（$\rho_{kp} = \rho_0 \alpha$，式中 ρ_0 为与临界装载相应的额定浓度）

5.2.5　慢化剂和工质的高温对反应堆临界参数的影响

在气相反应堆内，部分热量（10%～12%）在中子的慢化剂-反射层内释出，将它加热到约 1 500 K。慢化剂升温导致其中子吸收下降。因此，反应堆的反应性温度系数为正值。当温度升高时，铀内中子吸收截面稍有减小，但与慢化反射层内的中子损失减少相比，它的影响要小得多。计算表明，当慢化剂升温到 1 500 K 时，有效增殖系数增加 3%～4%。环绕铀区存在的热氢使从慢化剂出来的热中子流谱发生畸变。热中子，首先是铀区内的热中子，应该一次通过热氢层。氢层的特征参数：厚度为 6 cm，平均温度为 5 000～8 000 K，密度为 $1 \times 10^{21}/cm^3$。

必须指出下列两个决定裂变物质内中子谱的重要因素：① 在气相燃料元件腔室内氢高温情况下，氢核的移动性导致作用截面和氢层光学厚度增大。在这种情况下，与氢核发生碰撞的中子份额明显增加，达到约 50%。如果不考虑移动性，氢内碰撞份额仅占 10%。这降低了铀内吸收中子的数量。② 中子与热氢核碰撞将发生强烈的能量交换，导致氢介质内中子快速热能化。碰撞几次就足以使中子达到均匀介质温度。因此在这种情况下中子与氢核相互作用截面减小,这也导致铀内吸收中子数减少。

计算中通过热氢层的中子分成下列4群:没有与氢核碰撞的中子;与氢核碰撞一次的中子;与氢核碰撞两次的中子;与氢核碰撞超过两次的中子。

计算表明,三次碰撞就足以使氢内中子热能化。在文献[14]内所做的计算结果证明,在气相反应堆条件下,没有与热氢核发生碰撞的氢份额为0.545,发生一次碰撞的为0.355,两次碰撞的为0.038,超过两次碰撞的不超过0.01。考虑氢介质后铀内有效裂变截面为310~320 b。反应堆临界状态计算表明,由于铀区黑度高,裂变截面本身并不显著影响参数k_{eff},10~20 b的误差在此完全允许。但是,直接决定铀-235 υ_{eff}值的比值$(\Sigma_f/\Sigma_c)_{eff}$对$k_{eff}$的影响很大。因此,计算这个比值时应该更加仔细,要考虑氢层内密度和温度的非均匀性。

在设计和确定核火箭发动机及核发电装置各种方案的概貌时,研究者利用了获得的装有铍和石墨外层慢化剂的腔室型核反应堆临界参数的实验数据和理论数据。在后来的研究工作中[21],这些数据成为确定利用六氟化铀做燃料、具有气体动态保持裂变物质能力的发电推进装置技术概貌的基础。这些装置的特性将在本书第6章内讨论。

5.3 减少不同速度和密度的气流交混方法

5.3.1 计算和实验研究任务的提出

装备气相反应堆的核火箭发动机和核发电装置的效率取决于减少铀通过反应堆的消耗量问题解决到何种程度。这不仅对开式流程的装置很重要,而且对闭式环行流程的装置也很重要,铀消耗量增大将使回路建造复杂化,并且由于缓发中子的先驱核在反应堆内逗留时间短而使它们的数量减少以及许多其他因素导致反应堆的控制更加困难[3]。此外,靠气体动力把铀从燃料元件壁上挤走也是重要的。

铀从气相反应堆燃料元件的带出量取决于燃料元件周围区域内流动的工质与处于燃料元件中央区内裂变物质的交混强度。因此,在详细研发任何依据气相核反应堆的设计方案之前,必须研究的决定性问题之一是确定影响不同速度和密度的两股伴行流交混因素。

科学家曾多次对两股流的交混问题进行理论和实验研究,这些研究成果在许多论文和专著中论述过[22]。但是大多数的研究都是在离气流起点有一定距离处的交混,在那里流动可认为是自成型的。而非自模流动的研究是在技术应用中最常遇到的初始条件下进行的,该条件是指进口有较大初始扰动或者速度高度不均匀,它们通常取决于喷嘴壁面上湍流边界层的特性。在初始截面的这些条件下,非自模区段和自模区段内于大雷诺数下所做实验获得的交混强度互相接近。此外,稳定性线性分析表明,自由剪切流(射流、径迹、交混层)在很小雷诺数下也是不稳定的,而交混层在任何雷诺数下都不稳定。因此通常推定,在大雷诺数下带剪切的自由流内的交混过程与充分发展湍流度有关,后者的特性取决于所研讨截面内具有速度梯度区域的最大速度差和横向尺寸。

对等速度的两股流交混的研究表明,在这种情况下交混取决于初始截面上的条件[23]。研究者获得了两股不同速度和密度气流交混区宽度随其速度比和密度比的变化[24-25]。在应用目视气流方法研究两股伴行射流的流动时发现,在形成气流的喷嘴壁面上,边界层的展平使交混层内的流动变得十分有序,并且这种有序性在整个射流初始区段都将保持,后来把这种有序结构称为耦合结构。有无耦合结构将影响交混强度,但这种影响并不显著。在初始截面上的速度分布取决于喷嘴壁面上边界层的情况下,交混层展宽速率的差异为 $20\%\sim30\%$。

研究者在向充展湍流过渡的区段观测到相当小的交混强度。在过渡区段长度上交混强度取决于分子扩散,由于这个长度取决于具有速度梯度层的初始厚度、速度分布形状和初始扰动谱,因此科学家研究了各种因素对过渡区段长度的影响。可是,当借助边界层形成初始速度分布时,边界层只有在喷嘴壁面上的边界层是层流,且在初始截面上速度一成不变的情况下,才观测到具有低交混强度的向湍流过渡的区段。因此,向湍流过渡的研究只在淹没射流和某个雷诺数范围内进行,在该范围内喷嘴壁面上边界层内的速度分布形状具有典型的层流边界层的形状。

科学家还研究了借助变化的水力阻力形成初始速度分布的那些系统中向湍流的过渡。在这些情况下,向湍流过渡不仅取决于按线性理论不稳定的扰动扩展,而且取决于环绕形成初始截面上气流的阻力件端面流动时产生的湍流扩展,以及它们扩展时各种规模扰动的相互影响。

5.3.2　两股不同速度气流的湍流交混

当交混层内为湍流工况时,交混层宽度不仅取决于两股交混流的速度比和密度比,而且取决于把两股流分开的壁面上由边界层建立的、初始截面上的速度不均匀性。在离流动起点较远处初始的速度不均匀性不影响交混层宽度。在这种情况下,交混层宽度根据速度分布曲线上无量纲速度取固定值 0.05 和 0.95 的两个点确定,可用下式表达:

$$b = c(x - x_0) \qquad (5-26)$$

式中,x 为纵向坐标;x_0 为有效起点;b 为交混层宽度;c 为实验常数,等于 $0.2^{[26]}$。

x_0 的数值表征了初始条件的影响,它等于喷嘴壁面上几个边界层的厚度。交混区相对喷嘴边界层的位置是不对称的:在不流动气体一侧,从边缘线到交混区边界的距离大约比运动气流一侧的大一倍。

对稍微预热($\Delta T / T \ll 1$)的两股射流的交混研究表明,在该情况下温度分布可以作为惰性混合物浓度分布进行研讨,它比速度分布宽 $0.2 \sim 0.3$ 倍。

如果两股交混流的密度不同,那么式(5-26)中的 c 值取决于两股流的速度比。在文献[27]中得到交混区宽度随两股流密度比的变化为

$$b = c \left[\frac{n}{\alpha + (1-\alpha)n} \right]^{1/2} (x - x_0) \qquad (5-27)$$

式中,$n = \rho_2 / \rho_1$;ρ_2 为气流密度;ρ_1 为周围介质的密度;α 为实验常数。

如果 α 取 0.75,它将与实验数据很好地吻合[23]。

如果两股流都流动,那么交混区宽度就取决于两股流的速度比。文献[23]提供了确定交混区宽度随两股流的速度比变化的下列公式:

$$b = c(1-m) \left[\frac{n}{\alpha + (1-\alpha)n} \right]^{1/2} (x - x_0) \qquad (5-28)$$

式中,m 为两股流的速度比。只有当 m 值不大时式(5-28)才是正确的,因为当 $m=1$ 时,按此式算出的交混区宽度等于零。

当 $m=1$,即当两股流的速度相等时,它们边界上的交混取决于在气流初始截面上存在的扰动。这些扰动包括两股流的初始湍流度、由于把两股流分开的壁面上具有边界层而引起的速度不均匀性以及由于环绕平板边缘流动产生的速度不均匀性。如果在初始截面上速度脉动的强度不大,那么交混层宽度就可以按下式确定:

$$b = c_1 \sqrt{\frac{P}{\rho_{\text{eff}} n^2}} \sqrt{x - x_0} \, \phi(n) \qquad (5-29)$$

式中，P 为径迹内脉动损失值；$\Phi(n)$ 为密度比的未知函数；ρ_{eff} 为径迹中的有效密度，它是在 ρ_1 和 ρ_2 之间的某个值。

文献[23]证明，如果取 $\rho_{\text{eff}} = \dfrac{\rho_1 + \rho_2}{2}$，那么函数 $\phi(n)$ 近似恒定。如果根据温度分布曲线上无量纲温度 $\overline{T} = 0.05$ 和 0.95 的两个点确定径迹宽度，那么 $c_1 \approx 2.5$。

为了在 $0 < m < 1$ 条件下确定交混区宽度，可以利用文献[25]中提出的内插公式：

$$b = b_0(1-m) + b_1 m^2 \qquad (5-30)$$

式中，b_0 为 $m = 0$ 时的交混区宽度，它可以根据式(5-27)获得；b_1 为 $m = 1$ 时的交混区宽度，它可以根据式(5-29)获得。

在式(5-30)中，b_0 和 b_1 应该根据温度分布确定。

如果可以把两股流认为是无限制的或者无限缓慢运动的流，那么上述关系式才正确。这股流在周围介质内引起沿着向交混区方向的运动，即所谓的"渗入"。这个运动的强度是很重要的量，如果缓慢运动气流的大小有限就更是如此。渗入强度用缓慢运动气体一侧的交混区边界处的横向速度值来表征。当 $m = 0$ 和 $m = 1$ 时，这个速度为最大速度的 $2\%\sim3\%$。因此，如果中心射流速度比周围气流的速度小，上述关系式只能用于中心射流速度与周围气流速度之比大于 0.2 的情况。如果该比值小于 0.2，那么在中心会出现回流区，周围气流的物质可以分布到中心射流的整个截面。

所列举的数据表明，在充分发展湍流情况下，只有在两股流的速度比接近 1，且进口处速度初始不均匀性很小的情况下，交混才可能不大。因此，为了得到速度差别很大的两股流的小交混，必须保证这样的流动条件：在分开两股流边界的设定长度上都不发生充分发展湍流。

5.3.3　向湍流过渡区段交混层内的流动

在线性近似中，对两股流交混层内流动的理论分析表明，在任何雷诺数下这个流动都是不稳定的。在大雷诺数下，交混层内逐渐增强的扰动波长应该把交混层宽度提高 4 倍或更多。极快速增强的扰动波长把交混层宽度提高大约 7 倍。当雷诺数减至 100 或更小时,不稳定波长的范围缩小,而极快增强的扰动波长与交混层宽度之比增大。不稳定扰动波的振幅按指数 $e^{\frac{\gamma x}{h}}$ 增加,其中,γ 为扰动增量;h 为具有速度梯度的层宽度;x 为纵向坐标。

线性分析的结果很好地被实验证实,但不能确定过渡区段的长度,因为其发展导致向湍流过渡的扰动初始振幅是不确定的。因此,在每个具体情况下,向湍流过渡区段的长度必须通过实验确定。对两股伴行射流初始区段上环状交混层内向湍流过渡所做的研究可以定性和定量确定该区段内流动的规律性。实验证明,向湍流过渡包括几个阶段,在某些情况下它们中有些表现得不太明显。

在研究交混层过渡区段内流动的实验中,研究实现了像在圆形氮射流与伴行空气流边界处的环状交混层。装置工作部分如图 5-15 所示。进口处中心射流的直径为 28 mm,伴行流直径为 120 mm。研究者借助网格降低了两股流内速度的初始扰动和不均匀性。最后一个网格的尺寸为 0.15 mm、孔隙率为 0.35,安装在中央流和伴行流内工作部分的切口处。在初始截面上速度发生变化的层厚度小于 1 mm。当伴行流速度增大时,向湍流过渡区段长度将增加。

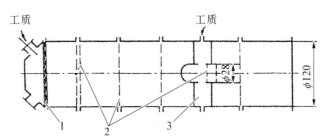

1—用航空毛毡制成的栅格;2—展平网格;3—支架。

图 5-15 研究两股伴行射流交混过程的实验装置示意图

图 5-16 所示为在伴行空气流内氮射流的多普勒照片(氮射流速度为 16.5 m/s)。由照片可见不同速度和密度的两股流的环状交混层内向湍流过渡的几个阶段。最初扰动按照线性理论发展,在这个区段射流扩宽不大。在线性区段末端,波动达到某个稳定的振幅,在过渡第二阶段观测到微弱改变振幅的周期运动。在第三阶段周期运动丧失稳定性,出现大振幅旋涡,它的尺寸比初始扰动的波长大约大一倍。在第四阶段这些旋涡纷纷崩落,出现不规则运动。在过渡第一阶段的交混取决于分子扩散,因此其尺寸比随后几个阶段要小得多。由于这一点,研究者更详细地研讨了影响第一过渡阶段长度的一些因素。

图 5 - 16　伴行空气流内氩射流的照片

（氩射流速度为 16.5 m/s,空气流速度为 6.6 m/s）

文献[26 - 27]列出了在淹没的空气和氩射流中向湍流过渡的实验研究结果。在喷出射流的管壁上,边界层在两股射流边缘处形成了有限厚度的环状层,在该层中速度平稳变化,从射流中心的最大值变到射流周围气体内的最小值。当速度和边界层逐渐发展的距离改变时,管壁上边界层厚度改变。根据流的照片确定过渡段长度,为此将射流加热到 40～50℃。研究表明,如果管子切口处的边界层是层流,那么交混取决于两股同类流分子扩散的过渡段长度,约为具有速度梯度层初始厚度的 15 倍。在该情况下,将其中的速度梯度等于边界层内最大速度梯度的层的横向尺寸取作为具有速度梯度边界层的初始厚度。氩射流内过渡区段的长度大约只有空气射流内的 1/4。

在研究伴行射流内向湍流的过渡时,借助边界层在两股流边界上形成速度平稳变化的层是不可能的。因此研究者借助变长度小管组成的"霍内科姆博"(Хонейкамб)形成初始速度分布。装置如图 5 - 17 所示。在伴行流内喷嘴切口附近安装展平速度分布的网格。若没有网格,在喷嘴边缘之后的侧壁面上将在边界层影响下形成速度分布非一成不变的流,它丧失稳定性导致射流湍流化。

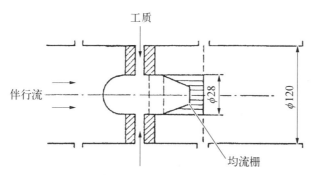

图 5 - 17　实验研究向湍流过渡段内两股伴行射流交混
过程的装置工作部分示意图

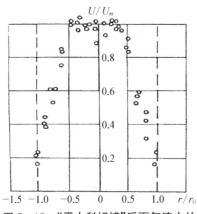

图 5‑18 "霍内科姆博"后面气流内的
速度分布

进行研究的中心射流速度有两个范围,在 5～50 m/s 范围内中心射流是氦气流,在 1～10 m/s 范围内中心射流为空气流。"霍内科姆博"由直径为 1.2 mm、壁厚为 0.1 mm 和直径为 1 mm、壁厚为 0.05 mm 的一些小管组装成。在上述速度下,"霍内科姆博"各通道内的流动是层流,速度分布形状几乎与速度值无关。图 5‑18 所示为"霍内科姆博"之后的速度分布。伴行流的速度这样选定:使切口处速度分布一成不变。对于图 5‑18 所示的速度分布,伴行流速度与中心射流速度之比值应该小于 0.25。

为了确定向湍流过渡段长度并研究此段内的气流结构,研究者借助多普勒仪器对射流进行拍照。拍照是在开式空间内进行的(过渡段长度为 200 mm、曝光时间为 10^{-4} s)。

图 5‑19 所示为两股流各种流速下(流动方向从上向下)伴行空气流内氦

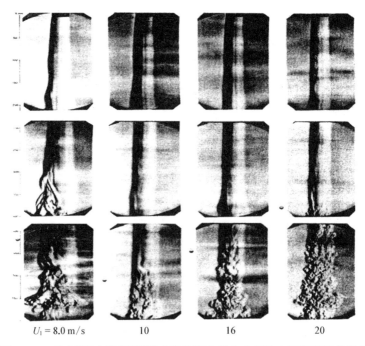

$U_1 = 8.0$ m/s   10   16   20

图 5‑19 装有"霍内科姆博"的实验装置上伴生空气流中氦气射流的照片

气的射流照片。在所有照片中,伴行流速度与中心射流速度之比等于 0.25。在照片上只能看到射流外缘,因此不能根据它们来判断射流内部的气流结构。

在借助"霍内科姆博"形成初始速度分布的射流中,向湍流过渡具有一系列重要特性。

第一,当速度增大时,向湍流过渡段长度缩短。在该情况下向湍流过渡段长度是指从喷嘴切口到射流边界出现无序扰动的那个点的距离。在整个过渡段长度内射流边界上的流动接近层流,而射流扩宽很小。

第二,在按照线性理论是不稳定的长波扰动发展之前,在射流边界上不会出现无序的小规模扰动。

这些结果表明,在该情况下向湍流过渡取决于环绕"霍内科姆博"端面流动时产生的小规模扰动的发展。因此,在气流内形成速度分布的情况下,为了保证弱交混,必须在进口装置端面后力求获得低水平的速度脉动。在下一节介绍湍流三参数模型中,将对具有速度梯度的各种气流内小规模扰动的性状进行理论阐述。

对于初始速度分布有别于图 5-18 上所述的情况,特别是对于初始截面上的速度分布具有图 5-20 所示形状的情况,研究者也探讨了由进口装置形成的各种速度分布的气流。在周围区域内,当半径增大时速度增加,而在中央区内速度几乎不随半径变化,在下述实验中比通道周围的速度低得多。研究该方案的目的是找到这样一些流动条件,此时中央区内可以积累在气相燃料元件启动初始阶段模拟裂变物质的物质,在这个阶段磁场对气流还不起作用,正如推测的那样,该作用将使气流稳定到稳态工况。

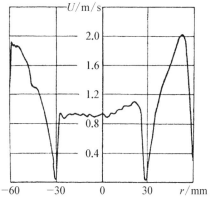

图 5-20　模拟气相反应堆燃料元件内流动条件的伴行流的速度分布

测量表明,气流轴线上的速度从装置切口开始单调下降,在轴线上速度接近零的点上出现回流,并且根据速度场和温度场的测量确定回流区开始的位置给出互相吻合的结果。当外侧气流速度不变情况下,随着中心流速的增大,无回流区的长度将增加。当两股流的速度比不变时,周围流速增大导致无回流区长度缩短。确定的依赖关系可能既与初始扰动水平的变化有关,又与速度分布形状变化有关。为了目视观测流动,研究者用烟雾与低速中央空气流交混。图 5-21 所示为不同实验条件下的气流照片。在一种情况下,气流从常截面通道流入大气;而在另一种情况下,气流通过压缩比等于 9 的喷嘴流出。速度和温度的测量表明,出口条件不影响无回流区的长度。在这些试验中,当外围气流最大速度为 2.5 m/s,中心气流速度为 0.05 m/s 时,无回流区长度约为口径的 3 倍,即 18 cm。在文献[28]的工作中,科学家研究了进口条件对圆柱形腔室和球形腔室内流动的影响,实验获得的结果与上述实验数据定性相符。

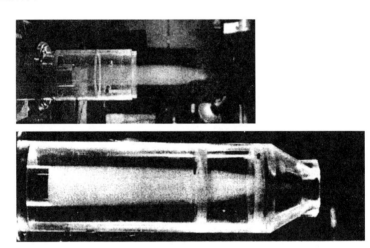

图 5-21   模拟气相反应堆燃料元件中流动条件的伴行流照片

5.3.4   湍流三参数模型

无论是由于其波长超过具有速度梯度区域尺寸几倍的扰动的发展,还是由于其规模可能比具有速度梯度的层宽度小得多的扰动的发展,都会使具有速度梯度的气流向湍流过渡,并因而在建立气相燃料元件内流动时发生不希望有的交混强度增强。向湍流过渡的第一个机理可用线性理论来描述,而为了描述第二个机理,可以利用输运方程来表征湍流的模型。

研究者在文献[5]及文献[29-32]等工作中对湍流三参数模型进行了研究。正像文献[33]中指出的,对于用公式明确描述该任务,这个模型是最充分和最成功的。

三参数模型的特点是用输运方程来描述所有湍流的特性。为了确定湍流剪应力,没有采用湍流黏度的概念,而用结构近似于湍流能量输运方程结构的输运方程来描述。有时这种类型的模型称作雷诺应力模型。从借助湍流黏度概念确定剪应力的湍流模型向雷诺应力模型过渡的必要性同下列情况有关：当湍流能量输运方程中保存对流项和扩散项时，利用带湍流黏度的模型实际上必须以剪应力输运方程中对流项和扩散项无关紧要为前提。为了使利用湍流黏度概念得到的计算结果与实验结果相符，要求在剪应力公式中专门引入选定的一些函数。

文献[29-32]研发了带有湍流剪应力输运方程的湍流三参数模型，其中考虑了分子黏度，但不包含实验函数。该模型的研发开始于 20 世纪 60 年代末，当时在研究气相反应堆燃料元件内部交混的计划框架内必须要做一些实验，其中进口处速度分布由变化的水力阻力决定，研发上述模型就是想整理分析这些实验结果。在这些实验中，湍流特性取决于水力阻力网格的孔隙率和尺寸，而该网格的直径比具有速度梯度的层宽度小得多。因此，应用这个模型分析的第一个对象是具有速度梯度的气流内栅格湍流的发展。该分析的结果之一是预测到湍流能量随距栅格距离的变化有非单调的特性，表明在湍流能下降之后紧接着又提高[29-30]，这在当时是一个意想不到的结果。文献[29]和[30]指出，实验中不存在湍流能量增长的区段是由于测量是在离栅格距离不很远处进行的。后来发表的实验结果证实了这些结论[34]。

在研发计算通道和边界层内流动的三参数模型时，必须研讨下列问题，针对这些问题，研发湍流模型的各个研究组至今还有不同的观点：

（1）在计算模型中应该用几个参数来描述湍流的特征；

（2）这些参数中有哪几个必须用来描述输运方程；

（3）与湍流能量的组合能够描述长度量纲准则的参数类型应该是什么样的，对这个参数的输运方程应该是什么形式；

（4）应该怎样描述带黏度的项；

（5）怎样确定湍流特性输运方程中的几个常数。

下面就奠定三参数湍流模型研发基础的上述疑问给出回答。

（1）在模型中描述湍流特征的参数最少要有 3 个。这些参数包括湍流剪应力、湍流能量和 $E^m L^n$ 形式的参数，在此 E 为湍流能量，L 为湍流规模。必须把湍流能量和湍流规模引入模型，这与栅格湍流中这些特征量能够独立变化有关，而把湍流剪应力引入方程中则是为了解决平均运动问题。

模型中描述湍流特性的参数值可以增加。但是在这种情况下，为了确定输运方程中的常数，需要增加必要的实验信息以及设定更多边界条件。

（2）模型内包括的三个参数应该全部写入输运方程，因为用代数关系式替代剪应力输运方程只有在该方程中可以忽略对流项和扩散项时才可以，而在一般情况下没有理由这样做。况且，在湍流能量方程中这些项将保留。通常剪应力输运方程被排除在模型之外，这是因为它含有新的未知量，即横向脉动平方的平均值。但文献［29］证明，剪应力方程中具有速度梯度的项可写成 $E\dfrac{\partial u}{\partial y}$ 形式，其中，u 为平均速度的纵向坐标，而 y 为横向坐标。

（3）参数 $E^{m}L^{n}$ 的形式取决于描述扩散项的形式。如果扩散项写成梯度形式，那么对于参数 $E^{m}L^{n}$ 应该有 $n<0$。编制 $E^{m}L^{n}$ 方程的依据是在扩散项可以忽略的情况下描述规模的方程。文献［31］提供了在大多数计算中采用的 E/L^{2} 的方程。

（4）模型中必须估算在耗散项和扩散项中的黏度。为了确定这个关系式的形式，相应的系数展开成 Re_t^{-1} 的级数，在此，$Re_t=\dfrac{\sqrt{EL}}{\nu}$，展开式中只保留了零次项和一次项。在零次项条件下，常数与大雷诺数下的系数值相符，而在一次项条件下，常数与小雷诺数下的系数值相符。

$\omega=E/L^{2}$ 的方程中必须对带黏度的项进行修正。这个修正的形式取决于对湍流能量方程的分析。在文献［31］中 ω 的带黏度项表示为 $\nu\dfrac{\omega-\omega_0}{L^{2}}$，式中

$$\omega_0\sim\frac{\left(\dfrac{\partial E}{\partial y}\right)^{2}}{E}。$$

壁面上的 ω_0 不是设定的，而是在解题过程中求得的。在这种情况下，作为壁面上边界条件，设定了湍流能量的两个条件：$E=0$，$\dfrac{\partial E}{\partial y}=0$。

（5）确定输运方程中常数的方法应该做到保证模型的最大通用性。问题在于模型中常数很多，因此在每个具体情况下适当选择常数才能保证计算结果与实验结果相吻合。但是，由于实验信息有限，这种选择可能不是唯一的，然而研究者对于哪些常数值将保证模型的最大通用性并不清楚。在研发该模型时，一些常数是根据对少量具有可靠实验数据的所谓基准流动的分析确定的。一方面，这些流动的数量应该最少；另一方面，在这些流动中应该实现描述输运方程中各个项的基本过程。此外，希望这些方程中的常数不是由基准

流动的数值计算确定,而根据对独立确定的各种湍流特性的渐近关系式进行分析后确定。

作为确定三参数模型常数的基准流动,科学家研讨了下列几种流动:无速度梯度的栅格后流动、具有等速度梯度的栅格后流动以及圆管内的稳定流动。这样,研究者在数值计算开始之前估算了输运方程中所有常数。对于其中 3 个常数,研究者给出了它们可能的变化范围。这种不确定性特别是与基准流动的现有实验数据存在偏差有关。对圆管内流动数值的计算可以最终选定所有常数值,它们在今后计算中不再改变。

当计算存在热交换和具有大马赫数的流动时,湍流模型应该确定量 $\langle V'T' \rangle$,并考虑到气流密度和速度的纵向变化对湍流特性的影响。在该模型中认为

$$-\langle V'T' \rangle = a_t \frac{\partial E}{\partial y}, \quad -\langle u'V' \rangle = \nu_t \frac{\partial u}{\partial y}, \quad Pr_t = \frac{\nu_t}{a_t} = 0.85。$$

引入湍流黏度 ν_t 和恒定湍流普朗特数 Pr_t 给模型适用范围施加了一些限制。因此,研发了 $-\langle V'T' \rangle$ 的输运方程,下一步它们与三参数模型一起来计算一些带热交换的问题。这些计算结果同实验一致。

根据上述条件建立的边界层附近湍流特性的输运方程组,在液体不可压缩情况下可写成下列形式:

$$\frac{\mathrm{d}\phi}{\mathrm{d}t} = -D_\phi \frac{\phi}{L^2} + \gamma_\phi \Gamma_\phi \frac{\partial u}{\partial y} + \frac{\partial}{\partial y}\left(D_\phi^* \frac{\partial \phi}{\partial y}\right)$$

式中,$\phi = E, \tau, F; D_\phi = \alpha_\phi \sqrt{E}L + \beta_\phi \nu; D_\phi^* = \alpha_\phi^* \sqrt{E}L + \beta_\phi^* \nu; \Gamma_\tau = E; \Gamma_E = \tau;$ $\Gamma_F = F; F = E^m L^n; \gamma_E = 1, \gamma_F = m \frac{\tau}{E} - n\gamma_F' \operatorname{sign}\left(\frac{\partial u}{\partial y}\right)$。

这里 α_ϕ、β_ϕ、α_ϕ^*、β_ϕ^*、γ_τ、γ_F' 为常数。当 $F = E/L^2$ 时,利用三参数模型完成了大量计算。

为了确定这个模型的适用范围,研究者计算了各种条件下的流动,这些条件中有些与确定输运方程中常数的条件差别很大。下面列出进行这些计算时利用的方程组:

(a) 连续性方程

$$\frac{\partial}{\partial x}(r^i \rho u) + \frac{\partial}{\partial y}(r^i \rho V) = 0$$

(b) 运动方程

$$\rho\left(u\frac{\partial y}{\partial x}+V\frac{\partial u}{\partial y}\right)=-\frac{\partial\rho}{\partial x}+\frac{1}{r^i}\frac{\partial}{\partial y}\left[r^i\left(\mu\frac{\partial u}{\partial y}+\tau\right)\right]$$

式中，x 为沿壁面的方向；y 为从壁算起的法向坐标；对于平面情况，$i=0$；对于轴对称情况，$i=1$；u 和 ν 分别为沿 x 轴和 y 轴的速度分量；$\rho,u,\rho V$ 为平均值。

(c) 对于 E，$\tau=-\langle u'V'\rangle$ 和 $\omega=E/L^2$ 的输运方程，利用下列形式：

$$\rho\left(u\frac{\partial E}{\partial x}+V\frac{\partial E}{\partial y}\right)=-(\alpha_E\rho\sqrt{E}L+\beta_E\mu)\frac{E}{L^2}+\rho\tau\frac{\partial u}{\partial y}+$$
$$\frac{1}{r^i}\frac{\partial}{\partial y}\left[r^i(\alpha_E^*\rho\sqrt{E}L+\beta_E^*\mu)\frac{\partial E}{\partial y}\right]$$

$$\rho\left(u\frac{\partial\tau}{\partial x}+V\frac{\partial\tau}{\partial y}\right)=-(\alpha_\tau\rho\sqrt{E}L+\beta_\tau\mu)\frac{\tau}{L^2}+\gamma_\tau\rho E\frac{\partial u}{\partial y}+$$
$$\frac{1}{r^i}\frac{\partial}{\partial y}\left[r^i(\alpha_\tau^*\rho\sqrt{E}L+\beta_\tau^*\mu)\frac{\partial\tau}{\partial y}\right]-$$
$$\frac{i}{r^2}(\alpha_\tau^*\rho\sqrt{E}L+\beta_\tau^*\mu)\tau$$

$$\rho\left(u\frac{\partial\omega}{\partial x}+V\frac{\partial\omega}{\partial y}\right)=-\alpha_\omega\rho\frac{\sqrt{E}}{L}\omega+\beta_\omega\mu\frac{\omega-\omega_0}{L^2}+$$
$$\left[\frac{\tau}{E}+2\gamma_\omega'\mathrm{sign}\left(\frac{\partial u}{\partial y}\right)\right]\rho\omega\frac{\partial u}{\partial y}+$$
$$\frac{1}{r^i}\frac{\partial}{\partial y}\left[r^i(\alpha_\omega^*\rho\sqrt{E}L+\beta_\omega^*\mu)\right]\frac{\partial\omega}{\partial y}$$

式中，$\omega_0=0.5\left(\dfrac{\beta_E^*}{\beta_E}\right)\left(\dfrac{\partial E}{\partial y}\right)^2\bigg/E,L=\left(\dfrac{E}{\omega}\right)^{1/2}$。

常数值如下：$\alpha_E=0.3$；$\beta_E=1.25\pi$；$\alpha_\tau=3\alpha_E$；$\beta_\tau=9\beta_E$；$\alpha_\omega=2\alpha_E$；$\beta_\omega=1.4\beta_E$；$\alpha_E^*=0.06$；$\beta_E^*=1$；$\alpha_\tau^*=\alpha_E^*\alpha_\tau/\alpha_E$；$\beta_\tau^*=\beta_E^*$；$\alpha_\omega^*=\alpha_E^*$；$\beta_\omega^*=1.4\beta_E^*$；$\gamma_\tau=0.2$；$\gamma_\omega'=0.04$。

利用所述模型，研究者计算了在气流加速和减速、通过壁面吹气和吸气、存在热交换和超声速等条件下边界层和通道内的湍流流动，此外，还计算了在高水平外部扰动情况下向湍流过渡区段内的流动。在所有情况下,当选定常数不变时,实验数据令人满意。因此,研究者所提出的模型被推广用于计算核火箭发动机和核发电装置中的热交换,而且用该模型计算液体火箭发动机中的摩擦和热交换也取得了良好的效果。

5.4　磁场对导电介质流体力学稳定性和湍流的影响

在研讨的气相燃料元件方案中,大部分燃料元件容积被导电气体占据。工质温度较低,从而只有在燃料元件初始区段和靠近壁面的狭窄层内工质不具有导电性,而在铀中央区和毗邻的缓冲层都是导电的。因此给气相释热元件内的流动加上磁场可对流动稳定性和抑制湍流产生强烈影响。为此,建议采用其磁力线大致与铀和工质隔离边界上的平均速度矢量平行的纵向磁场。科学家在这方面做了大量的理论和实验工作,以研究磁场对各种剪切流动的稳定性和湍流的影响。

根据气相燃料元件条件,研究者从理论上解决了具有下列剪切速度的无限平面平行流动的稳定性问题:在厚度为 b 的层内流速从 u_2 线性改变到 u_1。具有这样速度分布的流动具有非黏不稳定性,因此在大雷诺数下其黏度影响可以忽略不计。科学家研究了二维脉动,因为在燃料元件条件下这些脉动是极不稳定的。计算结果表明,随着斯图尔特(Стюарт)数增大,扰动边界波长开始增大,而扰动增益减少。这样,当"斯图尔特"数等于 30 时,扰动增强,其波长超过速度梯度的层厚 700 多倍,而其最大增益为 0.002 5。初始长波扰动如此缓慢地增强不可能导致流动沿燃料元件长度产生湍流。但是当工质环绕进口的装置流动时,燃料元件内会产生湍流,此时工质是不导电的。为此科学家研讨了有关用磁场抑制湍流的问题。

在磁场内导电流体均匀湍流问题的理论研究工作中,科学家用的是线性法解题,也就是忽略轴向能量交换和谱之间的能量输运。对于湍流雷诺数远小于 1 的磁场中湍流衰减的最后阶段,这样的方法是最有根据的。文献[35]研讨了两种极端情况:一种是不存在能量交换,另一种是交换非常强烈,此时在整个衰减期间气流湍流都是各向同性的。在下列假设下解此问题。

让 $Re_m = \dfrac{\nu l}{\nu_m} \ll 1$,在此,$\nu$ 为特征速度;l 为特征尺寸;$\nu_m = \dfrac{c^2}{4\pi\sigma}$,其中 c 为

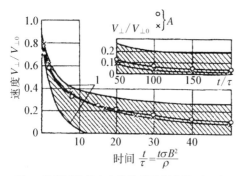

$V_\perp$—垂直于磁场方向的脉动速度分量；A—文献[36]的试验数据；1—根据文献[35]计算的两种极端情况。

图 5 - 22　磁场作用下均匀湍流的衰减

光速，σ 为电导率。此外，将磁场强度（H）限制于 $H^2 l^2/4\pi\rho\nu_m^2 \ll 1$，式中，$\rho$ 为密度。这个限制在燃料元件条件下是满足的，其计算结果如图 5 - 22 所示。可以看出，磁场横截方向的脉动能量分量随 t/τ 增长而急剧减少，即随磁场强度或者时间的增加而急剧减少。而且当 t/τ 不大时，两种极端情况的曲线互相接近，然后随着自变量增大它们逐渐分开。根据不存在能量交换，即在磁场内湍流各向异性最大的假设，获得的曲线位置最高。

两种极端情况的理论研究给出了磁场内湍流比较实际性状的明确说明。被理论指明的磁场强烈影响需要进行实验验证。文献[36]研究了磁场对射流内均匀湍流的影响，实验目的在于建立栅格后的均匀湍流，并测量它在磁场内的衰减。将铟-镓-锡低共熔体作为工作流体，试验中使用热线风速计测量垂直于磁场方向的脉动速度分量。为此，沿磁场放置有传感器的细线。传感器沿工作部分移动，以便能够在距离栅格不同距离处进行测量，即确定脉动动能随时间的变化，这是因为流动的平均速度沿着工作区段长度是恒定的。实验结果如图 5 - 22 所示。文献[3]指出，磁场对均匀湍流作用的实验结果与理论计算吻合。

气相燃料元件的各个区都能够实现具有速度梯度的流动。在没有磁场和大雷诺数下，这样的流动能使铀和工质交混的湍流发展。上面曾指出，施加轴向磁场有利于提高剪切流对小波长扰动的稳定性。从物理概念可知，纵向磁场也有利于提高具有横向速度梯度的流动对小规模有限振幅扰动的稳定性。当 $Re_m \ll 1$ 时，小规模扰动抑制的物理机制在于，速度扰动感生出电流，它们与磁场的相互作用形成阻碍气流扰动的稳定力。感应区内的过程引起两个效应：在具有横向速度梯度的气流中增加了扰动机械能热消耗并减少了扰动形成。这两个效应导致扰动水平下降，在满足临界条件下抑制湍流发展。

纵向磁场对圆管内流动湍流度影响的首批实验研究在按螺线管轴排列的圆柱状圆管中进行，实验对象为汞和液态镓的流动。

图 5-23 所示为纵向磁场中圆管内液态金属流动时阻力系数随哈特曼数（Гартман）（$Ha = Hd\sqrt{\sigma/\mu}$）与雷诺数$\left(Re = \dfrac{V_{cp}d}{\nu}\right)$ 之比的变化。图 5-23 上的两条实线代表按该试验中两种极端参数所做的计算结果[35]。如图所示,实验与计算结果令人满意地一致。

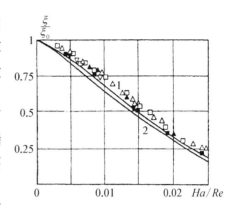

1,2—根据文献[35]对试验中极端参数所做的计算

图 5-23 液态金属在圆管内流动时纵向磁场对水力阻力系数 ξ 的影响(ξ₀ 为没有磁场时的 ξ 值)

注：参考文献[37]中的试验数据。

在雷诺数 $Re \leqslant 9 \times 10^4$ 和哈特曼数 $Ha \leqslant 4\,000$ 的实验中,研究者观测到在降低水力阻力时显现出来的磁场的稳定影响。获得的依赖关系表明,随着磁场强度的增大,阻力系数达到符合层流工况的值[37]。在液态金属实验中研究磁场对射流流动影响时发现,纵向磁场阻碍交混层扩大,导致射流初始区段长度增加[38]。

在带有被等离子流发生器加热到高温的、带添加剂 K_2CO_3 的氩气流和氮气流的装置中[39],科学家研究了纵向磁场对不同密度导电气体流交混的影响,通过测量进入中央射流的钴添加剂浓度分布对两股气流交混过程进行监测。实验证实磁场对两股射流交混过程有强烈影响。当磁感应强度为 4 T 时,从截面 $x/r = 11$ 开始,实际上没有记录到中心射流边界的扩宽。用等离子体射流做的实验对进口处初始扰动很难起作用,磁场的稳定作用在"哈特曼"数大于 3 时才显现出来。

应该指出,除了所研讨的实验以外,科学家还研究了考虑重力作用时在管道中心形成裂变物质区的过程。

科学家从理论上对气相反应堆工作过程的热声稳定性问题进行了相当全面的研究,这些研究的结果在专题论文[40]中做了阐述。声脉动的放大取决于热膨胀作用,因为在声波中气态铀元素压缩瞬间将释放出额外能量。当存在磁场时,决定导电介质内能量耗散的主要因素是焦耳耗散。利用能量平衡法的研究可以评估足够保证气相反应堆热声稳定的纵向磁场磁感应强度值[41]。

这样,在气相燃料元件内利用磁场可以成为影响湍流水平、抑制自由对流以及提高热声扰动稳定性的有效方法。

但是文献[3]指出,对于所研讨的问题,利用磁场具有很多不利因素,包括以下几方面。

(1) 磁系统十分复杂和笨重;

(2) 在温度不高(低于 10 000 K)时采用磁场无效;

(3) 穿过铀区的磁场磁力线所横截的壁面区段很难冷却;

(4) 由于等离子体中热电电流与磁场的相互作用,在铀与工质交混区内气体发生旋转。当用的是轻工质时,这种旋转能导致湍流和交混加剧,从而在这种情况下为了消除湍流需要很大的磁场强度$(70\sim100)\times10^3$ Oe(奥斯特)①。

(5) 在反应堆出口当导电气体横切磁场时出现很大的阻力,这个阻力的径向和可能的周向不均匀性将对反应堆腔室内的流动产生强大的反作用。

除了磁场以外,科学家还可以研讨稳定燃料元件内流动的其他方法,例如抑制初始扰动、专门定出速度断面以及使流旋转。最后一个方法可成为那些流动方案中介质密度随半径增大而增加的稳定化好方法。根据气相燃料元件工质类型、温度、气体速度及其他特性,可以研讨上述各种稳定化的方法。

5.5　气相反应堆工质的热物理性质

为了计算气相核反应堆燃料元件内的工作过程,必须知道高压下很宽温度范围内工质的热物理性质。被列为工质的有三类:第一类是工质本身,它是带碱金属添加剂的氢,而在许多情况下是含有微米尺寸固体颗粒的氢;第二类工质是各种气相的金属(锂、钾、铍等),它们能够成为燃料元件一些结构单元对高温区热辐射的防护层,或者起缓冲层的作用;第三类工质是裂变物质——铀。

为了计算工作过程,必须知道这些物质的热力学性质(均衡组成、密度、比热容、比焓等)、光学性质(吸收系数、辐射系数、辐射热导率)、输运性质(首先是扩散系数和电导率,其次是黏度和热导率)。燃料元件内工作压力达到100 MPa,稳态工况下工质温度在 2 000 K 到 30 000～40 000 K 的不同区间内变化。裂变物质区内的温度还要高。在这方面所做工作的结果在文献[42]和[43]中陈述。研究者在下列实验室装置上进行理论和实验研究:触发引信

---

① 1 Oe=79.577 5 A/m。

中,稳态放电和脉冲放电时及金属丝爆炸情况下产生的电弧中等。下面列举获得工质性质数据的参数。

(1) 带碱金属添加剂(首先是锂)的氢在 300～40 000 K 温度范围内的热力学性质。

(2) 压力在 20～100 MPa、温度在 6 000～70 000 K 范围内裂变物质的热力学性质。

计算时所用的各种近似导致铀等离子体组分有很大差别,但是这种近似对密度随压力和温度变化的关系方面差别小得多,这在实践应用中特别重要。这是因为对工质组分的非理想性影响具有两重性。在常温常压下,状态方程内对非理想性的必要修正导致密度比理想气体密度增大。此外,铀电离势降低将增加电离程度,从而降低密度。通常这两种修正在很大程度上可以互相抵消。

(3) 在很宽温度范围内(2 000～40 000 K)带碱金属添加剂(锂或钾)的氢混合物的光学性质。值得注意的是,当压力增高时,谱线稍有展宽,甚至在温度不高时吸收沿整个光谱都是连续的,而且很强。这可以保证对壁面保护良好,免遭辐射。

(4) 当温度为 300～2 000 K 时工质,包括带黑色添加剂(吸收热辐射)工质的光学性质。

此外,研究者还研究了金属蒸气(锂、钾、铍、镁、铝)和铀等离子体的光学性质,以及工质的电导率和扩散系数。

文献[3]指出,许多性质特别是光学性质测定的准确度,只有在一次近似中,即工作开始阶段才能认为是够用的。这意味着更准确测定气相核反应堆工质热物理性质的工作需要继续进行下去。

参考文献

[1] Иевлев В. М., Артамонов К. И. Гольдин А. Я. Газофазный ядерный реактор. Параметры ЯРД и ЯЭУ на его основе. — Статья в сб. 《Ракетные двигатели и энергетические установки》. Серия Ⅳ/НИИТП, 1975, вып. 25 - 26.

[2] Пришлецов А. Б. Схемы тепловыделяющих элементов газофазного ядерного реактора. — Статья в сб. 《Ракетные двигатели и энергетические установки》. Серия Ⅳ/НИИТП, 1975, вып. 25 - 26.

[3] Иевлев В. М. Некоторые результаты исследований по газофазному полостному ядерному реактору. — Известия АН СССР. Энергетика и транспорт, 1977, №6.

[4] Р. Дж. Рэгсдейл. К Марсу за 30 дней ракетой с газофазным реактором: Перевод № 1533 / НИИТП, 1973.

[5] Глиник Р. А. Демянко Ю. Г., Дубровский К. Е. Капалин Ю. И., Каторгин Б. И., Клепиков И. А., Ковалев Л. К., Лиознов Г. Л., Петров В. Н., Полтавец В. Н., Пульхрова И. Г., Чепига Д. Д. Ядерная энергодвигательная установка на основе высокотемпературного газофазного реактора для пилотируемой экспедиции к Марсу. — Статья в сб. 《Ракетные двигатели и энергетические установки》. Серия IV/НИИТП, 1992, вып. 1 (139).

[6] Research on uranium plasmas and their technological applications. — The Proceedings of a Symposium held January 7 - 8, 1970 in Florida, Washington, 1971.

[7] 2 - th Symposium on Uranium Plasmas, USA. 1971.

[8] Р. Бассард, Р. де Лауэр. Ракета с атомным двигателем. — М: Изд-во иностр. лит. , 1960.

[9] Mc Lafferty. Characteristics of a gaseous nuclear rocket engine employing transparent-wall containment, UAC Research Labs, Rep. VAR - D40, 1965.

[10] Investigation of gaseous nuclear rocket technology: Summary Technical Report. H - 910093 - 46, 1969.

[11] I. L. Kerrebrock, R. V. Meghreblian. Vortex containment for the gaseousfission rocket. — J. of the Aerospace Sciences, 1961, vol. 28, No9.

[12] А. Розенцвейг, В. Левеллен, И. Керреброк. Возможность удержания делящегося вещества турбулентным вихрем в газовом реакторе ядерной ракеты. — Ракетная техника. 1961, т. 31, № 7.

[13] G. Safonov. Externally moderated reactors: Second United P/625, 1958.

[14] Мартишин В. М. Нейтронная физика газофазного реактора. — Статья в сб. 《Ракетные двигатели и энергетические установки》. Серия IV/НИИТП, 1975, вып. 25 - 26.

[15] D. I. Hughes. Neutron cross section, BNL, New-York, 1959.

[16] А. Вейнберг, Е. Вигнер. Физическая теория реакторов. — М: Изд-во иностр. лит. , 1961.

[17] Р. Мегреблиан, Д. Холмс. Теория реакторов. — М: Госатомиздат, 1962.

[18] G. D. Pincock, J. F. Kunze. Cavity reactor critical experiment, NASA CR - 72234, 1967, VOL. 1.

[19] G. D. Pincock, J. F. Kunze. Cavity reactor critical experiment, NASA CR - 72415, 1968, VOL. 1.

[20] W. B. Henderson, J. F. Kunze. Analysis of cavity reactor experiments, NASA CR - 72482, 1972.

[21] Коляда В. В., Мартишин В. М., Павельев А. А., Решмин А. И. Космические ядерные энергоустановки с газофазным делящимся веществом. — Статья в сб. 《Ракетные двигатели и энергетические установки》. Серия IV/НИИТП, 1992, вып. 1 (134).

[22] Теория турбулентности струй: Под ред. Г. Н. Абрамовича. — М: Наука, 1984.

[23] Навознов О. И. , Павельев А. А. След за пластиной, образующийся при слиянии двух потоков несжимаемой жидкости с различными плотностями. — Известия АН СССР. Энергетика и транспорт, 1969, № 6.

[24] Навознов О. И. , Павельев А. А. О смешении спутных газовых струй. — Известия АН СССР. Энергетика и транспорт, 1968, № 2.

[25] Навознов О. И. , Павельев А. А. Размеры и положение зоны смешения двух параллельных потоков. — Известия АН СССР. Энергетика и транспорт, 1971, № 5.

[26] Павельев А. А. Навознов О. И. , Яценко А. В. О переводе к турбулентности в затопленных и спутных струях. — Известия АН СССР, Механика жидкости и газа, 1972, вып. 1.

[27] Павельев А. А. О переводе к турбулентности в струях. — Статья в сб. 《Турбулентные течения》. М: Наука, 1974.

[28] B. V. Jonson, I. C. Bennet. Experimental study of the effects of injection conditions of the flow in cylindrical and spherical chamber: 2 - nd Symposium on Uranium Plasmas. Atlanta, 1971.

[29] Павельев А. А. Развитие решеточной турбулентности в потоке с постоянным градиентом скорости. — Известия АН СССР. Механика жидкости и газа, 1974, № 1.

[30] Павельев А. А. О переводе к турбулентности в струях. — Статья в сб. 《Турбулентные течения》. — М: Наука, 1974.

[31] Лущик В. Г. , Павельев А. А. , Якубенко А. Е. Трехпараметрическая модель сдвиговой турбулентности. — М: Наука 1974.

[32] Лущик В. Г. , Павельев А. А. , Якубенко А. Е. Трехпараметрическая модель турбулентности, расчет теплообмена. — Известия АН СССР, Механика жидкости и газа, 1986, № 2.

[33] Иевлев В. М. Численное моделирование турбулентных течений. — М: Наука,1990.

[34] Бекрицкая С. И. Экспериментальное исследование мелкомасштабной турбулентности в потоке со сдвигом. — Известия АН СССР, Механика жидкости и газа, 1997, № 4.

[35] Иевлев В. М. Турбулентное движение высокотемпературных сплошных сред. — М: Наука, 1975.

[36] Волков А. В. Экспериментальное исследование влияния магнитного поля на турбулентность за решеткой. — Магнитная гидродинамика, 1975, № 4.

[37] Левин В. Б. Чиненков И. А. Экспериментальные исследования влияния продольного магнитного поля на гидравлическое сопротивление при турбулентном течении электропроводной жидкости в трубе. — Магнитная гидродинамика, 1970, № 3.

[38] Преображенский С. С. , Чиненков И. А. Экспериментальное исследование влияния продольного магнитного поля на турбулентные струи проводящей жидкости. — Магнитная гидродинамика, 1970, № 2.

[39] Гольдин А. Я. Иевлев В. М. , Павельев А. А. , Пришлецов А. Б. Высокотемпературный газофазный ядерный реактор — основа перспективного космического двигателя и энергетической установки. — статья в сб. 《Ракетные двигатели и энергетические установки》. Серия Ⅳ/НИИТП, 1982, вып. 1 (134).

[40] Артамонов К. И. Термогидроакустическая устойчивость. — М: Машиностроение, 1982.

[41] Воробьев А. П. , Гольдин А. Я. , Гунин Б. А. и др. Термоакустическая устойчивость газофазного ядерного реактора. — Вопросы атомной науки и техники. Серия: Физика и техника ядерных реакторов, 1980, вып. 3 (12).

[42] Кузнецова Н. И. , Иосилевский И. Л. Теплофизические свойства рабочих сред. — Статья в сб. 《Ракетные двигатели и энергетические установки》. Серия Ⅳ/НИИТП, 1975, вып. 25 - 26.

[43] Грязнов В. К. , Иосильевский И. Л. , Красников Ю. Г. , Кузнецова Н. И. , Кучеренко В. И. , Лаппо Г. Б. Ломакин Б. Н. , Павлов Г. А. , Сон Э. Е. , Фортов В. Е. Теплофизические свойства рабочих сред газофазного ядерного реактора: Под ред. В. М. Иевлева. — М: Атомиздам, 1980.

第 6 章
核火箭发动机和核发电装置的其他方案

在整个研发核火箭发动机和核发电装置时期,除了固相和气相反应堆之外,科学家还小规模地研究了基于其他类型反应堆的核火箭发动机和核发电装置(带热电能量转换和热离子能量转换的装置除外,正像前面所指出,它们的问题已在本书中阐述)。在各位美国和苏联作者建议的各式反应堆类型和能量转换方法中,研究者将较多的(有充分理由)注意力放在了三种方案上:细散核燃料的离心维持方案、利用核炸药爆炸时脉冲冲击航天器的方案以及使用六氟化铀作为裂变物质的方案。下面将详细研讨与这些方案有关的问题。

6.1 离心维持核燃料的核火箭发动机

这种发动机的主要单元是一个空心圆柱形腔室(见图 6-1),工质通过侧表面的一些小孔旋转着被均匀地送入该腔室,随后通过位于腔室两端面中央的两个喷嘴从腔室流出。在这种情况下,工质在腔室边缘部分形成向中心的平面螺旋状气流,这使人想起熟知的自然涡旋现象(旋涡、龙卷风等)。在这样的流动中,对任何处于气流中的物体(微粒)发生作用的有取决于物体质量和物体在气流中旋转速度的惯性力,也有由指向腔室中心的径向压力梯度引

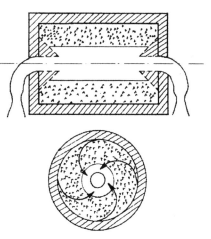

图 6-1　应用离心维持核燃料的核火箭发动机示意图

起的反作用力。如果物体尺寸比腔室的半径和长度小得多（该情况为把此种物体称为微粒提供了理由），而密度比携带它们的气体密度大很多，那么在这个流动中，当作用于微粒的离心力与气动力平衡时，微粒作闭合稳态运动是可能的。

当许多微粒在气流中旋转时将维持这种可能性。在一定条件下，气流中悬浮的微粒可能是在腔室周边旋转的一个致密层，它与单个微粒旋转时服从的规律稍有不同。在这种情况下微粒本身可以是固态，也可以是液态。

如果微粒材料是裂变物质，且在该几何形状的腔室内的总量具备维持稳定裂变反应的条件，那么穿过旋转微粒层的气体被裂变能加热，并在通过中央位置的喷嘴（弯曲的，见图6-1）流出时产生推力。

当裂变物质被工质带走量较小时，所述方案（在美国它称为"具有假液化燃料层的发动机"）的优点是原则上可以使裂变材料温度高于腔室壁温度。

这种发动机的主要问题是保证由大量细散固体微粒组成的燃料层稳定旋转，而有些微粒（在旋转层里边部分）可能转变为液态且蒸发。

作用于微粒的离心力为

$$F_{\text{ц}} = \frac{4}{3}\pi\frac{d^3}{8}(\rho_{\text{T}} - \rho)\frac{v_\phi^2}{r}$$

式中，d 为微粒直径（在最简单情况下是球形）；ρ_{T} 为微粒材料密度；ρ 为携带气体密度；v_ϕ 为微粒圆周速度（在稳态情况下等于气体圆周速度）；r 为微粒存在的轨道半径。

气动阻力

$$F_c = C_x\pi\frac{d^2}{4}\frac{\rho v_r^2}{2}$$

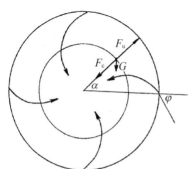

式中，C_x 为微粒气动阻力系数；v_r 为围绕微粒的气流径向速度。

为建立力的平衡方程，还必须考虑发动机工作时与火箭（或者航天器）加速有关的因素：

$$F_{\text{П}} = \xi n\rho_{\text{T}}V\sin\alpha$$

式中，ξ 为考虑装料的系数；V 为燃料微粒体积；α 为矢量 F_c、$F_{\text{ц}}$ 与装料矢量之间的夹角（见图6-2）。

图6-2 作用于假液化层中微粒的几个力

在微粒运动稳态轨道上应该满足下列条件：

$$\frac{1}{6}\pi d^3(\rho_{\text{T}}-\rho)\frac{v_\phi^2}{r}-\xi g\rho_{\text{T}}V\sin\alpha=\frac{1}{8}C_x\pi d^2\rho v_r^2$$

对这个方程的分析表明，在一定条件下存在一些静态稳定燃料微粒稳态轨道的区域（在这些轨道上微粒向大半径方向移动，导致气动力的增量超过离心力的增量，它使微粒返回原先轨道；当微粒向小半径方向移动时，产生类似的返回力不平衡度）。当然，列举的力平衡方程把复杂的流动情景理想化了。在实践中无论是把微粒引入稳态轨道的方法（这意味着在平衡方程中必须考虑临时分量），还是所研讨气流的非一维性、腔室端面附近气流性状特点和其他一些效应都有很大意义。此外，所研讨的情况只代表微粒浓度很小，即微粒相互影响小到可以忽略不计。当浓度增大时，沿不同轨道运动且速度和方向发生波动的微粒发生碰撞是不可避免的。所有这些因素导致现象情景复杂化，从而必须通过试验弄清它的规律性。

如计算所表明的，在气体涡流内悬浮的燃料微粒旋转层中，尽管有比较发达的热交换表面（在此，表面积与发生释热体积的比值比普通燃料组件内的这个比值高一个数量级），但气体温升依然受到限制。在这种情况下，温升值取决于微粒内释热水平、层的孔隙率和径向厚度，也取决于微粒旋转速度与气体径向速度的比值。

温升值的限制本身也导致一个设计原理，即在沿主腔室周围布置的燃料组件内将工质预先加热，然后再在旋转层中将其加热到最高温度。

具有燃料离心维持的核火箭发动机反应堆的特点是在它中心有一个没有核燃料的、只充满加热工质的较大圆柱形区。它的高度等于工作腔室高度，正如计算所表明的，相对直径不能小于腔室直径的 0.15～0.25。环绕自由区的先是燃料微粒层，然后是预先加热工质的燃料组件，最后是侧向反射层。工作腔室两端也被物理上无穷厚的中子反射层遮住（不包括喷嘴孔）。由于存在中央空腔以及其中中子注量率值急剧降低，这种反应堆的临界装载比参数类似的普通核火箭发动机反应堆的装载多约一倍。所研讨的反应堆特征还在于，旋转层流体力学稳定的径向厚度不能超过腔室半径的 0.1～0.3 倍。燃料微粒的最好材料是碳化锆碳化铀固溶体，微粒最佳尺寸约为 0.3 mm。

对于所述类型的发动机，研究者不仅进行了理论和实验研究，而且还做了一些设计研发工作。例如,文献[1]对具有燃料离心维持的核火箭发动机结构做了论述,它的参数如表 6-1 所示。

表 6-1 具有燃料离心维持的核火箭发动机结构参数

在太空中的推力/kN	400
比冲/s	1 150
工质	氢
工质流量/(kg/s)	34.8
喷嘴前工质压力/(MN/m²)	20
腔室进口工质温度/K 喷嘴前工质温度/K	850 3 720
无热屏蔽发动机质量/kg 有热屏蔽发动机质量/kg	2 570 9 960
进入额定工况的时间/s	20
燃料层径向厚度/mm	60
燃料层平均孔隙率	0.5
反应堆功率/MW	2 500
反应堆燃料组件内铀-235 装载量/kg 燃料微粒内铀-235 装载量/kg	8~9 60
微粒内铀-235 浓度(按质量计)/%	5
慢化剂-反射层材料	铍

必须有一定数量的燃料微粒补偿由工质带走的微粒动力学逸出和扩散逸出,它们沿着冷却通道与工质一起供给腔室。由于具有很大的负反应性燃料装载系数在额定工况下自动保持反应堆功率恒定,从而保持工质温升恒定(当它流量不变时)。要知道,铀从燃料层逸出主要取决于蒸发强度,也就是说与反应堆功率成正比。而铀进入腔室的速率是稳定的。这样,当功率偶尔升高时,旋转层内燃料装载减少,功率开始下降,直到恢复临界装载,当反向偏离时发生类似的稳定过程。

美国也为地面试验研发了具有燃料离心维持的核火箭发动机方案(推力为 440 kN,比冲为 1 200 s,喷嘴前工质温度为 3 750 K,工作腔室直径为 1.2 m,发动机质量为 18.6 t)。

苏联和美国的两个方案都没有实现,因为在创建这种发动机时,研究和设计研发都遇到了许多难以解决的问题：微粒旋转层的流体力学稳定性和热稳定性，蒸发和动力学逸出造成的核燃料损耗，运动微粒对腔室和喷嘴壁的侵蚀，保证起动和过渡过程的复杂性，等等。但是，这些问题没有使这个概念丧失价值，只不过把它的可能实现推到了遥远的未来。

6.2　脉冲冲击核火箭发动机

这类发动机的工作原理（美国在 1955 年首先提出）是基于利用核炸药产生多次连续爆炸而加速火箭。爆炸产物作用于专门感受动力载荷的厚重平台上，该平台通过水冷套管式缓冲器系统与火箭壳体相连，向它传递脉冲推力。平台（爆炸区的外侧）涂有一种专门材料，它的薄层在每次爆炸产生的强大热能流作用下蒸发，与升华时形成的气体反应，从而产生推力。借助爆炸产生的微粒对平台的力学作用，还产生另一个推力分量。

正如在美国和苏联做过的计算所表明的，在这种类型推进装置中可以利用释放出的 30% 裂变能。如此非同寻常类型的发动机也很经济：当利用炸药壳体材料和小分子质量的涂层时，理论上比冲可达到不可思议的值，100 000 s。

当然，只有需要在太空中搬动巨大质量的物体时，这些系统才是合算的。脉冲冲击核火箭发动机具有竞争力的约定下限是搬动质量为 10 000 t 的物体。为了使这样的或者更重的飞行器具有很大的加速度，必须在 1~10 s 内在距离感受载荷平台 50~100 m 处进行几十次或上百次核炸药爆炸，每次爆炸功率约相当于 10 t TNT 当量。

可能应用这样级别航天器的领域为研究太阳系的行星和其他客体。在 20 世纪 60 年代初，美国公布了通用原子公司为登月飞行研发的脉冲冲击核火箭发动机火箭方案（Орион 方案）的一些数据：发射质量为 3 600 t，其中结构质量为 1 590 t，抛弃质量为 795 t，用于把火箭送入近地轨道的钚储量为 300 kg，而用于登月飞行和软着陆还要 525 kg 钚，即约 800 枚核弹头的量（每枚功率相当于 10 t TNT 当量），运送到月球的有效载荷为 680 t。

苏联也进行过类似的研究（当然只是在研究水平上而不是在设计水平上）。美国方案得到了空军方面的大力支持，曾把它作为能与"Ровер"方案相比拟的方案来评估它的现实性（脉冲冲击核火箭发动机的一些特有问题并不比研发装备固相反应堆的核火箭发动机的复杂结构过程中产生的问题更为复杂)。但是,在 1963 年美苏双方签订了禁止在大气、空间及水下进行核试验的《莫斯科条约》后,他们对这种发动机的兴趣渐渐消减,并很快停止了这方面的工作。

20 世纪 90 年代,科学家在研究小行星对地球的威胁问题时提出了能否改变某些小行星轨道,以便将组成它们的材料用于研究地球所需要的任务,并对脉冲冲击核火箭发动机重新产生了兴趣。科学家在这个阶段重新证实了这些发动机的可能应用前景,但是目前的研究没有超出研究一些概念性问题的范畴。

6.3 利用六氟化铀的核发电装置

六氟化铀(UF_6)作为有发展前景的动力装置和发电推进装置的裂变物质,在 20 世纪 70 年代科学家曾对其进行了深入研究。那时铀等离子体系统的研发工作遇到了技术、经济及生态等方面的一系列难题。基于 UF_6 的反应堆特点是(与气相反应堆相比)在技术方面有可接受的工作温度水平(约 1 000~1 500 K)和压力水平(1~10 MPa),能够以对流方法和相干辐射形式传递能量,同时完全保持气相核反应堆主要优点。这种优点与燃料循环、能够在闭式回路内将它净化、堆芯内裂变产物最小含量等有关[2]。

在大部分所研讨的动力装置方案中,UF_6 可实现裂变物质和主冷却剂两项功能。在下面研讨的空间发电装置的方案中,当功率达到约 100 kW(电)时,建议采用循环的 UF_6 作为主冷却剂。当功率为几兆瓦或更大时,建议只把 UF_6 用作裂变物质,而用其他工质直接将热能从反应堆导出。

由于采用气相裂变物质有一系列优点,利用循环 UF_6 装备的空间发电装置很有吸引力:

(1) 可以完全更换裂变物质,可以定期或者连续清除裂变物质内的裂变产物,限制发电装置运行过程中积累活度的水平;

(2) 可以向空间发射堆芯内无裂变物质的发电装置;

(3) 没有必要储备剩余反应性裕度以补偿裂变物质的燃耗,再加上气体密度的负反应性系数,可以按新的方式解决创建安全的反应堆和整个发电装置的问题。

发电装置的基础是一条 UF_6 回路,其中一个单元位于反应堆堆芯内的燃料通道(TBK)中。回路内的燃料是混在其他工艺气体混合物中的 UF_6,添加工艺气体(例如 He、F_2 和 CF_4)用来稳定组分和强化热交换。

研究者根据发电装置功率水平组织燃料通道内 UF_6 流动的方法。对于几百千瓦的功率水平,研讨单组分燃料流动的燃料通道,即完全被燃料填满的燃料通道[见图 6‑3(a)]。燃料流入燃料通道时,加热到被热交换器壁材料稳定性限定的温度。在热交换器中燃料将热量传给二回路的工质。现有的结构材料能够研制设计寿命为 7～10 年、燃料最高温度为 900～1 000 K 的发电装置。为了进一步提高堆芯内燃料通道壁的稳定性,可以将近壁区和中央区的燃料温升重新分布,使壁附近的燃料温度低于平均使用温度。这一点通过在燃料通道内靠近管壁处建立较高的流速,而远离壁的地方使流速降低(见图 6‑3a′)来实现。无论气体纵向流动还是横向(正切方向)流动,类似的速度分布都可以实现。

对于兆瓦级功率的发电装置,科学家研讨了双组分燃料通道的反应堆,其中沿管壁纵向或横向组织缓冲气体流动[见图 6‑3(b)]。从燃料射向燃料通道壁的辐射用外部冷却剂带走。由于燃料与管壁没有直接接触,因而可以研讨把二回路工质加热到最高温度为 1 500 K 的能量转换方案。温度水平受二回路结构材料稳定性(对于用涡轮机转换能量的方法是指涡轮机结构材料的稳定性)的限制。

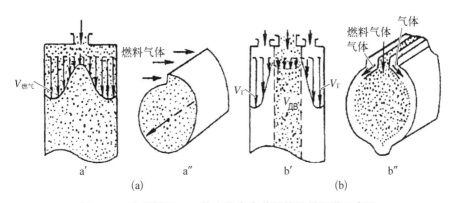

图 6‑3 应用循环 UF_6 的空间发电装置的燃料通道示意图

(a) 功率为 100～300 kW(电)的发电装置的单组分燃料通道(a′为纵向流动,a″为横向流动);(b) 功率为 2～10 MW(电)的双组分燃料通道(b′为纵向流动,b″为横向流动)

组织燃料通道内流动的双组分方案消除了对 UF_6 加热温度的限制,并能把它的流量缩减到只被燃料通道水力学决定的水平,因为这里 UF_6 不像单组分方案发电装置中的冷却剂。

作为能量转换器,科学家研究了用惰性混合物(He‑Xe)作为工质的气轮机装置。这种选择是基于目前已达到的气轮机装置可靠性和寿命水平,但是不排除应用其他能量转换器的可能。

作为空间应用,针对以 UF_6 为燃料的发电装置,科学家研讨了火星载人考察的供电。可利用低温化学燃料(液氢和液氧)火箭发动机来保证发射。这种情况需要功率为几百千瓦的能源,以便在近地轨道上和大部分(直到从火星卫星轨道上起程返回地球的那一刻)航天器组装期间保证低温组分容器的热工工况,并在整个考察过程中(约 1.5～2 年)为机上各系统提供电力。为达到这个目的,可以利用功率为 300 kW(电)的装备单组分燃料通道的 UF_6 发电装置。

解决火星飞行任务的另一个途径是利用以核反应堆作为能源的电喷气发动机。在此可以研讨一下功率为 7.5 MW(电)的双组分燃料通道 UF_6 发电装置。

所研讨的几种发电装置的主要特性[2]如表 6‐2 所示,稍后对这些装置做简要描述。

表 6‐2 几种发电装置的主要特性

参　　　数	单组分燃料通道的 发电装置	双组分燃料通道的 发电装置
动力装置的功率/kW	300	7 500
燃料通道数量	6	19
带壳体的反应堆直径/m	1.5	2.4
反应堆高度/m	1.3	2.1
端面反射层厚度/m	0.2	0.3
堆芯高度 L/m	0.9	1.5
燃料通道直径/m	0.218	0.3
燃料通道中心圆半径/m	0.24～0.28	
燃料通道格距/m		0.36
燃料通道中含 UF_6 区的直径/m		0.26
热交换外套厚度/m		0.01
慢化剂‐反射层材料	Be	Be
燃料通道内的压力/MPa	1.4	7.0

（续表）

参　　数	单组分燃料通道的 发电装置	双组分燃料通道的 发电装置
反应堆质量/kg	～4 000	～12 000
带屏蔽和壳体的反应堆质量/kg	～9 000	27 000～30 000

6.3.1　功率为 300 kW 的发电装置

功率为 300 kW 的发电装置是一个闭式型三回路装置(见图 6 - 4)。一回路的主要部件是加热循环的气态 UF_6、热功率为 N_T 的核反应堆。UF_6 既是核燃料，又是该回路的冷却剂。借助热交换器 TO_1 把热量传给发电装置二回路，在那里通过气轮机装置和发电机转换成电能。剩余热量通过热交换器 TO_2 传给三回路——液态冷却剂循环的排热回路。

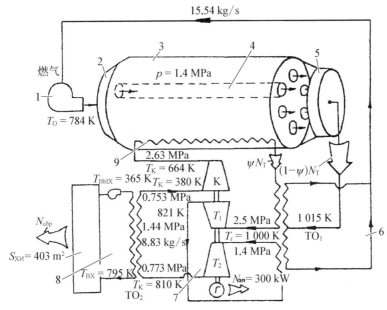

1—泵；2—分配联箱；3—热功率为 N_T 的反应堆；4—燃料通道；5—集流联箱；6—UF_6 循环回路；7—气轮机回路；8—排热回路；9—慢化剂-反射层。

图 6 - 4　单组分燃料通道的 UF_6 发电装置示意图

核反应堆主要参数如表 6 - 2 所示。

一回路水力管系依次为反应堆内的分配联箱、带进口装置的燃料通道、集流联箱;反应堆外面有主热交换器 TO_1、一些泵和连接管路。现用的材料(铝镍合金)使得能够研讨下列发电装置方案:当寿命约为 2 年时壁与 UF_6 接触处的最高温度为 1 000 K 量级。

燃料在通道内近壁区中的流动速度大大超过中央区的速度。因此,在反应堆堆芯以外 UF_6 与壁接触处的温度达到最高。用这种方法把结构材料遭受最大辐射作用的区域(燃料通道壁)和遭受最大热作用的区域(热交换器进口段的壁)分开。

当燃料通道相对长度 $L/D<4$ 时,可以研讨 UF_6 在通道内纵向流动的方案(见图 6-3a′)。在这种情况下,通道长度受其内部气体交混的限制,该交混会使沿通道截面的速度和温度展平。对于相对长度 $L/D>4$ 的情况,可以采用通道内横向流动的方案(见图 6-3a″),这时 UF_6 通过整个燃料通道长度的狭缝喷嘴进入,通过任一端面上的另一个喷嘴流出。在所研讨的 $L/D=4$ 的发电装置中,既可以用纵向方案,也可以采用横向方案供 UF_6。选定供 UF_6 方法决定了回路辐射防护的方法、热交换器布置和发电装置反应堆的其他结构特性。

燃料通道内产生的能量借助按照所谓带中间供热循环工作的气轮机装置转换成电能。工质是相对分子质量为 39.9 的 He-Xe 混合物。该方案能够使回路质量比简单布朗循环少很多。研究者通过最优化计算确定了当固定上限温度 T_h 为 1 000 K 时循环的最低温度。系统的辐射冷却器(ХИ)面积也被优化。两台涡轮机的效率为 0.9,压缩机效率为 0.87,辐射冷却器表面黑度为 0.97。

发电装置效率为 12.7%,慢化剂-反射层释出 10% 反应堆热功率。这部分热量在进入主热交换器前被气轮机回路的工质带走。

发电装置总质量约为 15 500 kg,比质量为 52 kg/kW(电)。

6.3.2 功率为 7.5 MW(电)的装置

在功率为 7.5 MW(电)的装备双组分燃料通道的发电装置中,UF_6 与燃料通道壁之间被缓冲气体层隔开[见图 6-3(b)],从而可以加热到 3 000~3 500 K。热 UF_6 的辐射穿过透明的缓冲气体(氩)层渗入燃料通道壁,该壁外部流过二回路(能量转换回路)的工质。这个回路可以是以惰性气体为工质的燃气轮机回路,或者是用碱金属(如钾)的蒸汽轮机回路。在所研讨的发电装置(见图 6-5)中,能量转换利用按布雷顿循环工作的回路。该类型发电装置的特性是绝大部分热量直接从反应堆堆芯取走,因而它的许多参数相互有关联。这要求发电装置的中子物理参数、热工参数、强度参数和水力参数之间相互协调(反应堆主要特性如表 6-2 所示)。

一回路水力管系依次为(见图 6-5)在反应堆内有 UF_6 和氩的分配联箱、带有进口装置的燃料通道、集流联箱;在反应堆外有 UF_6 和氩的分离系统、一些泵和连接管路。在分离系统中,首先通过辐射冷却器 $XИ_2$ 将加热气体混合物的部分热量排走,然后气体混合物进入接有 UF_6 转子分离器的涡轮压缩机中。分离系统消耗总生产电功率 $N_{эл}$ 的一部分 $N_{разд}$(自耗电功率)。$N_{разд}$ 值取决于通过燃料通道的流量,后者又取决于通道水力特性是否良好。在冷模型实验中得到的数据可以推断:当缓冲气体流量与裂变物质流量之比为 $10∶1$ 时,燃料通道腔室所有容积都实现气体无回流流动。

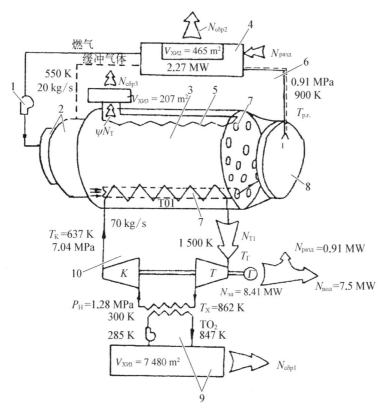

1—泵;2—第一和第二分配联箱;3—热功率为 N_T 的反应堆;4—分离回路;5—慢化剂-反射层;6—循环回路;7—燃料通道;8—集流联箱;9—排热回路;10—气轮机回路。

图 6-5　双组分燃料通道六氟化铀发电装置示意图

像在单组分方案的动力装置中一样,这里也可以采用同轴方法和切线方法组织燃料通道内的流动。但是,当燃料通道数量较多时(如所研讨的下列 19 个),就不能简单地用狭缝供给各通道的气体。在这种情况下,显然最可取的是同轴流动方案。

当利用按布雷顿循环工作的气轮机装置来实现能量转换时,循环温度上限为 1 500 K,温度下限为 300 K。工质(相对分子质量为 39.9 的 He‑Xe 混合物)通过包围每个燃料通道的热交换器套管渗入。套管由钼合金制成。根据与上述原理优化回路。为了排除慢化剂‑反射层内释出的热,研究者组织了单独的利用辐射冷却器 XИ 的排热回路。发电装置效率为 20%,总质量约 100 t,比质量为 13.3 kg/kW(电)。

用 UF_6 的发电装置允许解决摆在地面核发电面前的一系列问题,首先是安全问题。UF_6 反应堆还能够保证再生核燃料(铀-233)在地面生产电能时大大缩减核燃料循环和运输操作,使直接在电厂进行一系列燃料循环操作,包括在地下方案进行这些操作成为可能。利用 UF_6 的空间发电装置和地面发电装置具有同样的结构原理和工艺解决办法,因此,这样的空间发电装置研究、试验和运行的经验将可直接用于未来一代地面核电厂。

必须指出,在漫长的核火箭发动机和核发电装置设计、生产和试验过程中(20 世纪 50—80 年代),除了以上所述的核火箭发动机和核发电装置方案以外,还有不少专家提出了许多其他方案。专家对这些方案均进行了详细分析,许多有益的新东西被吸收到当时的研发工作中,但在这些建议中还没有找到一个方案能够与以前选定和研究过的设计概念相竞争。

参考文献

[1] Шершнев Н. А. , Миронова Г. Ф. , Козулин В. А. , Камзолов С. К. , Синенков А. Н. , Алексеев А. Н. Ядерный ракетный двигатель с центробежным удержанием топлива тягой 400 кН (40 т): Научно-технический отчет / НИИТП. 1967.

[2] Коляда В. В. , Мартишин В. М. , Павельев А. А. , Решмин А. И. Космические ядерные энергоустановки с газообразным делящимся веществом. — Статья в сб. 《Ракетные двигатели и энергетические установки》. Серия Ⅳ /НИИТП, 1992, вып. 1 (134).

第7章

空间核发动机和核发电装置应用前景

目前已经证明，在航天器构成中可以有效利用带有把核能转化为电能的自备核发电装置，而所进行的研究和设计研发工作证明，当完成空间高能耗任务时，采用核推进装置和核发电推进装置是十分有效的。有发展前景的空间核动力研究可以分成下列三个方向：空间核发电装置；空间核推进装置；空间核发电推进装置或者发电推进系统。

尽管本书主要论述装备固相和气相反应堆的核火箭发动机的有关问题，以及基于固相和气相反应堆的发电装置。但在本章中要提一下更加广泛的核动力前景问题。尤其是最近十年来，研究者在研发核电推进发动机装置方面取得了重大成就。在解决近空和深空的一些任务方面，它们已成为装备固相和气相反应堆的核火箭发动机的技术竞争者。

7.1 火箭空间技术发展趋势及保证空间综合体高能耗的设施

像人类活动的其他领域一样，航天学也具有保证动力水平不断增高的特点。2000 年的前夕，一批对地静止通信卫星的供电系统功率突破了 10 kW 界限。"和平号"空间站供电系统总功率为 16 kW。近年来人类开始发射对地静止通信——大功率卫星，它们的供电系统功率达到 15 kW，研究者正在研发供电系统功率为 20～30 kW 的同类飞行器。对于在近地轨道上正在建造的国际空间站，其发电功率于 2000 年底达到 65 kW。在 2002 年空间站建造末期，俄罗斯构件部分的供电系统总功率应为 22 kW，而到 2004 年整个国际空间站发电系统的功率应为 110 kW。

上面列举的例子都属于能量发生器是太阳能电池组（СБ）的供电系统（СЭС）。太阳能发电用来保证各种形式和用途的大部分现代航天器的供电。

在空间技术中,太阳能发电在 21 世纪将继续起主要作用[1]。这是因为现代太阳能电池具有生产大能量的特性及不断改善的潜力;基于太阳能电池组的供电系统有很长的寿命,在低轨道上达 10 年,在对地静止轨道上达 15 年;太阳能装置具有生态安全性以及其他一些有利情况。

与此同时,基于太阳能电池组的供电系统还有一些重大缺点。为了有效工作,太阳能电池组始终借助专门的面朝太阳的定向系统来工作。当航天器位于地球阴影下飞行时,需要连接供电系统构成中的蓄能器以保证供电问题,为了向蓄能器充电,必须增加太阳能电池组的功率,而这导致供电系统的发电特性和质量-尺寸特性变差。太阳能电池组还有一个固有特性:由于受宇宙空间许多因素的作用,其发电参数递减速率目前还很快。如图 7-1 所示,在低轨道航天器上太阳能电池组的安装功率要比供电系统的昼夜平均功率高出一倍以上。

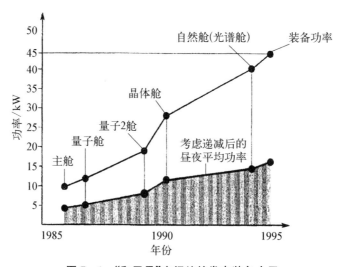

图 7-1 "和平号"空间站的发电装备水平

当离太阳距离超过 5 天文单位(见图 7-2)时,太阳能电池组效率将降低到不能接受的水平。这排除了在向木星和它后面更远的太阳系行星飞行的航天器上使用太阳能发电的可能性。随着靠近太阳的程度,由于太阳照度增大,太阳能电池组的效率也增加,但在距离小于 0.4 天文单位(约为太阳半径的 50 倍)时,太阳能电池实际上由于过热将变得不适用。

考虑这些因素,太阳能电池和供电系统的单位造价仍然很高,且随供电系统的时间和规模变化不大。例如,国际空间站美国舱体的太阳能电池组板的价格为 4.5 亿美元[2],当理论功率为 264 kW 时,单位造价为 170 万美元/kW。

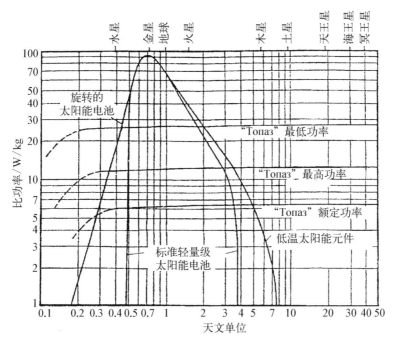

图 7‐2　太阳能电池和核发电装置"Топаз‐25"的
比功率随离太阳距离的变化

其组成中,包括作为蓄能器的镍氢蓄电池组的太阳能电池供电系统的造价为
7.58 亿美元[3],单位造价为 190 万美元/kW。

根据 21 世纪航天活动预测,在有发展前景的空间设施发电推进保证领域
中,除了太阳能发电外,起主要作用的还有核动力。

基于核反应堆的发电装置的优点是其发电情况实际上与太阳照度无关。
因此,装备核发电装置的近地轨道航天器在正常能耗水平下实际上不需要蓄
能器。核发电装置可以调节工况,因而在蓄能器中不必考虑航天器的许多高
峰负荷,在任何情况下与基于太阳能电池组的供电系统相比,核反应堆发电装
置减少了所需蓄能器容量,从而保证大大减少航天器的质量。核发电装置结
构紧凑,大大方便了航天器的运行,并简化了需要高度准确引导目标仪器的定
向系统。对于核发电装置,其特征是抵抗周围环境作用和损害因素的稳定性
高,以及当它的功率增加时装置的比质量大大降低。

Келдыш 中心进行的研究表明,对于电耗周期明显不匀的轨道航天器(如带
有主动雷达系统的目标仪器),基于热离子发射核发电装置的供电系统有一个稳
定不变的优点,这一优点从平均电功率水平约 50 kW 起开始显露出来。当时它

能发出的功率已经超过太阳能电池组传统供电系统 2005 年才能达到的远景指标。对于低近地轨道和中等近地轨道上具有恒定动力需求的航天器,核发电装置的这个优点将在功率水平为 35～40 kW 时显露出来。太阳能发电装置和核发电装置的比质量随它们功率的变化如图 7-3 所示。

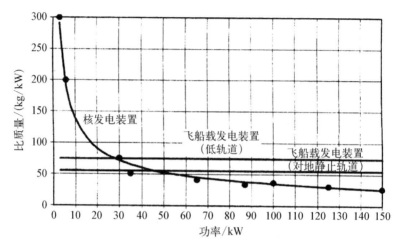

图 7-3 太阳能发电装置和核发电装置的比质量随功率的变化

1993—1997 年间,由俄罗斯航天局、国防部和原子能部的一些机构协作研究形成了如图 7-4 所示的有发展前景的国防、社会经济和科学任务一览表[4],为了实现这些任务,需要高水平的发电推进做保证。

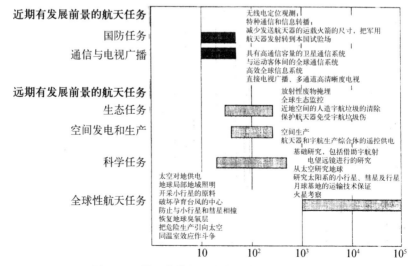

图 7-4 需要高能耗且有发展前景的航天任务

文献[5]提供了 2025 年前航天技术发展的概念性科学预测。预测包括针对航天活动有发展前景的任务和可能规模的评估,包括为解决人类全球问题而创建的大型方案和空间系统,它与文献[4]非常一致。科学家研讨了航天活动可能发展的 3 个方案(最大的、中等的及最小的),它们取决于完成各个有发展前景方案的拨款规模(见图 7 - 5),这些方案有

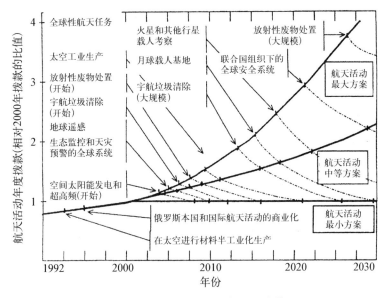

图 7 - 5　航天活动的任务和工作量

　　(1) 新一代国际通信、电视广播、导航、地球遥感及资源普查、生态监控、自然灾害预警系统(2005—2020 年);

　　(2) 在太空进行稀有材料的实验性生产(1990—1995 年)、半工业生产(2010—2015 年)及工业生产(2010—2015 年);

　　(3) 从轨道上清除宇航垃圾(航天器和它们的构件)(2005—2015 年开始,2015—2030 年全面进行);

　　(4) 居住基地——月球站,其中包括作为培训火星载人考察的可能阶段(2015—2035 年);

　　(5) 火星和其他行星载人考察(2015—2040 年);

　　(6) 处置不应该贮存在地下的核动力放射性废物,将它们送往太空中专门的掩埋地点(首先,2015—2025 年间总量不超过 800 t/年,在 2025—2040 年间全部容量超过 1 200 t/年);

(7) 在太空利用功率为 200 kW(2005—2010 年)的太阳能发电装置,然后是超过 1 MW 的(2010—2025 年)太阳能发电装置。

在图 7-4 和图 7-5 中所指的任务中,除了工作轨道和飞行轨道有高能耗以外,还要求高水平发电推进装置做保证,这种保证通常是使特征速度(ΔV_X)有一个实现轨道间飞行或者星际间飞行所必需的增量。这样的任务可以分为四组:

(1) 把航天器从低支承轨道提升到高能耗近地轨道,如对地过渡轨道(ГПО)和对地静止轨道(ГСО)等;

(2) 月球基地运输服务;

(3) 用自动航天器研究深空、遥远的太阳系行星和彗星;

(4) 载人考察太阳系行星,首先是火星载人考察。

下面就应用核推进装置和核发电推进装置解决这些任务的有效性进行评价。

7.2 在高能耗近地轨道上解决的任务

到 2010 年左右,在解决科学、社会经济、商业和国防等计划的性质上全新的航天任务时将出现新的需求,为实现这些任务需要把质量达 50 t、用电量达 50 kW 的航天器送入高能耗工作轨道(其中包括对地同步轨道或对地静止轨道)。

双重用途的任务中最为现实的、可能在 2015 年前实现的是地表面广阔的全天候昼夜高度精细的无线电定位观测及保证特种通信保证的任务。

7.2.1 地球无线电定位观测

应用无线电定位方法的领域将持续扩大,这是由它们的下列独特性质所决定的:

(1) 观测与气候条件和照度无关;

(2) 对地表不平整度(地貌、植被外形、海洋波浪等)极度敏感;

(3) 对地表中水含量(农作物、土壤、雪等)很敏感;

(4) 有可能实现地表下探测(寻找地下水源、发现森林起火点、确定土壤湿度分布等)。

与光学波段内观测方法相比,无线电定位方法的主要优点是与天气条件和照度无关。这对许多业务目标来讲非常重要。许多国防任务和社会经济任务只有在高效获得信息的条件下才能解决,无线电定位系统可能是唯一适合解决这些问题的系统。

研发合成孔径雷达（PCA）允许利用较小天线得到高清晰度无线电定位图像。这就可以借助航天手段解决下列国防任务：

（1）观测作战行动区域（监控技术装备调动、构筑物建设、运输干线状况等）；

（2）观测海域、港口区域及海军基地的水面状况，发现和辨认各种级别水上舰艇；

（3）有效绘制难以进入区域的地图、准确确定和更新地形图。

应用合成孔径雷达解决的科学任务和社会经济任务可以分为：

（1）与地质学、生态学、农业和林业、土地利用、建筑、道路建设等有关地区的地图绘制；

（2）观测自然灾害区和生态灾难区；

（3）监控影响船舶航行的冰情；

（4）研究影响人类生命活动的海洋过程（海潮、风暴涌浪、污染等）；

（5）监控渔业作业区；

（6）监控石油和天然气管道、输电线路、灌溉渠，用以找出事故和损坏地点。

如果合成孔径雷达天线装置能够形成垂直向下的射线束，那么就能保证为人造卫星向下探测提供高度测量方式，能够补充解决下列问题：

（1）更准确确定地球球体轮廓；

（2）观测全世界海洋水平面的变化；

（3）评估海潮现象的规模；

（4）测量南极冰层厚度；

（5）评估水库洪水水位。

倾角扫描天线系统可以使在能动的雷达扫描区域之外实现非能动无线电测量工况，它允许进行海洋表面和陆地的温度测量。使用无线电定位立体测量法和干涉测量法可以保证获得高精度的反映地球表面地貌的三维图像。

利用无线电定位探测所能解决的任务并不限于所列清单。经验表明，随着分析无线电定位图像时无线电定位信息处理手段和软件的完善，以及保证获得更多技能，这个清单具有扩大的趋势。

与此同时，在解决许多军事应用任务和社会经济任务时，要求观测具有全球性和长周期性（在某些情况下要求实际上连续观测有限区域，例如监控出现紧急状态和自然灾难地区的情况)。只有利用航天配置的手段才能保证观测全球。在保证长周期性的同时,借助低轨道航天手段观测的较大连续性是个重要问题,它与必须架设一个由大量航天器(达几十个)组成的空间系统有关,这决定着该系统的高造价和巨额运行费用,使得它在经济上很不友好。

由此研讨创建高清晰度无线电定位设施引起人们的兴趣,这种设施建在可长期观测地球固定区域的高轨道航天器上。例如,当航天器在高度为36 000 km、倾角为 20°～60° 的对地同步轨道上发挥功能时,实际上可以不间断(绕地旋转周期的 90% 期间)观测面积很大的区域。

当天线反射镜有效尺寸为 50 m×50 m 时,为了获得 1 m 范围内的清晰图像,合成孔道雷达需要约为 45 kW 电能,初步方案研究表明,基于功率为15 kW 的太阳能电池组的、带有合成孔径雷达和供电系统的航天器质量为9 200 kg,而当功率为 25 kW 时,其质量将达 15 300 kg。但是,这样的功率水平不能保证获得 1 m 范围内的清晰无线电定位图像。合成孔径雷达在轨道阴影段内工作也存在限制(例如,当保证在轨道光照段连续工作的供电系统功率为 15 kW 时,在阴影段内合成孔道雷达只能工作 5 min,随后中断 20 min)。问题依然是如何把这么大质量的航天器送入对地同步轨道,因为传统的发送手段通过一次发射无法完成这个任务。

由于这一点,对于清晰度为 1 m 的高轨道无线电定位观测地球表面的任务,必须在航天器组成中利用功率为 50 kW 的星载核发电装置。

7.2.2　特种通信

有发展前景的高能耗任务之一是保证特种通信和电视转播。

对此类航天综合体发展前景的分析表明,为了为超宽用户网络服务,带有厘米和分米波段联合特别综合体的航天器质量可能不会少于 8 t,而为了向航天器上仪器供电需要的星载发电装置功率,视天线尺寸和综合体发挥功能的条件不同而处在 18～45 kW 范围内。显然,实现这样的任务只能利用核发电装置。

7.2.3　轨道间运输和供电

对地静止轨道、地球过渡轨道及其他高能耗轨道上发挥功能的航天器供电系统所需功率增加,在航天器质量同时增大的条件下,除了大大提高星载发电装置的效率以外,还必须大大提高把航天器从低支承轨道发送到高能耗工作轨道的轨道间运输设施的效率。

表 7-1 中列出了为把航天器从低轨道发送到地球过渡轨道和对地静止轨道所需的特征速度增量（ΔV_X），它随发射地点有所不同，而发射地点的地理纬度决定了支承轨道平面与赤道平面之间的倾角。

表 7-1　从支承轨道飞往地球过渡轨道和对地静止轨道所需的速度增量 ΔV_X

运载火箭发射地点	Плесецк 航天发射场	Байконур 航天发射场	赤　道
支承轨道倾角/(°)	62.8	51.6	0
发送到地球过渡轨道时的 ΔV_X/(m/s)	2 750	2 750	2 750
发送到对地静止轨道时的 ΔV_X/(m/s)	5 200	4 870	3 940

注：1. 支承轨道为圆形，高度为 200 km；
　　2. ΔV_X 为没有考虑引力损失时的速度增量；
　　3. 地球过渡轨道倾角等于支承轨道倾角。

苏联许多科研所和设计局从 20 世纪 70 年代中期就开始研究在轨道间运输设施构成中能否创建非传统推进装置（电火箭发动机和核火箭发动机）以及它们是否适用。这些研究的第一阶段假设装有电火箭发动机或核火箭发动机的轨道间运输设施有自身的电源。这样的装设受到发电装置和推进装置先前发展阶段的制约，而这些发电装置和推进装置的寿命受同时代元器件的制约。当前空间发电推进器制造的发展水平允许预测带有各种热电转换系统的太阳能装置和核发电装置能达到的持续寿命，这依次为创建下列核发电推进装置创造了前提条件，它们能保证航天器从辐射安全轨道向高能耗工作轨道的轨道间飞行，保证航天器在工作轨道上发挥功能时为其供电。

应用核发电推进装置的优点如下：第一，消除了要有两个星载能源（一个用于轨道间运输设施，另一个用于航天器）的必要性，可增加轨道上有效负载的质量；第二，发电装置属于航天器最昂贵的系统（核发电装置通常是非标准设备）；因此利用它们在航天器发送阶段及在工作轨道上供电工况下的潜力是合适的；第三，送入轨道的主推进装置包括在航天器构成中，而专有的发电装置在发送航天器阶段为主推进装置供应能量，这样一体化的航天器结构配置将大大增加运载火箭头部整流罩之下有限容积中所能放置的有效负载。

目前，研究者已经弄清航天器发电装置或者发电推进装置与其他星载服务系统的功能结合是合适的，当发送到工作轨道时要用到这些服务系统，它们处在一个单独的隔舱内，俄罗斯文献中称为运输发电模块，同国外文献中用的术语基础卫星平台是同一概念。

根据在俄罗斯空间核动力发展构想[6]的研究成果,最有效的且最可能在近地空间第一个应用核动力的领域是给航天器提供发电推进保证,使得当专用仪器有巨大能量需求时航天器在高能耗轨道上能发挥功能。在航天器构成中应用基于核发电推进装置的运输发电模块,既能保证把航天器送入工作轨道,又能在整个运行期间向专用仪器和服务系统供电,因此大大提高了所用发送设施的能力。与传统设施相比,由于显著提高了(一倍和更多)专用仪器的质量和供电水平,所以这种设施或许能提高工作轨道上航天器的效率(当利用同类型的运载火箭时),或者在保证航天器质量情况下,可以利用小尺寸的运载器。而小型运载器发射成本低且发射准备时间短。

有两种运输发电模块:基于核发电装置和电火箭推进装置的运输发电模块;基于具有用各种方法(热电的、热离子发射的或者涡轮机的)把核反应堆产生的热能转换成电能的双模式核发电推进装置的运输发电模块。

由于电推进发动机装置有高比冲(几万米每秒),一型运输发电模块保证最大能量弹道效应。这种类型运输发电模块的特点为推力小(约为几分之一牛顿),运输时间长(0.5~1年)和有相当大的电功率(几十至几百千瓦),对于工作轨道上的全部航天器系统来说功率是过剩的。在小推力推进装置连续工作的情况下,航天器发送到工作轨道上的轨迹是逐渐改变轨道平面倾角的旋转螺旋线。

最近几年,俄罗斯和其他一些国家都对基于双模式核发电推进装置的二型运输发电模块产生兴趣。在这样的装置上,反应堆装置既保证以氢为工质的核热火箭发动机工况,又保证为航天器专用仪器和服务仪器供电的发电装置工况。在核热发动机工况下,推进装置与传统的基于液体火箭发动机的运输手段相比发射效率高得多,双模式核发电推进装置的工作保证发送入轨道的时间较短(如发送到对地静止轨道的时间约为一周)。

科学家研发了许多双模式核发电推进装置,它们按下列情况分类:所用核反应堆的类型;把热能转换为电能的方式;是否有工质燃尽系统。

国家科学中心 Курчатов 研究所、中央机械制造设计局和 Луч 科研生产联合体研发了基于热离子发射热中子反应堆转换器的"Топаз‐2"动力装置改进型的核发电推进装置。该反应堆允许氢流过燃料芯棒,可将氢加热到 2 100 K(在以后的阐述中这样的核发电推进装置称为 ЯЭДУ‐1)。

动力技术设计与试验科研所研发了一种核发电推进装置,采用了对于核

火箭发动机固相反应堆而言具有代表性的技术方案：能把工质（氢）加热到
2 800 K 或者更高的水平；利用了带锂冷却回路的快中子反应堆；仔细研究了
基于把热能转换为电能的热离子发射方法和涡轮机方法的核发电推进装置方
案（分别称为 ЯЭДУ‐2 和 ЯЭДУ‐3）。

НЭБауман 动力机械制造科研所详细研究了装备气冷核反应堆以及氢与
氧完全燃烧的燃气涡轮机的核发电推进装置（ЯЭДУ‐4）。

表 7‐2 为所述双模式核发电推进装置的主要技术特性。当航天器在工
作轨道发挥功能时，这些双模式核发电推进装置具有相同的有效电功率水平
（$N_{эл}=10$ kW）[7]。

表 7‐2　双模式核发电推进装置的主要技术特性

参　　　　数	ЯЭДУ‐1	ЯЭДУ‐2	ЯЭДУ‐3	ЯЭДУ‐4
在核火箭发动机工况下的热功率/kW	950	5 100	5 100	115
在发电工况下的热功率/kW	220	135	50	37
氢加热温度/K	约 2 100	2 800	2 800	2 000
氧流量与氢流量之比	0	0	0	0～2.3
在核火箭发动机工况下的推力/N	200	980	980	28～72
核火箭发动机比冲/(m/s)	7 550	8 825	8 825	7 750～5 910
在核火箭发动机工况下的工作寿命/h 在发电工况下的工作寿命/年	250 7～10	100 达 10	100 达 10	～170 达 10
装置质量（没有储备工质和燃料罐）/kg	1 500	1 825	1 905	1 193

对于不同发射质量的运载火箭"Русь""Эенитм""Ангара"（发送到低支承
轨道的有效负载质量分别为 7.8 t、15 t 和 25 t）[7]，把航天器从支承轨道发送
到对地静止轨道时，在运输发电模块构成中应用所研讨的各个双模式核发电
推进装置方案有不同的发射效率，表 7‐3 列出了这些发射效率的比较分析结
果。将对地静止轨道上有效负载质量（$m_{пг}$）和发送时间（$t_в$）作为效率的判据。
这种情况考虑了运载火箭头部整流罩下面放置带有运输发电模块的航天器的
具体尺寸限制，考虑了核发电推进装置最小允许高度的限制。表 7‐3 还列出
了具有前景的液体火箭发动机和基于平面太阳能电池组的传统供电系统和助

推器的 $m_{пг}$ 和 $t_в$ 值,还列出了装备双工况核动力装置和电推进发动机装置的运输发电模块的 $m_{пг}$ 和 $t_в$ 值。这种情况下,在"Русь"型运载火箭助推器中使用煤油-氧组分液体火箭发动机,而在"Эенитм"和"Ангара"运载火箭助推器中使用氢氧液体火箭发动机。装备液体火箭发动机的助推器按"抛射"方案把航天器从支承轨道发送到对地静止轨道,而在其他所有情况下则按"直接"方案进行。运载火箭发射地点为"Плесецк"航天发射场。

表 7-3 发射效率的比较分析结果

		运载火箭								
		"Русь"			"Эенитм"			"Ангара"		
		$m_{пг}$ /kg	$t_в$ /d	$N_{эл}$ /kW	$m_{пг}$ /kg	$t_в$ /d	$N_{эл}$ /kW	$m_{пг}$ /kg	$t_в$ /d	$N_{эл}$ /kW
双峰	ЯЭДУ-1	670	8.0	10	3 500	22.5	10	7 420	42.1	10
	ЯЭДУ-2	540	1.6	10	3 780	4.7	10	8 240	8.3	10
	ЯЭДУ-3	290	1.1	10	3 540	4.2	10	8 030	8.4	10
	ЯЭДУ-4	1 280	35	10	3 350	60	10	6 130	60	10
双工况的核发电装置+电火箭推进装置		2 100	365	10[1] 35[2]	4 700	365	25[1] 68[2]	8 100	365	50[1] 100[2]
装备液体火箭发动机的助推器		<0	2.7	10	1 300	2.7	10	4 350	2.7	10

① 工作轨道上可用的电功率;
② 被电推进发动机装置消耗的电功率。

表7-3中的有效负载质量是指对地静止轨道上的航天器质量减去装备核发电推进装置的运输发电模块的质量或者减去当利用液体火箭发动机助推器时的供电系统质量。表7-3中所列举的数据表明,随着运载火箭起飞质量的增加,所研讨的各种类型的双模式核发电推进装置的发射效率增大,当在支承轨道上的轨道综合体(航天器+运输发电模块)初始质量为 25 t 时(运载火箭"Ангара"),在约 8.5 天中,利用 ЯЭДУ-2 和 ЯЭДУ-3 发送到对地静止轨道的航天器质量约等于利用核电推进发动机装置在一年期间发送的航天器的质量。在这种情况下,利用双模式核发电推进装置发送到对地静止轨道的航天器的质量几乎比装备有发展前景的氢氧液体火箭发动机的助推器发送的航

天器质量大一倍。当轨道综合体初始质量为 7.8 t(运载火箭"Русь")时,所研讨的方案中最有效的是氢氧完全燃烧的双模式装置 ЯЭДУ‐4。在该情况下,$m_{пг}$ 约为 1 300 kg,而发送时间为 35 天。

　　这样,在近地宇宙空间应用双模式核发电推进装置(其中利用了装备固相反应堆的核火箭发动机所固有的技术方案)的合理领域是在它们的基础上创建大功率轨道设施的运输发电模块,这些模块的用途是把航天器发送到高能耗工作轨道,并在整个能动发挥功能期间为这些设施供电。

7.3　月球基地的运输服务

　　俄罗斯、美国及法国等主要航天强国的专家们把开发月球及火星看作是 21 世纪初优先发展的任务之一。众所周知,在太阳系的所有大星体中,目前月球被许多自动的和载人的航天设施进行了最全面地研究。显然,人类迈向深空的第一步应该是开发月球。这个任务之所以重要有许多原因。根据目前的资料,月球内部含有许多有用的矿藏。月球土壤富含硅、铁、镁、钛、铝和钙等。在风化表层含有少量的氢和罕见的氦同位素 ^{3}He。月球土壤表层中含有大量氧(达 45%)。由于这一点,除了进行天文、地球物理、地质等科学研究外,月球第一个基地应该具备用月球土壤生产氧气的车间功能,以保证基地的生命活动,并用氧化剂装备运输系统的推进装置[8-9]。

　　随着开发程度的加深,月球可能成为太空中为地球大规模供应生态清洁能量的基地。一方面,人类对能量的需求不断增长;另一方面,发展地球有机燃料能源受到生态环境的限制,这两者迫使人们接受实现这一方案的合理性。对于应用这个系统的方案,可以研讨一下基于硅薄膜太阳能电池组的月球发电站综合体,它们以超高频射线形式把能量传给地球,随后转换成具有工业参数的电流。对月球原料进行综合加工能够获得月球能量辐射综合体要用到的必要品种的结构材料、电工材料和光学材料。

　　作为未来的动力组成之一,科学家研讨过利用生态清洁燃料氘＋氦同位素 ^{3}He 工作的地面热核电站。但地球上并没有氦同位素 ^{3}He,不过可以从太空开采获得(例如从月球表面风化层中),然后利用运输系统将其运回地球[10-11]。

　　所进行的评估表明,无论从技术还是从经济角度来讲,利用传统的装备化学燃料火箭发动机的轨道间运输设施为常设月球基地提供服务是不太可能的,因为这需要每年发射几十个超质量级(起飞质量为 100 t)运载火箭进入人造地球卫星低轨道[12]。因此,工业开发月球的构想要求创建地球-月球-地球高效轨道间运输机,以保证常设月球基地分阶段扩建和发挥功能。运输机的基础应该是装备核火箭发动机和核发电推进装置的轨道间多次曳引机和装备液体火箭发动机的月球着陆器。在服务月球基地的第一阶段,月球着陆器所用的燃料组分氢和氧以及作为曳引机的核火箭发动机的工质氢都应该由地球供应。以后各阶段,随着用月球原料生产燃料组分的进一步开发,运输机各构件将部分或者全部利用"月球"燃料工作,结果能显著提高运输生产率。

预期向月球提供的物流:

在用自动设施考察拟建造常设月球基地的准备期(约4~5年),送往月球表面的物流将大致不变,为10~20 t/a,运抵月球表面的有效负载模块质量为2~5 t(在月球卫星轨道上折合为5~10 t)。

在扩建工作人员为4~10人的常设月球基地,并开始从月球土壤生产氧和其他材料的期间(约6~10年),需要运抵月球表面的物流将逐渐增加到100 t/a,而有效负载模块质量达2~10 t(在月球卫星轨道上为5~20 t)。

在加大"月球氧"生产能力的最后时期,需要运抵月球表面的物流至少增加到500 t/a,送的有效负载应该全由10 t(在近月球轨道上为20 t)的模块构成。

第一个月球基地对电能的需求超过10 kW[9-10],这一需求将随着月球开发规模的扩大再增加。因此,向月球运送规模不大的、电功率为几十到几百千瓦的核电厂是合适的。

几个可以多次使用的、带有可替换燃料模块(工质氢贮箱的,利用了核火箭发动机工艺)的空间核动力曳引机,连同月球有效负载一起用运载火箭"Русь""Эенитм""Протон""Ангара"送入近地轨道,就能保证有效扩建和提高月球生产基地和发电基地的生产能力。与利用化学燃料的一次曳引机相比,这种方法将大大降低经济投入。

根据文献[9]的评估,在运输系统中利用以下三个有发展前景的工艺,向月球运送1 kg有效负载的成本可能降到2万美元水平:把负载发送到近地安装轨道的单级多次利用运载火箭;在运输系统的推进装置中废物利用"月球氧";利用"月球氧"加大推力的核火箭发动机。

第一批月球核动力曳引机可以利用装备固相反应堆的核火箭发动机,如比较简单的在苏联和美国演练多次的核火箭发动机。与此同时,在利用反应堆情况下,核火箭发动机只作为加热氢以产生喷气推力的设施,满足航天曳引机星载电力需求的转用其他类型能源,如太阳能或化学能电池组。

但是,从核火箭发动机工艺过渡到核发电推进装置工艺就可消除最后一个问题。如上面所指出的,核发电推进装置中的反应堆除了产生推力外,还在低功率水平工况下保证生产满足曳引机星载需要的电能。

文献[12]所示为月球基地服务的运输系统的构想,其中包括:

(1) 一次性"Русь""Эенитм""Протон""Ангара"型运载火箭;

(2) 把有效负载模块从近地轨道发送到近月轨道的多次(5 次)利用装备核火箭发动机的轨道间曳引机;

(3) 把有效负载模块从近月轨道发送到月球表面的装备液体火箭发动机(燃料组分为氢+氧)的月球着陆器。

核动力月球曳引机的原理如图 7-6 所示,它由两个主要模块构成:多次(5 次)利用的发动机模块和一次性利用的燃料模块(主要是氢罐),它们借助可拆卸的对接件相互连接。发动机模块包括核火箭发动机(装备反应堆、喷嘴、辐射防护组件和仪表舱),发动机模块从人造月球卫星轨道返回人造地球卫星轨道阶段要用到的氢罐,以及长久贮存组分四氧化二氮+偏二甲肼(АТ+НДМГ)的多功能辅助推进装置。该装置的用途是进行两个模块的对接和脱离操作、建立调准用推力冲量以及保证曳引机在轨道间飞行时的定向和稳定。

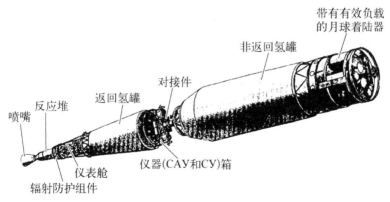

图 7-6 带有有效负载的核动力月球曳引机

氢贮存在两个带有高效屏蔽真空热绝缘层的罐中。一次性燃料模块的罐在从人造地球卫星轨道向人造月球卫星轨道飞行阶段就已排空,并在月球轨道上抛弃。多次利用(发动机)模块的罐在从人造月球卫星轨道向人造地球卫星轨道飞行阶段排空,而在整个运行期间它都处在该模块构成中。

带有有效负载模块的月球着陆器(一次性的)在人造月球卫星轨道上与燃料模块分离,然后借助氢氧液体火箭发动机从轨道下降并在月球表面软着陆。

在人造月球卫星轨道上,带有燃料模块抛放的核动力月球曳引机在轨道间往返飞行[12]是基本方案。这样的抛放能把向月球发送的有效负载增加30%。在这个飞行方案中需要4次启动核火箭发动机:两次正向(从人造地球卫星轨道脱离和进入近月球轨道)和两次反向(见图7-7)。

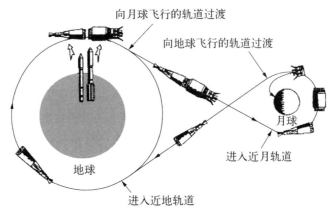

图7-7 四次启动核火箭发动机的曳引机轨道间往返飞行基本方案

在这种情况下,带有氢罐和稳定燃料组分 AT＋НДМГ 辅助推进装置的核火箭发动机组成推进模块,它由"Русь"或者"Эенитм"中型运载火箭发送到高 800 km 的圆形辐射安全发射轨道。用"Ангара"型运载火箭将主要由氢罐和月球模块(它本身由月球着陆器和发送到月球有效负载组成)组成的组装件发送到高 200 km 的人造地球卫星低圆形轨道,然后借助月球着陆器的推进装置转入发射轨道,在那里与推进模块对接。用核火箭发动机的第一次推力冲量将携带月球模块的曳引机冲向月球的椭圆形轨道,利用第二次推力冲量将其推入人造月球卫星轨道。在那里月球模块与推进模块分离,并借助月球着陆器推进装置把有效负载送上月球表面,而推进模块借助核火箭发动机的第三次推力冲量转入返回地球的椭圆形轨道。推进模块用核火箭发动机的第四次推力刹车冲量返回原来的辐射安全发射轨道,等待一定时间后,利用"Ангара"运载火箭下一次发送的带月球模块和有效负载的新氢罐连接件与推进模块对接,就这样重复进行运输循环。在完成最后一次(第五次)往返飞行及消耗完工作资源后,带有核火箭发动机的推进模块利用第四次推力冲量转入太阳中心轨道。

除了核动力月球曳引机轨道间往返飞行的基本方案以外,文献[12]还研究了一系列其他方案,其中有两次启动核火箭发动机的方案,其中带有有效负载的月球着陆器在飞越月球的轨道上与曳引机分离,而不是在人造月球卫星轨道上实现分离(见图7-8)。

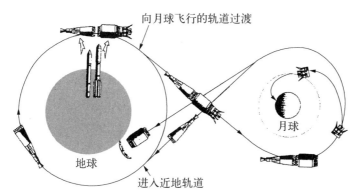

图7-8　两次启动核火箭发动机的曳引机轨道间往返飞行方案

评估核动力月球曳引机在下列条件下的发电特性和发射效率:

(1) 核动力月球曳引机的近地支承发射轨道,即高度为 800 km 的圆形轨道;

(2) 核动力月球曳引机用的近月轨道,即高度为 100 km 的圆形轨道;

(3) 特征速度,脱离人造地球卫星轨道飞向月球时速度为 3.37 km/s;过渡到人造月球卫星轨道时速度为 1.02 km/s;脱离人造月球卫星轨道返回地球时速度为 1.02 km/s;过渡到人造地球卫星支承轨道时速度为 3.22 km/s;

(4) 用于控制曳引机运动的特征速度损耗占所需速度增量的 1%;

(5) 用于曳引机组件在发射轨道上的靠近和对接特征速度损耗为 100 m/s。在做这些评估时利用的核火箭发动机的特性如表7-4所示。

表7-4　核火箭发动机的特性

参　数　名　称	数　值
工质	氢
核火箭发动机推力(在太空中)/kN	68
理论比冲/s	940
实际比冲/s	900

（续表）

参　数　名　称	数　值
喷嘴腔室内工质平均温度/K	2 900
反应堆热功率/MW	340
当从近地轨道上发射时发动机工作时间/s 当向近月轨道过渡时发动机工作时间/s 当从近月轨道发射时发动机工作时间/s 当向近地轨道过渡时发动机工作时间/s	810 210 65 135
核火箭发动机质量(不含燃料罐)/kg	～2 900
推力与(不含燃料罐的)核火箭发动机质量之比/(kgf/kg)	2.40
在地球-月球线路上非能动飞行时间/h	90
往返飞行次数	5

在计算时采用的月球着陆器的氢氧液体火箭发动机的比冲为 450 s,利用高沸点组分的辅助推进装置的比冲为 305 s。

文献[12]列举的动力弹道评价结果表明,在为月球基地服务的运输系统中,利用装备固相反应堆的核火箭发动机与中型和重型运载火箭结合起来,能保证在一次往返航程中把 4～5 t 有效负载送上月球表面。在两次启动运载火箭,将燃料模块和月球模块分别发送,并在人造地球卫星低轨道上预先对接情况下,发送到月球表面的有效负载质量可以增加到 8～10 t。这不仅足够进行勘测飞行和建立常设居住基地,而且还可把生产"月球氧"的工艺设备和材料送上月球。

与利用"纯粹"核火箭发动机的方案相比,在所研讨的曳引机中采用电功率为 50 kW 的核发电推进装置和在曳引机从人造月球卫星轨道返回人造地球卫星轨道阶段采用电推进发动机,一次往返飞行发送到月球的有效负载质量可以增加约 15%。可是在这种情况下,曳引机往返飞行持续时间增加到 250天,而在应用核火箭发动机方案时这个时间约为 8 天。

利用多次核动力曳引机和俄罗斯制运载火箭向月球表面发送 1 kg 有效负载的成本估计为 2.2～2.5 万美元。

这样,在所研讨的构想中,由装备多次利用的核火箭发动机的往返推进模块和一次性燃料模块构成的核动力月球曳引机(利用 1～2 个曳引机)能够满足在建造月球第一个常设居住基地时预计的负载运输要求。

7.4　用自动航天器研究太阳系遥远行星

关于向太阳系行星和小天体飞行的问题,在计划对月球、火星和金星进行首次无人航天考察时就有了答案:这些飞行对于充实我们的经验性知识(首先是宇宙化学知识)以解决科学基础问题——太阳系的产生和演变是必需的。这个任务不解决,就不能建造可靠的地球地质化学模型,相应地还有全球地质进化模型(包括构造地质模型)。不建立这样的地球模型,不可能制订有效寻找和开发人类生命保证资源的战略规划。

从太阳系各个区域收集残留物质有可能找到解开太阳系形成过程机制的钥匙。寻找这样的物质显然是制订研究宇宙空间计划时要考虑的方向之一。如果把注意力集中在太阳系小天体,如彗星、小行星和行星的小卫星上,将大大提高找到残留物的概率。

太阳系行星可以分为两组[13]:地球组(水星、金星、地球、火星);遥远行星组(木星、土星、天王星、海王星、冥王星)①。

火星和金星是地球的邻居,目前科学家对其已做了一定程度的研究,并继续利用自动航天器进行研究(苏联/俄罗斯和美国),这些航天器装备化学燃料火箭发动机和基于太阳能电池组的发电装置。为了研究木星和它的卫星,美国首次发射了自动航天器。被遥远的木星组行星轨道占据的太阳系区域的特点是这些行星离太阳和地球以及它们相互间的距离都非常远。行星作用半径有几千万千米,飞行持续时间需几年甚至几十年。浓厚的行星大气层同强大的引力相结合使在这些天体上着陆的问题被重新提及。让自动航天器进入人造卫星的低轨道十分困难。行星轨道距太阳和地球越远,向它们飞行所需的能耗越大,飞行时间也越长。向遥远行星飞行的最简单方案是"直接"飞行(在顺路飞越行星时没有引力机动飞行或引力-能动机动飞行)。向这些行星飞行所需的能耗取决于发射日期和飞行持续时间。对于所有的外围行星,最佳发射周期(准确地说是"窗口")大约一年重复一次(如对于木星来讲,间隔为 13 个月)。向天王星、海王星和冥王星飞行的最佳(按最小能耗)持续时间十分长,分别为 16 年、31 年和 46 年,但在向天王星飞行时,只有从持续时间 11 年开始能耗才明显增加,而向海王星和冥王星飞行时从 14 年开始能耗才显著增加。

---

①　译者注:原著于 2001 年出版,当时冥王星属于太阳系行星。

表7-5列举了外围行星轨道平均半径(以天文单位计)以及向这些行星飞行所需的能耗(在人造地球卫星低轨道上的ΔV_X)和飞行时间。

表7-5　外围行星轨道平均半径、能耗、飞行时间

目标行星	轨道平均半径/ 天文单位	$\Delta V_X/$(km/s)(在人造 地球卫星低轨道上)	飞行持续时间/a
木　星	5.2	6.5	2.5
土　星	9.5	7.2	6.0
天王星	19.1	8.0	11.0
海王星	30.0	8.1	14.0
冥王星	39.6	8.2	14.0

从所列举的数据中得出结论,当向遥远行星飞行时,所需能耗是如此之高,以至于在自动航天器上只有用核火箭发动机替代液体火箭发动机或者固体燃料火箭发动机,才能够大大增加有效负载质量,从而扩大所进行研究的工作量。此外,由于这些行星距太阳很遥远,航天器供电系统不可能利用太阳能电池组。从核火箭发动机工艺过渡到双模式核发电推进装置工艺就可以解决这个问题。在核发电推进装置中,反应堆在低功率水平工况下保证生产航天器星载需求的电能,而在大功率工况下为推进器加热工质。此外,这样的供电系统将为自动航天器与地球间可靠的无线电通信和稳定传递研究成果奠定基础。

在"直接"飞行方案下,只有大大增加能耗,才能显著缩短飞行持续时间。缩短飞向遥远行星时间的更合理途径与利用"顺路"行星引力场密切相关[13-14]。在这种情况下,由于木星质量大以及自动航天器进入它的作用范围时速度大,木星将起特殊作用。图7-9为航天器穿越木星附近飞向土星的过程。在这种情况下,当直接飞向土

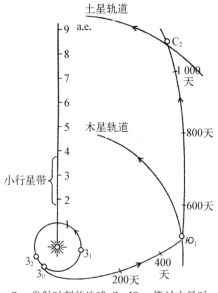

3_0—发射时刻的地球;3_1、IO_1—绕过木星时刻的地球和木星;3_2、C_2—到达土星时刻的地球和土星。

图7-9　经过木星飞向土星

星时,自动航天器从人造地球卫星低轨道上以最低速度 7.2 km/s 发射。经过 500 天,自动航天器从木星附近穿过,距木星中心约为四个木星半径,由于引力 作用将获得的冲量为 18.7 km/s。发射后经过 1 072 天(约 3 年),航天器到达 土星。这样,利用木星附近的引力调车能够在不增加能耗的情况下把飞向土 星的时间缩短一半。

自动航天器"经过木星"向土星飞行可以在连续 3 年(如在 2016—2019 年 间)的每年进行,最好机会的持续时间为一个月。但对于这种飞行最有利的三 年期要每隔 20 年才重复一次。

自动航天器"经过木星"向天王星、海王星和冥王星飞行的持续时间分别 约为 5 年、7.6 年和 8.9 年。

研究木星组行星及它们的卫星的任务中有效采用双模式核发电推进装置 的典型例子是在文献[15]和[16]中所示这些研究的概念性方案。

奠定方案的基础是装备双模式核发电推进装置的自动航天器。它产生的 电功率为 10 kW,并保证下列喷射推力:当用氢工作时为 1 000 N,比冲($J_{уд}$) 为 8.5 km/s;当用氨工作时为 1 880 N,比冲为 4.5 km/s。除了核发电推进装 置之外,自动航天器还有基于用氙工作的离子发动机的推进子系统。电推进 发动机的比冲为 50 km/s,而比质量为 18 kg/kW。

自动航天器质量如表 7-6 所示。

表 7-6　自动航天器的质量

参　　　数	数　　值
科研仪器(有效负载)/kg	100[①],或者 320[②]
除核发电推进装置、燃料和燃料罐以外带有所有子系统的航天器质量/kg	425
双模式核发电推进装置/kg	1 460
带电推进发动机的推进装置/kg	180
氢和氢罐/kg	3 325
氨和氨罐/kg	370
氙和氙罐/kg	490
在人造地球卫星低轨道上的有效负载/kg	6 350[①],6 570[②]

① 在研究行星过程中所有科研仪器都留在自动航天器上的方案;
② 在研究行星过程中自动航天器上的科学仪器质量为 20 kg,而仪器主要部分放置在一些"微型 机"内,它们在行星或其卫星(在向木星飞行情况下是木卫一、木卫二、木卫三、木卫四)的人造卫星轨道 上以及在行星及其卫星的表面上独立发挥功能。

自动航天器从地球向木星人造卫星轨道的飞行以下列形式实现。在核发电推进装置用"氢"在推进工况下工作时,自动航天器从地球人造卫星轨道发射,在这个阶段中飞行速度增加到 4.7 km/s。大约经过一年的飞行,自动航天器接近地球,并在远日点区依靠核发电推进装置用"氨"在推进工况下的工作,向它施加速度为 500 m/s 的脉冲。依靠电推进发动机的工作,自动航天器在黄道平面上从太阳中心轨道过渡到人造木星卫星椭圆轨道(近心点为 5 个木星半径,远心点为 158 个木星半径),电推进发动机还用来打开"微型机"。

这样,将双模式核发电推进装置与电推进发动机结合,保证在自动航天器原始质量为 6.5 t 的情况下研究木星、土星和其他外围行星以及它们的卫星。这样的自动航天器能由"Атлас‐2AS"型运载火箭发送到人造地球卫星初始轨道(发送有效负载的质量达 8 t)。

利用核发电装置(替代核发电推进装置)和电推进发动机解决类似的任务要求电推进发动机工作时间过长(6~10 年),而利用液体火箭发动机与核发电推进相结合能够把这个持续时间缩短到 2~4 年,但是将导致自动航天器初始质量增加到 18 t。这样的自动航天器只有用昂贵的"Титан‐4"型运载火箭才能送入人造地球卫星轨道。

7.5 火星载人考察

20 世纪 60 年代中期开始科学家就系统地研发火星载人考察任务。在工作开始阶段就已经明确实现这项任务所面临的两个主要问题:当在推进装置组成中利用有发展前景的氢氧燃料液体发动机时,近地轨道上火星综合体的原始质量很大(1 500 t 以上),因而需要高能耗;考察期限很长(约 3 年)。

第一个问题推动了空间核发动机和空间核发电装置技术的发展,已经证明,在火星考察飞船的发电推进系统中,利用装备固相或者气相反应堆的核火箭发动机以及利用电推进装置都能够大大降低(达 1/2~1/3)人造地球卫星原始安装轨道上的飞船初始质量,把航天器从人造地球卫星轨道到人造火星卫星轨道再返回地球的轨道的飞行时间缩短到 1~2 年。

第二个问题要求实验证实人在所要求的期间内进行宇宙飞行的工作能力。此前,苏联和美国宇航员在轨道飞行中就人在太空中逗留期限所积累的经验限于几天。这个问题十分关键,成为苏联科学院院长 М. В. Колдыш 倡议建立长期空间站的依据,第一个空间站("礼炮"系列)于 1971 年 4 月 19 日送上人造地球卫星轨道。

在 20 世纪 90 年代初,苏联和美国对火星载人考察产生了兴趣,因为此前实践宇航学取得了巨大成就,即建造并成功地运行了"太空梭"多次往返系统和重型模块式"和平号"空间站,原则上解决了保证人在太空中长期逗留的工作能力问题,以及建造了能把质量达 100 t 的有效负载发送到人造地球卫星低轨道的"能源号"超重型运载火箭。

除了不可估量的科学意义以外,筹备火星载人飞行可以产生全球性政治效应,是太空军事化计划原则性的必然选择。联合俄罗斯、美国和其他国家力量在国际合作基础上实现考察,能够极其充分地利用国际社会的科学技术潜力,不仅会给宇航学的发展,而且会给整个地球文明的发展带来巨大推动力。

研发火星载人飞行综合体要求对许多问题进行大量研究,其中包括火星考察综合体发电推进保证问题。创建火星考察综合体发电推进保证设施首先是指主推进装置和发电装置,以及用于高度可靠和动力足够的火星起飞-着陆综合体的推进装置,这些都是极其复杂的问题,在许多方面将决定能否实施具有可接受发射质量和保证宇航员必要安全保证水平的考察。发电推进保证设施的类型和组成决定整个火星考察综合体的技术概貌,并能对整个考察方案的研发费用和期限产生重大影响。

火星考察综合体发电推进系统应该保证:

(1) 使从人造地球卫星轨道脱离、向人造火星卫星轨道过渡以及脱离它返回地球的几种推力行进工况;

(2) 向星载服务系统(包括热力和低温恒温系统)供电;

(3) 向小推力电推进发动机供电(在利用它们的情况下)。

目前,科学家仔细研究了火星考察综合体的几个构想,它们之间的区别在于所用主推进装置的类型包括:

(1) 基于有发展前景的氢氧推进装置和独立电源(核动力或者太阳能)的火星考察综合体;

(2) 基于综合双工况核推进-发电装置的火星考察综合体,这些装置保证大推力推进工况和发电工况;

(3) 基于从核发电装置或者太阳能发电装置供电的小推力电推进发动机的火星考察综合体。

此外,科学家还研讨了联合利用大推力和小推力推进装置的各种方案,此时,在人造地球卫星轨道上的初步加速用装备液体火箭发动机的火箭级或者大推力核火箭发动机完成,随后在星际飞行段过渡到利用电推进发动机装置。

按照推重比水平,把几种火星考察综合体的动力推进系统方案分成三类:

(1) 保证加速度超过 0.1 m/s² 的液体火箭发动机或者核火箭发动机的大推重比发电推进系统;

(2) 保证加速度在 0.01~0.1 m/s² 范围内的中推重比发电推进系统;

(3) 保证加速度约为 0.001 m/s² 的小推重比发电推进系统。

随着推重比的不同,研究者编制了各种飞行发射方案,实施了不同的安全保证方法,识别了载人飞行综合体船舱内的辐射状况。

当利用大、中、小推重比的发电推进系统时,航天器穿过近地辐射带的时间分别为 1.5、5~6 和 90 天。

在对比分析中,通常采用在人造地球卫星支承(安装)轨道上的火星考察综合体原始质量作为评价发电推进系统方案的主要判据。这个判据决定在轨道上组装火星考察综合体的过程和运载火箭必需的启动次数,带来了在人造地球卫星轨道上长期保存低温组分的问题,因为在发射系统通行能力有限和所需启动次数很多的情况下,火星考察综合体的轨道组装过程可能拖延几个月,甚至几年,要消耗过多的材料。

显然,客观比较各种类型发电推进系统和选择最可取的火星考察综合体方案,要求在可比较的原始数据条件下,引用一些判据,不偏不倚地仔细研究每个方案。这些判据如下:

(1) 动力发射效率(综合体起飞质量);

(2) 考察持续时间;

(3) 考虑到解决其他任务时研发的工艺技术成本、回收后实施考察的经济开支;

(4) 决定创建综合体期限的科学技术能力和生产能力;

(5) 创建和运行发电推进系统阶段的辐射安全和生态安全;

(6) 能否利用在筹备考察过程中创建的科学技术储备以及推进装置和发电装置解决科学和国民经济应用的空间技术长期发展计划决定的更广泛领域的任务,以及能否将新工艺用于其他技术领域又合乎现代要求的发展。

从最低技术风险出发,选择发电推进系统和整个考察综合体的构想促使人们比较喜欢建立在之前演练过的技术方案基础上的方案。但是,这种处理方法未必正确,因为创建载人考察技术设施的巨大投资是"一次性"的。

为了使火星考察这种庞大计划成为空间技术领域科学技术进展的强大促

进因素,选择火星考察综合体及其主要子系统(如航天器发电推进系统)的构想原则上应该基于全新的工艺。

20 世纪 80 年代末到 90 年代初,Келдыш 中心、СПКоролев 能源公司、以 МВХруничев 命名的航天科学生产中心、以 ВПГлушко 命名的动力机械科研生产联合体以及其他许多企业,完成了各种发电推进系统的方案和考察方案的预研,目的是确定火星考察综合体的主要特性和对各种方案进行对比分析[17-21]。

考察综合体包括下列功能模块:

(1) 火星轨道飞船,它是考察综合体的中心部分,保证整个考察期间宇航员的生命活动,在它里面装有火星考察综合体控制仪器和居住舱,包括辐射屏蔽室;

(2) 火星起飞-着陆系统,包括火星着陆飞船和从火星表面返回火星轨道飞船等待轨道的装置;

(3) 返回地球飞船,保证飞回地球、在地球大气层中气动刹车以及在地球上着陆;

(4) 发电推进系统。

模块火星轨道飞船、火星起飞-着陆系统和返回地球飞船构成了火星考察综合体本身的有效负载。火星轨道飞船和返回地球飞船包含在返回地球的负载中。为了简化综合体和降低实施考察的总动力消耗,规定在从火星返回地球时火星考察综合体不进入人造地球卫星轨道,而宇航员在返回地球飞船模块中从飞越的弹道在地球上着陆。在人造地球卫星安装组装轨道上利用装配维护中心的设施将火星考察综合体构成一个整体。将火星考察综合体各单元发送到人造地球卫星轨道的设施是发射质量为 100 t 或更大的超重型运载火箭。

根据能源公司的详细研究,对于四个人组成的宇航组,火星考察综合体有效负载的总质量为 150 t,其中火星轨道飞船质量为 80 t,火星起飞-着陆系统质量为 60 t,返回地球飞船的质量为 10 t。在大致相同的考察持续时间下,考察综合体(火星轨道飞船、火星起飞-着陆系统和返回地球飞船)飞船部分的特性与它的建造方案和保证运输飞船发电推进系统的类型没有多大关系。因此,在对装备不同类型发电推进系统的火星考察综合体的设计弹道参数进行初步评估时,装有有效负载的各个组件的质量特性变化可以忽略不计。

假设火星考察是一个轨道-登陆考察,用一艘飞船实现,下面列出该假设中对装有各种类型发电推进系统的火星考察综合体进行详细研究的主要成果。在所有方案中,火星考察综合体有效负载总质量为 150 t,而火星起飞-着陆系统在火星表面停留时间以及火星轨道飞船在人造火星卫星轨道上等待时间为 30 天。

7.5.1 基于装备氢氧液体火箭发动机的推进装置和独立发电装置的火星考察综合体

在这个方案中[17],综合体推进装置构成中包括用 4 个推力均为 2 000 kN 的液体火箭发动机组成的连接体来脱离人造地球卫星轨道飞向火星;在进入人造火星卫星轨道时用 2 个推力均为 75 kN 的液体火箭发动机组成的连接体在火星附近刹车;用 1 个推力为 75 kN 的液体火箭发动机来从人造火星卫星轨道返回地球。所有发动机的比冲 $J_{уд}$ 为 4.7 km/s。为了能在 2010 年实现考察飞行,所需能耗(ΔV_X)约为 9.0 km/s,考察持续时间为 660 天,(在人造地球卫星安装轨道上)发射质量约为 1 350 t。液体火箭发动机的燃料总储量为 1 040 t,其中 850 t 用于脱离地球。低温恒温能动系统所需的能耗水平为 100～150 kW,此外,向火星考察综合体其他星载系统保证供电约需 50 kW。这样,基于太阳能电池组的独立发电装置必须具备的功率为 150～200 kW。

图 7-10 为火星考察综合体及其在金星附近引力机动飞行的飞行方案,而图 7-11 为装备液体火箭发动机和太阳能发电装置的火星考察综合体原理性配置示意图。在只用氢氧液体火箭发动机脱离地球而在轨道间飞越其余阶段利用 АТ＋НДМГ 型高沸点组分的液体火箭发动机情况下,综合体发射质量增加到 1 700 t。

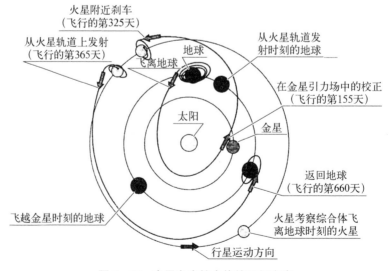

图 7-10 火星考察综合体的飞行方案

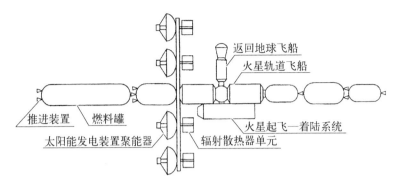

图 7-11 装备液体火箭发动机和太阳能发电装置的火星考察综合体配置示意图

发电推进系统和火星考察综合体的特性：推进装置燃料为氢气＋氧气；推进装置推力分别为 $4×2\,000$ kN、$2×75$ kN、$1×75$ kN；比冲为 4.7 km/s；发电装置电功率为 150 kW；火星考察系统初始质量为 1 350 t；考察持续时间为 660 天；火星考察综合体最大长度为 140 m；火星考察综合体最大横向尺寸为 60 m。

7.5.2 装备基于固相反应堆的核发电推进装置的火星考察综合体

由于核火箭发动机具有更高的比冲（约 9 km/s），用它替代液体火箭发动机[18]可以大大降低火星考察综合体发射质量，就像在装备液体火箭发动机的火星考察综合体一样，采用大量低温组分（特别是液氢）要求在人造地球卫星轨道上组装火星考察综合体阶段和行星星际飞行期间具有消耗功率为 $100\sim150$ kW 的能动低温恒温系统（火星考察综合体能耗总功率为 $150\sim200$ kW）。这种情况决定了在航天器发电推进系统构成中利用综合（双模式的）发电推进装置的适宜性，这种装置保证在单个固相反应堆基础上产生推力并发电。

核发电推进装置包括带有辐射防护的核反应堆、喷管系统、供氢系统、发电工况的氦-氙回路、涡轮机转换器、辐射散热器。

综合双工况核发电推进装置由四个模块连接体组成，每个模块保证产生约 50 kN 的推力和 50 kW 的电功率。供氢系统、发电工况的氦-氙回路、能量转换系统和辐射散热器都由一些模块组合件装配在一起，这样在必要情况下可以将故障模块断开。在推进工况或者推进-发电工况下任一模块出现故障时，通过增加其余模块工作时间来完成飞行任务。

核火箭发动机的工质氢置于规格化的燃料模块中，它们的质量特性和外形尺寸特性取决于发送条件。当利用"能源"运载火箭时，在人造地球卫星安装（在该情况下辐射安全轨道高度为 800 km）轨道上的添加燃料模块质量为 85.7 t，包括没有用完的氢模块的最终质量 15 t。

在研讨地球—火星—地球飞行路线的同时,科学家还研讨了地球—金星—火星—地球和地球—火星—金星—地球等飞行路线,因为飞越金星的路线可以大大降低火星考察综合体进入地球大气层的速度,特别是在相对不利的起飞期间内。

发电推进系统主要特性如下。推进工况:工质为氢;喷射推力为 200 kN;热功率为 1 200 MW;总工作时间为 5 h;比冲为 9 100 m/s;工质加热温度达 3 000 K。

发电工况:工质为氙和氦混合物;能量转换系统为按布雷顿循环工作的涡轮机系统;总工作时间为 65 天;电功率为 50～200 kW;最高工质温度为 1 223 K;辐射散热器面积为 600 m²。发电推进系统"净"质量为 60 t。

表 7-7 列出了随发射日期和飞行路线变化的总速度增量(ΔV_Σ)、返回地球飞船进入地球大气层的速度(V_{BX})、考察持续时间(t_Σ)和火星考察综合体发射质量(M_0)。

表 7-7 飞行特性与起飞日期及飞行线路的相互关系

	起飞日期和飞行线路		
	2010 年 12 月 5 日 地球—金星—火星—地球	2013 年 11 月 23 日 地球—火星—金星—地球	2018 年 4 月 12 日 地球—火星—地球
$\Delta V_\Sigma /(km/s)$	8.5	8.8	9.6
$V_{BX}/(km/s)$	14.0	12.5	15.6
$T_\Sigma /$ 天	660	600	460
M_0/t	750	730	800

图 7-12 所示为装备基于固相反应堆的组合式核发电推进装置的火星考察综合体配置示意图。

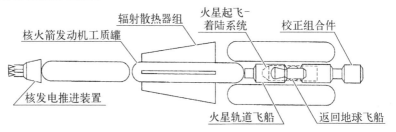

图 7-12 装备基于固相反应堆的核发电推进装置的火星考察综合体配置示意图

发电推进系统和火星考察系统的特性(2010 年发射):推进装置工质为氢;推进装置推力为 4×50 kN;比冲为 9 km/s;发电装置电功率为 200 kW;初始质量为 750 t;考察持续时间为 660 天;火星考察综合体最大长度为 100 m;最大横向尺寸为 20m。

7.5.3　装备核热离子发射发电装置和电推进发动机的火星考察综合体

当有效负载(火星轨道飞船＋火星起飞-着陆系统＋返回地球飞船)总质量为 150 t 时,利用电推进发动机进行火星考察需要功率不低于 15 MW 的发电装置[19]。

根据能源公司的详细研究,基于已知类型发电推进系统的火星考察综合体纵向构成如下:中央为飞船(火星轨道飞船、火星起飞-着陆系统和返回地球飞船),两端装两个带阴影辐射屏蔽的核发电装置,在它后面是电推进发动机舱(发动机推力方向垂直于火星考察综合体纵轴)和带工质(锂)罐的隔舱,该舱被结构能张开的分段式辐射散热器圆柱表面覆盖,如图 7-13 所示。

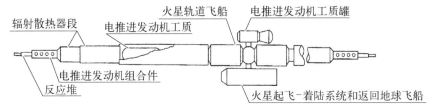

图 7-13　装备核热离子发射发电装置和电推进发动机的火星考察综合体配置示意图

发电推进系统和火星考察综合体的特性:发电装置电功率为 2×7.5 MW;发动机推力为 2×150 N;比冲为 70 km/s;推进装置工质为锂;МЭК 初始质量为 430 t;考察持续时间为 716 天;火星考察综合体最大长度为 200 m;最大横向尺寸为 16 m。

在核电推进发动机装置电功率为 7.5 MW 以及从热离子发射反应堆-转换器的发电管阴极出来的单位产电量为 8.3 W/cm² 情况下,根据 Энергомаш 公司的评估,核电推进发动机装置的质量等于 45 t。核电推进发动机装置中的主要基元及其质量如表 7-8 所示。

表 7-8　核电推进发动机装置中的主要基元

基　　元	质量/t
反应堆组合件	11
生物屏蔽	10
能量转换系统	4
供应系统	1
发动机	3

(续表)

基　　元	质量/t
工质罐	2
控制系统	1
辐射散热器	10
散热器张开系统	1
连接机件	0.2
结构单元	1.8

在工作状态下,核电推进发动机装置外形尺寸为 5.5 m×84 m,辐射散热器面积为 900 m²。核电推进发动机装置比质量为 6 kg/kW。考虑有发展前景的技术措施(增加单位发电量),装置比质量可能降到 4～5 kg/kW。

在已知的核电推进发动机装置方案中,为了排除补充的能量转换,当比冲为 7 km/s、效率为 0.7 时,利用电压 100 V 的强电流推进发动机是合适的。每个核电推进发动机装置的一个电推进发动机组件的推力为 150 N。

以生态清洁工质(例如氙)替代现用碱金属的电推进发动机,要求引入电流转换系统,并使发电推进系统质量参数显著恶化。

由于电推进发动机比冲高,与基于大推力推进装置的一些方案相比,装备这种发动机的火星考察综合体发射质量降低为 1/2～1/3,当火星考察综合体在 2010 年发射时,该质量为 430 t。当使用发动机阶段持续时间为 1.3 年时,考察持续时间约为 2 年。所研讨方案的缺点是飞行器飞出地球引力场和处在辐射带的时间太长(分别为 4 个月和 3 个月),致使宇航员遭受大剂量辐射(辐射带对总剂量的贡献为 100 生物当量伦琴)。

发电推进系统的主要问题与获得必要的核电推进发动机装置特性水平相关(阴极温度为 2 800～3 000 K,单位发电量为 8～10 W/cm²,寿命为 2～3 年,比质量不低于 6 kg/kW),这要求进行一系列科学研究工作以提高反应堆-转换器的比特性,还要研发和创建高温和辐射稳定的电工设备。

为了缩短飞出地球引力场的时间,并缩短飞船在近地辐射带中逗留的时间,文献[20]评估了装备氢氧液体火箭发动机和电推进发动机的火星考察综合体特性。在该情况下,当火星考察综合体处在地球和火星作用范围内的近行星段运动时,利用保证高水平推重比的液体火箭发动机,而在地球—火星和火星—地球星际阶段则由核电推进发动机工作。在这个方案中当液体火箭发动机和核电推进发动机装置工作时的速度分配根据火星考察综合体发射质量最小化判据予以优化。核电推进发动机装置的电功率在 5～10 MW 范围内变化。

表 7 - 9 中为 2017 年 12 月至 2018 年 1 月火星考察综合体从人造地球卫星轨道上发射时装备核电推进发动机装置的火星考察综合体与装备复合发电推进系统方案之一（液体火箭发动机＋核电推进发动机装置）的火星考察综合体的特性比较。

表 7 - 9　火星考察综合体的特性比较

特　　性	发电推进系统类型	
	核电推进发动机装置	液体火箭发动机＋ 核电推进发动机装置
核发电装置电功率/kW	15 000	5 000
火星考察综合体发射质量/t	420	820
考察持续时间/天	730	534
在地球辐射带内运动时间/天	95	1.5
核电推进发动机装置		
比冲/(m/s)	60 000～70 000	40 000～50 000
推力/N	300～258	137～120
核电推进发动机装置质量/t	96	～41
工质（锂）质量/t	189	96
特征速度/(m/s)	41 000	18 100
脱离人造地球卫星轨道 液体火箭发动机脱离人造火星卫星轨道		
比冲/(m/s)	—	4 710 4 710
推力/kN	—	1 000 150
液体火箭发动机质量/t	—	45 ～6
燃料（氢＋氧）质量/t	—	525 55
特征速度/(m/s)	—	3 500 1 000

所列举的结果表明,依靠大约增加一倍(从 420 t 增加到 820 t)的发射质量,火星考察综合体利用复合发电推进系统(液体火箭发动机＋核电推进发动机装置)能够实现以下几点:把所需的核电推进发动机装置电功率水平从 15 MW 降低到 5 MW;缩短考察持续时间,从 730 天减到 530 天;缩短穿过近地辐射带的持续时间,从 95 天减到 1.5 天;缩短核电推进发动机装置必须在推进工况下工作的时间,从 520 天减到 330 天。

7.5.4 装备基于高温气相反应堆的核发电推进装置的火星考察综合体

气相核反应堆(ГФЯР)的科学研究成果已在第 5 章中阐述。就像在利用基于固相反应堆的发电推进系统一样,当约为 20 000 m/s 的比冲有望增加到 30 000 m/s 时,也就是大约比装备固相反应堆的核火箭发动机的比冲高一倍或更多情况下,在火星考察综合体的发电推进系统中采用高温气相核反应堆[21]为获得高推重比值(≥0.1)创造了前提条件。

所研讨的发电推进系统保证在两种不同工况下工作:基于大功率气相核反应堆的核火箭发动机工况和基于较小功率固相反应堆的核发电工况。

为了实现备用原则,科学家研究了在发电推进系统组成中利用由两个核发电推进装置组成的组合件,在这种情况下,发电工况下发挥功能的辐射散热器处在独立于核发电推进装置主要结构的位置。

在发电工况下,每一个发电推进系统部件的电功率应该为 200 kW,以保证在整个飞行过程中飞船、氢罐热力恒温系统和核火箭发动机每次启动前的液态金属系统加热等星载需求。在核发电推进装置推进工况下,火星考察综合体所需供电从在结构上与核火箭发动机喷管相连接的磁流体动力发电机获得。

核发电推进装置的特性如下。

推进工况的参数:

反应堆工况为气相;工质为带锂添加剂的氢;推力为 670 kN;比冲为 2×10^4 m/s;气相反应堆工作腔室内压力为 100 MPa;气相燃料元件出口工质温度为 9×10^3 K;反应堆热功率为 6.7×10^6 kW(不计损耗);在额定工况下工作总持续时间(5 次启动)为 3.5~3.7 h;在进入额定工况的时间内(约为 90 s)氢总耗量为 1 650 kg。

发电工况的参数:

反应堆工况为固相(带冷却剂闭式回路);工质为氦-氙混合物;反应堆热功

率为 1 000 kW;有效电功率为 200 kW;燃料组件内工质加热温度为 1 500 K。

质量尺寸特性:

长度(无辐射散热器)为 10.25 m;没有辐射防护的最大直径为 2.7 m;有辐射防护的最大直径为 2.85 m;辐射散热器面积为 300 m²;核发电推进装置的质量为 57.5 t。

表 7 - 10 列举了 2010 年和 2018 年从人造地球卫星轨道上发射时,装备基于气相反应堆的发电推进系统的火星考察综合体的主要特性。

表 7 - 10　发电推进系统的火星考察综合体的主要特性

特 性	从人造地球卫星轨道发射的年份	
	2010 年	2018 年
飞行路线	地球—金星— 火星—地球	地球—火星— 地球
考察持续时间/天	665	460
穿越辐射带的持续时间/天	1.5	1.5
火星考察综合体发射质量/t	539	527
发电推进系统质量(两个核发电推进装置)/t	115	115
用于脱离人造火星卫星轨道的燃料模块/t ——包括工质(氢和锂)	156 128	128 105
用于向人造火星卫星轨道过渡的燃料模块/t ——包括工质	58.8 47.6	60 48.7
用于脱离人造火星卫星轨道的燃料模块/t ——包括工质	25.5 20.8	59.5 48.7

在所研讨的方案中典型的火星考察综合体配置示意图如图 7 - 14 所示。

除了以上研讨的火星考察综合体方案外,科学家在 20 世纪 90 年代初还详细研究了装备基于功率为 25 MW 的涡轮机核发电推进模块的核电火箭推进装置的综合体构想。该模块带有快中子核反应堆和滴状辐射散热器[22]。在这样的核电推进发动机装置中,预计将获得高效率热电转换(约 50%)、很低的比质量值(2~2.5 kg/kW)。在中等火星考察综合体发射质量条件下,在火星考察综合体的发电推进系统组成中利用这些核电推进发动机装置可以保证加快载人考察。但是这个构想是所有研讨方案中研究得最少的。装备太阳能发电推进装置和电火箭发动机的火星考察综合体构想研究水平也具有这种特

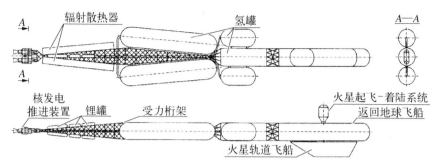

图 7-14 装备基于气相反应堆的核发电推进装置的火星考察综合体配置示意图

发电推进系统和火星考察综合体(2010 年发射)的特性:推进装置工质为加添加剂锂的氢;初始质量为 540 t;推进装置推力为 340 kN;考察持续时间为 1.5 年;推力比冲为 2×10^4 m/s;火星考察综合体最大长度为 130 m;推进装置电功率为 400 kW;最大横向尺寸为 18.5 m。

点[23]。该构想由于在考察综合体组成中没有核能源而引人注意。在这种情况下准备利用装有高阻硅光电转换器卷筒式太阳能电池组,其总面积为 10^5 m^2,可获得高的发电推进系统质量指标为 3～4 kg/kW。

最后我们指出,所研讨的火星考察综合体的发电推进系统核动力方案的动力质量特性在很大程度上是估测的,需要用实验验证。然而,要想实现火星载人考察,在发电推进系统组成中不利用核发电推进装置的可能性很小。只从把火星考察综合体各组成部分发送到人造地球卫星安装轨道所需的基本花费估算就可以得出这个结论。目前,把有效负载送上人造地球卫星低轨道的单位造价($C_{уд}$)为 10 000 美元/kg。有了多次发射设施,预计能把 $C_{уд}$ 值降到原来的 1/2～1/3。如上所述,在发电推进系统组成中利用核发电推进装置替代液体火箭发动机,可以在考察持续时间为 1.5～2 年情况下把火星考察综合体发射质量降低到 400～450 t,相应地把火星考察综合体发送到安装轨道的费用将减少为 130～220 亿美元。

参考文献

[1] Успенский Г. Р. Космонавтика ⅩⅪ. — М: Инвенция, 1993.

[2] Панели солнечных батарей для МКС. — Ракетная и космическая техника, 1999, №5.

[3] How Much Will Industry Earn From The ISS. — Interavia, Jan., 1999.

[4] Кузин А. И., Павлов К. А., Зацерковный С. П., Шевцов Г. А. Этапы развития КА, реализующих принцип самодоставки на высокоэнергетические орбиты в рамках существующей и разрабатываемой инфраструктуры средств выделения: Доклад на Пятой Международной конференции 《Ядерная энергетика в космосе》, г. Подольск

Моск. Обл. , 23 - 25 марта 1999.

[5]　Долгосрочные перспективы космической деятельности России (научно-технические и социально-гуманитарные поисковые прогнозы до 2025 года). — Сборник научных статей / Московский космический клуб, 1996.

[6]　Постановление Правительства Российской Федерации от 2 февраля 1998 г. № 144 《О концепции развития космической ядерной энергетики в России》. — Российская газета, 11 февраля 1998, № 26(1886).

[7]　Архангельский Н. И. Ядерная энергетика — основа космических транспортно-энергетических систем будущего века. — Статья в сб. 《Ракетные двигатели и энергетические установки》. Серия IV /Центр Келдыша, 1999, вып. 1(147)

[8]　R. Catalado, J. Bozek. Power Requirements for the First Lunar Outpost. — Proceedings of the 10th Simposiums on Space Nuclear Power and Propulsion. Albuquerque, NM, USA, Jan. 1993.

[9]　S. Borowski. Options for Human 《Return to the Moon》 Using Tomorrow's SSTO, JSRU and Lox-augmented NTP Technologies. — Proceedings of the 13th Simposium of Space Nuclear Power and Propulsion. Albuquerque, NM, USA, Jan. 1996.

[10]　D. R. Crisweel, R. D. Schmitt. Lunar System to Supply Solar Electric Rower to Earth. — Proceedings of the 25th JECEC, 1990, Nevada, USA, Aug. 12 - 17, 1990.

[11]　Акимов В. Н. и др. О возможных вариантах энергоснабжения Земли из космоса в X XI веке и предложения по первому этапу. — Известия РАН. Энергетика, 1992, №4.

[12]　В. Д. Колганов, В. Н. Акимов и др. Схемно-компоновочные решения ядерного лунного буксира и сценарии его использования: Доклад на пятой международной конференции 《Ядерная энергетика в космосе》, г. Подольск Моск. обл. , 23 - 25 марта 1999.

[13]　В. И. Левантовский. Механика космического полета в элементарном изложении. — М. : Наука, 1974.

[14]　И. В. Соловьев, Е. В. Тарасов. Прогнозирование межпланетных полетов. -М. : Машиностроение, 1973.

[15]　J. F. , Mondt, R. M. Zubrin. Nuclear Bimodal New Vision Solar System Mission. — Proceedings of the 13th Simposium of Space Nuclear Power and Propulsion. Albuquerque, NM, USA, Jan. 1996.

[16]　R. Zubrin, J. Mondt. An Examination of Bimodal Nuclear Power and Propulsion Benefits for Outer Solar System Missions. — Proceedings of the 13th Simposium of Space Nuclear Power and Propulsion. Albuquerque, NM, USA, Jan. 1996.

[17]　Акимов В. Н. , Горшков Л. А. , Нестеренко А. А. , Пульхрова И. Г. , Суворов В. В. Варианты и проблемы энергодвигательного обеспечения пилотируемого экспедиционного комплекса. — Статья в сб. 《Ракетные двигатели и энергетические

установки». Серия Ⅳ / НИИТП, 1992, вып. 1(134).

[18] Ватель М. Н., Карраск В. К., Коротеев А. С., Костылев А. М., Пульхрова И. Г., Семенов В. Ф., Хатулев В. А. Ядерная энергодвигательная установка с твердофазным реактором для марсианского экспедиционного комплекса. — Статья в сб. 《Ракетные двигатели и энергетические установки》. Серия Ⅳ / НИИТП, 1992, вып. 1(134).

[19] Агеев В. П., Быстров П. И., Визгалов А. В., Горшков Л. А., Пупко В. Я., Семенов Ю. П., Синявский В. В., Соболев Ю. А., Сухов Ю. И. Энергодвигательный блок на основе термоэмиссионной ядерной электрореактивной двигательной установки для марсианского экспедиционного комплекса. — Статья в сб. 《Ракетные двигатель и энергетические установки》. Серия Ⅳ / НИИТП, 1992, вып. 1(134).

[20] Ватель М. Н., Пульхрова И. Г. Марсианский экспедиционный комплекс с использованием в качестве маршевой двигательной установки комбинации ЖРД＋ЯЭРДУ термоэмиссионного типа. — Статья в сб. 《Ракетные двигатель и энергетические установки》. Серия Ⅳ / НИИТП, 1992, вып. 1(134).

[21] Глиник Р. А., Демянко Ю. Г., Дубровский К. Е., Каналин Ю. И., Каторгин Б. И., Клепиков И. А., Ковалев Л. К., Лиознов Г. Л., Петров В. Н., Полтавец В. Н., Пульхрова И. Г., Чепига Д. Д. Ядерная энергодвигательная установка на основе высокотемпературного газофазного реактора для пилотируемой экспедиции к Марсу. — Статья в сб. 《Ракетные двигатель и энергетические установки》. Серия Ⅳ / НИИТП, 1992, вып. 1(134).

[22] Ватель М. Н., Семенов В. Ф. Перспективы применения турбомашинной ядерной энергодвигательной установки мультимегаваттного уровня для пилотируемых полетов к Марсу. — Статья в сб. 《Ракетные двигатель и энергетические установки》. Серия Ⅳ / НИИТП, 1992, вып. 1(134).

[23] Брюханов Н. А., Горшков Л. А., Семенов Ю. П. Марсианский экспедиционный комплекс с солнечной энергетической установкой и электрореактивными двигателями. — Статья в сб. 《Ракетные двигатель и энергетические установки》. Серия Ⅳ / НИИТП, 1992, вып. 1(134).

缩略语和代号

АКА——自动化航天器

АРД‑3В——М. М. Бондарюк 总设计师 670 试验设计局（现称"红星"科研生产联合体）研发的 А 型核火箭发动机方案

АФИ——物理测量（核反应堆特性）安瓿

"Байкал"——苏联核火箭发动机实物演练的台架试验综合体的名称

ВРД——空气喷气式发动机

ГКАГ——苏联国家航空技术委员会

ГКОГ——苏联国家国防技术委员会

ГПО——地球过渡轨道

ГСО——对地静止轨道

ГФЯР——气相核反应堆

ДМ——推进模块

ДУ——推进装置

ETS‑1——美国"Нерва"核火箭发动机实物演练的试验台架

ЖРД——液体火箭发动机

ИВГ——高温气冷研究堆，即苏联"Байкал"台架试验综合体组成中用于对核火箭发动机的燃料组件进行整组实物试验的研究性反应堆，采用水做慢化剂，不是一般意义上的高温气冷堆

ИГР——石墨脉冲堆，即苏联为进行核火箭发动机的燃料元件和燃料组件的回路实物试验而在 Семипалатинск 试验场建造的研究性反应堆

ИП‑1, ИП‑2——ИВГ 反应堆研究性运行的代号

ИРГИТ——苏联研发和试验的核火箭发动机反应堆 11Б91 的试验性原型堆

ИР‐20‐100——热工过程研究所(现称 М. В. Келдыш 研究中心)研发的小功率核火箭发动机的实验堆方案

ИСЗ——人造地球卫星

ИСД——人造月球卫星

ИСМ——人造火星卫星

ИТК‐54——Келдыш 研究中心的工程‐工艺综合体

КА——航天器

КАЭ——美国原子能委员会

КВЗ——(作为火星考察综合体组成的)返回地球飞船

"Киви"——美国核火箭发动机台架试验研究堆系列的名称

КФП——反应堆可控物理运行

КХЛ——滴式辐射散热器

$К_{эф}$——反应堆内中子有效增殖系数

ЛМ——月球模块

ЛПА——月球着陆器

МАП——苏联航空工业部

МВПК——火星起飞‐着陆综合体

МГД‐генепфтор——磁流体动力发电机

МКС——国际空间站

МО——苏联国防部

МОК——火星轨道飞船

МОМ——苏联通用机械制造部

МСМ——苏联中型机械制造部

МЭК——火星考察综合体

НАСА(NASA)——美国航空和宇宙空间研究局,也称美国航天局

"Невра"——美国核火箭发动机第一飞行方案的代号

NRX,ХЕ,"Фобос",PEWEE,NF‐1——美国核火箭发动机"ROVER/NERVA 计划"中研发和试验的反应堆

ОИ‐1,ОИ‐2——苏联核火箭发动机反应堆点火试验的代号

ОРБ——装备核火箭发动机和核发电装置的航天器辐射安全保障系统

П‐1,П‐2,П‐3——苏联核火箭发动机反应堆实物台架试验系列的代号

ПЛБ——常设月球基地

"Плуто"——美国巡航导弹核冲压式空气喷气式发动机研发计划的名称

РБ——助推器

РБО——辐射安全轨道

РВД,ИГР——石墨脉冲堆,即苏联为进行核火箭发动机的燃料元件和燃料组件的回路实物试验而在 Семипалатинск 试验场建造的研究性反应堆

РД‐401,РД‐402,РД‐404,РД‐405——В. П. Глушко 总设计师 456 试验设计局(现称"动力机械"科研生产联合体)研发的 А 型核火箭发动机方案

РД‐600——В. П. Глушко 总设计师 456 试验设计局研发的 Б 型核火箭发动机方案

РДТТ——固体燃料火箭发动机

"Рифт"(RIFT)——美国核火箭发动机飞行试验计划

РКТ——火箭空间技术

РЛИ——无线电定位观测

РН——运载火箭

"Ровер"——美国核火箭发动机研发规划

РСА——相阵控雷达

СБ——太阳能电池

САЧ——超高频辐射

СМТ——轨道间运输设施

SNAP——美国在太空进行试验的空间核电源的系列代号

СОТР——航天器热工工况保证系统

СУРЭ——反应堆控制、调节和保护系统

"Схема А"——基于具有固体热交换表面反应堆的核火箭发动机的约定名称

"Схема В"——装备气相反应堆的核火箭发动机的约定名称

СЭС——航天器供电系统

ТВК——释热通道

ТВС——燃料组件

ТК——反应堆工艺管

Твэл——燃料元件

ТНА——涡轮泵机组

"Тополь"——苏联装备热离子能量转换器的核发电装置研发计划的名称

ТЭМ——运输发电模块

Уран - 235,^{235}U——铀的主要易裂变同位素

ХГДИ——核火箭发动机冷流体动力试验

ХИ——在航天器闭式回路的核发电装置中和航天器热工工况保证系统中的辐射散热器

ХПА——以氮为工质的反应堆冷启动

ХПВ——以氢为工质的反应堆冷启动

ЦИБ——核火箭发动机中央试验基地,其设计于20世纪60年代完成

ЭДК——航天器发电推进综合体

ЭП——反应堆功率运行

ЭРД——电推进发动机

ЭУ——发电装置

ЭУ - 610——基于 В. П. Глушко 总设计师 456 试验设计局研发的气相反应堆核火箭发动机方案

ЯЛБ——核动力月球曳引机

ЯРД——核火箭发动机

ЯР - Ⅰ,ЯР - Ⅱ——基于 С. П. Королев 总设计师第一试验设计局("能量"火箭空间集团)研发的核火箭发动机的火箭方案

ЯЭДУ——核发电推进装置

ЯЭРД - 2200,ЯЭРД11Б97——С. П. Королев 总设计师第一试验设计局研发的核电推进发动机的方案代号

ЯЭУ——核发电装置

11Б91,РД - 0410——苏联(А. Д. Конпатов 总设计师化学自动化设计局)研发的 А 型核火箭发动机的代号

11Б91 - ИР - 100,ИРГИТ——苏联研发和试验的核火箭发动机反应堆11Б91 的试验台架方案 11Б91Х——11Б91 的"冷"发动机

结束语

20世纪下半叶,苏联和美国在研发核火箭发动机和空间核发电装置方面走过了复杂的、截然不同的路线,既在高工艺领域获得了一定的科学技术成就,又存在一些失望之处。

这两个国家都创建了有发展前景的紧凑式高功率密度的空间核反应堆结构,研发了基于石墨和难熔碳化物的高温热稳定燃料元件材料,提出了保证安全要求的控制反应堆和核发动机的高效方法和设施,建造并运行了极好的试验核火箭发动机和核发电装置的试验台架综合体,进行了各种空间用反应堆模型的全尺寸综合试验。在这种情况下,这两个国家都坚持演练具有固体热交换表面的核火箭发动机反应堆的技术构想,这在很大程度上决定了所研发反应堆和发动机的结构方案的许多重要特点,也给试验台架基地组成带来了本质区别。

科学家对基于气相反应堆的发动机装置和发电装置方案进行了深入的科学研发工作。在核火箭发动机和核发电装置组成中采用这种反应堆能够最充分利用铀裂变核反应的动力潜能,且使用于完成特别巨大运输和电力保障任务的航天器效率和各种比特性增加几倍。在这方面,研究者对工质的热力学性质和光学性质、两股气流交混的湍流度和规律、腔式气相反应堆的中子物理学、气体流动的磁流体力学和稳定性等进行了广泛的理论和实验研究,它们不仅具有实用价值,而且具有广泛的科学意义。

与此同时,核火箭发动机和基于核火箭发动机工艺的发电装置暂时还没有在航天中得到应用。尽管投入了几百名高水平专家和大量物力财力,而且在实施这一计划过程中没有原则性困难,但还是没有找到核火箭发动机的应用。近年来,研究者对创建核火箭发动和基于它们的核发电装置的努力和兴趣均急剧减弱,其主要原因是这些工作在半个世纪前苏美两国争霸期间极其重要,但正如后来所证明的,它大大超越了时代需求。

在 21 世纪,人类文明面临着既要解决宏伟的与研究深空有关的超高能耗任务,又要通过应对数量很多的(其中包括来自宇宙空间的)全球性威胁来解决保障自身安全的问题。在解决这些任务的道路上,将会得出新的科学发现,研发新的高效技术设施。从 20 世纪传给未来技术的核火箭发动机和空间核发电装置无疑将在未来技术组成中占据应有的地位。显然,这些计划的恢复和发展已经不再是个别国家独自努力的目标,而成为与整个人类有利害关系的事业,而且是所有经验的共有结果。